作者分工

前　言

苦荞是粮药兼用作物，与何首乌、大黄等同属蓼科。苦荞多种植于生产条件较差的贫瘠、冷凉、高海拔、无污染和欠发达的高原地区，例如西南地区的贵州省、云南省、四川省凉山州等地，西北地区的陕西省北部、西藏自治区等地。中国苦荞的种植已有2 000多年的历史，常年种植面积 40 万~60 万 hm^2，产量约 50 万 t，均居世界首位。近年来，由于人们对苦荞药用价值认识的不断深入，越来越多的国家从中国进口苦荞，主要包括日本、韩国、俄罗斯、美国、比利时、荷兰、以色列等。然而，出口到这些国家的苦荞产品主要是苦荞粉、熟化苦荞米、苦荞茶等初加工产品，产品种类少、加工深度不够、产品档次较低。因此，中国苦荞精深加工系列产品的开发还需经历较长的阶段，但是前景十分光明。

苦荞籽粒营养丰富，含有人体所必需的 8 种氨基酸，比例适当。同时，高含量的芦丁、槲皮素、山奈酚等黄酮类物质，具有较高活性的抗氧化性能，兼具丰富的手型肌醇、多糖、多酚、活性肽等成分，赋予苦荞抗氧化、抗衰老、抗癌的功效，对降血糖、降血脂、降血压也起着至关重要的作用。因其淀粉含量较高（60%以上），可以用于开发各种风味独特的食品。

苦荞的种植和开发利用自 20 世纪 80 年代开始，在林汝法的带领和推动下，通过 30多年的努力，取得了长足的发展。研究队伍得到不断壮大，植物分子生理学、分子遗传学、分子生态学、生物化学、转录组学、蛋白质组学等各种最新的研究技术和手段正被广泛应用于苦荞的研究。苦荞加工技术和产品多样性也得到长足的进步，传统的小作坊式生产已经发展成自动化流水线、标准化 GMP 车间生产。种类丰富、高品质的苦荞产品已在各地超市、专卖店销售，苦荞产品正逐渐被消费者接受。

一个产业的发展需要强大的科技作为支撑，为了加快苦荞产业的进一步升级，推动苦荞研究的进展，编写一本全方位反映苦荞特性、栽培和加工利用的相关专著，具有非常重要的理论和指导意义。2018 年，我们萌生了编写《苦荞栽培与利用》的想法，通过多次会议，由贵州省农业科学院生物技术研究所、贵州省农作物技术推广总站、榆林市农业科学研究院、延安市农业科学研究所等单位牵头，组织了一批国内苦荞相关的研究人员和苦荞生产加工一线的科技工作者，编撰了《苦荞栽培与利用》一书，对苦荞进行了较全面阐述：从苦荞种质资源、生长发育特性、实用栽培技术、加工利用技术和产品等方面，阐述了苦荞的基本知识和研究最新进展。

本书共5章，由多位作者共同完成，有些章节还进行了交叉撰写，力图发挥各位编著者的专长。全书由卢扬、刘小进、王孟、章洁琼主编，曹广才负责策划、统稿和定稿工作。本书得到中国农业科学技术出版社的大力支持，编者在此表示崇高的谢意！由于编者水平和时间有限，书中可能存在错误和不足之处，敬请广大读者批评指正。

本书得到了陕西省科技厅小杂粮机械化生产技术研究与示范项目、贵州省重点农业技术推广项目、贵州省粮油作物绿色增产增效技术示范推广项目、贵州省荞麦工程研究中心子课题荞麦新品种配套技术集成与示范及新型产品研发、农业部绿色高质高效创建项目、贵州省科技厅贵州苦荞饭加工过程中黄曲霉素控制关键技术研究与示范、山西省农业科学院特色农业攻关荞麦田杂草调查及防治技术研究、陕西省农业专项资金小杂粮种质资源征集鉴定和保护利用、贵州省农业科技攻关高芦丁型苦荞新品种（系）的引进和创新利用等项目的资金支持。

卢 扬

2018 年 7 月

目　　录

第一章　苦荞种质资源

第一节　中国苦荞生产布局

一、苦荞起源

研究发现，全球广泛分布的栽培荞麦起源于中国。栽培荞麦有甜荞和苦荞两个种，它们是独立起源的，分别起源于中国西南部较温暖地区和青藏高原东部海拔较高的冷凉地区。中国栽培的荞麦种质资源中以甜荞为主（68%），苦荞只占32%。甜荞和苦荞的地理分布有明显差异，一般说来，甜荞主要分布在北方，占中国甜荞种质资源总数的76%；苦荞主要分布在南方，其中云南、贵州、四川3个省占苦荞种质资源的50%。陕西省中部和南部，山西省南部是甜荞和苦荞种质资源分布的过渡地带。从垂直高度看，甜荞基本上分布在海拔600~1 500m地带，苦荞主要分布在海拔1 200~3 000m地带。甜荞分布的上限为4 100m，下限为80m左右；苦荞分布的上限为4 400m，下限为400m左右。

据报道，荞麦已有2 000多年的栽培历史。陈庆富等在10多年的时间里实地考察了中国西部的大部分地区，收集和征集了170多份栽培和野生荞麦类型。研究发现，甜荞的祖先种是大野荞，苦荞的祖先种是毛野荞。毛野荞生长于不利于虫媒传粉的冷凉气候中，诱发了基因重组和突变，最后进化成苦荞。在这项研究中，科学家还首次发现了3个荞麦新种——大野荞、毛野荞和佐贡野荞，这标志着荞麦分类学研究取得重大进展。这项研究还在世界上首次产生了普通荞麦三体系列，开辟了荞麦三体遗传学新领域。王安虎、夏明忠等（2008）报道，栽培苦荞的叶绿体基因组和族基因组均来自野生苦荞。在驯化过程中没有引种其他种的外缘遗传特质，栽培品种主要通过选择优良性状野生苦荞逐步培育而形成。

二、中国苦荞生产布局

目前涉及全国性的苦荞种植区划研究报道不多。生产布局带有一定的盲目性，常常由于布局不合理，造成荞麦产量在区域、年际之间波动很大，严重影响了荞麦产业的持续稳定的发展，也造成资源的浪费。

气候相似性原则是农业气候区划和农业生产布局、产业结构调整中气候生态适应性分析、论证所遵循的基本原则。一般情况下，气候条件相似的地区间相互引种容易获得成功。如何进行气候相似性分析，过去曾有一些研究探索，但多是针对气候单因子的时间变化相似性，不能反映出多因子综合的气候相似程度。气候多因子权重相似性分析方法，能够综合反映作物各生长阶段各气候因子对作物的影响程度，基于气候多因子权重相似性方法的农业气候区划更能体现农业气候相似性原则，区划结果更切合生产实际，其次，GIS技术在农业气候区划、区域环境评价等方面都得到广泛应用。

桑满杰、卫海燕等（2015）采用相关性以及随机森林变量重要性分析，对气候、土壤、地形3种类型15个环境评价因子进行研究，结合随机森林模型，把全国苦荞种植区分为不适宜区、低适宜区、中适宜区、高适宜区。适宜区和不适宜区面积相当。不适宜区主要分布在西藏自治区（以下简称西藏）、青海、内蒙古自治区（以下简称内蒙古）、甘肃、四川西部和东北大部等地。这些地区大多属于高寒（如西藏、四川西部等），或荒漠（如新疆维吾尔自治区南部和内蒙古西部部分地区），或冰川（新疆北部），或气候较冷（东三省等地）地区，荞麦在这些区域不能或较难生长。低适宜区分布较广，占适宜面积区的大部分，在适宜区的各省范围内均有分布，表明中国的荞麦种植潜力较大，主要分布在东北、华北及中西部地区。中适宜区主要分布于陕西、山西、甘肃东部、宁夏等地及它们的交界处和江苏、浙江、江西、福建、广东、广西壮族自治区（以下简称广西）、云南等地。这些地区的气候、土壤等条件适合荞麦生长，分布较为集中。高适宜区分布较少，主要在陕西南部、湖北西南部、江西西北部，并零星分布于江苏、浙江、广西等地，这些地区适合荞麦的生长。

关于局部种植区划的研究，也有一些报道。屈洋、冯佰利等（2011）研究了高产苦荞品种在北方种植区的生态适应性。参试苦荞品种中，KQ08-05具有较好的丰产性和稳定性，优势种植区生育期内有效积温1 870.0℃，有效降水量247.68mm，宁夏回族自治区西吉县是该品种的优势种植区。对生态适应性的研究是基于气象因子与产量、生育期的关系来确定优势的种植区，而在实际工作中可能获得的试验数据与气象生态条件没有明显的相关关系，达不到确定最优种植区的预期效果。研究认为最优种植区的生态条件不能直接反映品种的最优种植范围，还需要结合品种特性、地理特点、气候条件等进行深入研究。

四川省凉山彝族州（以下简称凉山州）是中国苦荞的重要产地，凉山州地处横断山系东北缘，界于四川盆地和云南中部高原之间，26°03′~29°18′N，100°03′~103°52′E，是中国最大的苦荞生产基地。全州17个县（市）常年春苦荞种植面积约6.7万 hm²，年均产量12万 t，约占全国苦荞总产量的一半。彭国照等（2016）基于气候多因子权重相似性，做了凉山州苦荞气候适应性区划。根据凉山州春苦荞分期播种试验资料和各县历年春苦荞产量资料，将凉山州春苦荞全生育期划分成4个阶段，采用各阶段各个气候因子与荞麦气象产量的相关系数和回归系数的组合构建各气候因子的权重系数。以昭觉作为参照点，对于整个凉山州而言，气候多因子权重相似系数在区域上差异不大，而相似距离有较大差异。表明气候状况在区域变化上具有较好的一致性，但由于地形差异很大，海拔高差悬殊，气候要素值在区域上差异明显。以气候多因子权重相似距离为区划指标，结合 GIS 分析技术进行基于气候多因子权重相似性的凉山州春苦荞麦气候适应性区划。春苦荞适宜区主要分布于盐源、昭觉、布拖、美姑、喜德、木里等县海拔 1 700～3 200 m 高山区；次适宜区主要分布于冕宁、金阳、西昌、德昌、普格会理海拔 1 500m 以下的二半山区及沿山坡地和雷波、甘洛 1 500 m 以上的地带；不适宜区主要分布于金沙江干热河谷地带以及其他海拔在 3 500m 以上地区。适宜区光、热条件有利苦荞麦产量的形成，春荞麦产量较高，是春荞麦产业发展的最佳区域，次适宜区气候条件基本满足荞麦生长发育需求，但不利因素较多，不适宜区气候条件和参照点差异大，不利因素多，产量低而不稳。利用气候多因子权重相似性分析方法进行荞麦气候适应性区划是一种有益的探索，通过调研和与当地荞麦优势产业规划比较，气候多因子权重相似性方法区划结果更符合客观实际。表明该方法在农业气候区划中具有很好的实用性，区划满足气候相似性原则，且生物学意义更加明确。但是该方法的应用也需要注意几个问题，一是权重系数的确定，二是区划的区域不能太大，如果区域太大，作物发育阶段所对应的时间段就要发生变化，需要分区域分别确定作物各发育阶段的时间段，否则区划结果就会出现较大偏差。

尚玉儒等（2011）介绍了河北省的苦荞分布情况，苦荞适应气候冷凉高海拔环境，生长期短，野生为主，个别地区也有栽培，主要生长在冀北坝上和接坝地区。适宜土壤类型为栗钙土，中壤—沙壤。该地区海拔 1 000～1 600 m，无霜期 90～105d，≥10℃ 积温 1 700～2 300℃，降水量 400～500mm，属高海拔、较寒冷地区。该区域大多为矮山、缓坡与丘陵地带，总面积大约 4 400 km²。野生苦荞主要生长在撂置的荒地，或地边、地楞，与栽培荞麦、油料作物（胡麻）、莜麦、小麦、绿肥饲草等作物共生，野生性较强，一般从出苗到成熟 60～70d，成熟后因风吹或人工机械碰撞而落于地面，经翻地或耙压使其种子埋于土壤中，第二年春季温、湿度适宜又开始萌芽生长，野生性较强。

张强等（2011）研究认为，不同产地苦荞品种的矿质元素含量存在差异，以此可以判别苦荞产地。矿质元素是植物从土壤中吸收的，环境中矿质元素的含量与其在植物中累积的程度呈一定的相关性。不同的生境会影响植物体内矿质元素的含量。天然土壤中的成分十分复杂很难进行人为控制，不同产地矿质元素含量存在明显的区域差异，这种差异主要是由不同地域环境条件，如成土母质、气候、水、pH 值、微生物、人为等因子的差异所引起的生长环境条件不同而造成的。如在气候方面，山西省主要为温带季风气候，甘肃省主要为温带大陆性气候，青海省主要为高原山地气候，四川省和云南省主要为亚热带季风气候。在土壤方面，山西省主要以黄绵土和褐土为主，甘肃省主要以灰棕漠土和黄绵土为主；青海省主要以草毡土和寒钙土为主；四川省主要以紫色土和黑毡土为主；云南主要以红壤和赤红壤为主。侯雅君等（2009）从分子水平对苦荞种质资源的研究亦表明，苦荞类群与其地理分布有一定相关性。不同省苦荞矿质元素特征的变异也是遗传因子与环境因子共同作用的结果，这些都为通过矿质元素的差异对苦荞产地的判别提供了可行性，判别分析结果亦证实切实可行。不同省份苦荞品种的矿质元素 Se、Mn、Zn、Ca、P、Cu 和 Fe 含量存在不同程度的差异。矿质元素 Se、Mn、Zn、Ca 和 P 可作为苦荞产地判别的重要指标。云南省苦荞的 Cu、P 含量最高，山西省苦荞的 Se 含量最高，青海省苦荞 Zn、Fe、Ca 含量最高，四川省苦荞 Cu、Zn、Fe、Ca、P 含量均最低，Mn 和 Se 含量也较低，甘肃省苦荞 Mn 含量最低。Se、Mn、Zn、Ca 和 P 对苦荞分类有极显著影响。

王毅真等（2016）对山西省东北部地区苦荞麦生态分布的气象条件进行了研究，利用分区试验观测数据和 2004—2013 年近 10 年灵丘县 3 个区域的月平均气温、月平均降水量和无霜期日数等资料，结合走访调查结果，发现北山区是灵丘县适合苦荞种植的主要区域，该区域海拔较高，无霜期较短，气候凉爽，风速较大，这种小气候特征与苦荞麦生长发育习性相吻合。南山区和川下区海拔较低，无霜期较长，气候温湿，风速较低，加上人均耕地较少，苦荞麦种植以救灾填闲为主。

罗中旺（2005）对内蒙古荞麦产区概况进行了介绍，内蒙古自治区是我国荞麦主产区之一，也是全国甜荞播种面积较大的省区，主要分布在呼和浩特市、乌兰察布市、通辽市、赤峰市和包头市。多生长在干旱坡梁地上，土壤多为砂壤土，土层深厚，土壤疏松，弱黏化，通透性好，保水性好，少盐化、少碱化。

第二节　中国苦荞种质资源

一、植物分类地位

苦荞麦（*Fagopyrum tataricum*（L）. Gaertn.）是蓼科（Polygonaceae）荞麦属（*Fagopyrum* Mill.）一年生直立草本植物，染色体数为 2n = 16，简称苦荞，英文名为 Tartary buckwheat。

（一）荞麦的归属问题

在荞麦属是否独立成属的问题上，历来颇有争议。1753 年瑞典分类学家林奈（Linnaeus）以萹蓄（*Polygonum aviculare* L.）为模式种建立了一个广义蓼属（*Polygonum* L. s. lat），将荞麦类植物归入其中。接着，Miller 在 1754 年建立了荞麦属（*Fagopyrum* Mill.）。到 1826 年 Meisner 又把荞麦属归回蓼属中，作为该属的一个组，但之后不久他又同意将其独立作为一个属。Hooker（1886）通过仔细比较荞麦属与蓼属其他种类的形态特征，决定把荞麦属从蓼属中划分出来，独立成属。但 Steward（1930）认为荞麦属应作为广义蓼属中的一个组。Hedberg（1946）根据荞麦属花粉特殊的外壁纹饰和柱状层结构，植物体外部形态特征，以及解剖学特征和染色体基数，提出将荞麦属维持属级水平，并将荞麦属花粉划归为荞麦型。近年来，国内一些学者也对荞麦属作了研究，王建新等（1994）对其中4种植物的花粉形态进行了研究，认为荞麦属作为一个组放入广义蓼属中。张小平等（1998）根据荞麦属植物花粉特殊的柱状层小柱具分枝的花粉形态特征和染色体基数为8的细胞学特征，支持将荞麦属独立成一个属。荞麦的归属问题迄今也没有统一的意见，但多数学者都认为荞麦属是一个特征明显的属。

（二）荞麦的分类

荞麦属有两个栽培种，一个是 1791 年定名的 *Fagopyrum tataricum*（Linn）Gaertn.，二是 1794 年定名的 *Fogopyrum esculentum* Moench，分别译为鞑靼荞麦和普通荞麦（林汝法，2000）。20 世纪 50 年代以来，中国科学家经过对荞麦起源、史实、栽培及利用的研究认为，鞑靼荞麦定名为苦荞，普通荞麦定名为甜荞。

早期荞麦的分类研究主要以荞麦的形态学特征或生长特征为基础，这种分类法不能很好地从本质上反映出荞麦种间的差异。据《中国植物志》记载，荞麦属约有 15 个物种，广泛分布于亚洲和欧洲。中国有 10 种 1 变种，南北各省区均有。10 种 1 变种是：①. 硬枝野荞麦 *F. urophyllum*（Bur. et Franch.）H. Gross；②长柄野荞麦 *F. statice*（Levl）H. Gross；③金荞麦 *F. dibotrys*（D. Don）Hara；④苦荞麦 *F. tataricum*（L.）Gaertn；⑤心叶野荞麦 *F. gilesii*（Hemsl.）Hedb.；⑥a. 小野荞麦（原变种）*F. leptopodum* var. *leptopodum*；⑥b. 疏穗小野荞麦（变种）*F. leptopodum* var. *grossii*（Levl.）Lauener et Ferguson；⑦细柄野荞麦 *F. gracilipes*（Hemsl.）Damm. Et Diels；⑧荞麦 *F. esculentum* Moench；⑨线叶野荞麦 *F. lineare*（Sam.）Harald.；⑩疏穗野荞麦 *F. caudatum*（Sam.）A. J. Li。林汝法（1994）认为中国荞麦属有 10 个种和 2 个变种，占全世界的 2/3，分别为荞麦、苦荞麦、金荞麦、硬枝野荞麦、长柄野荞麦、小野荞麦、线叶野荞麦、细柄野荞麦、岩野荞麦和疏穗野生荞麦等。

随着生物技术的快速发展，国内学者开始利用细胞学技术和分子标记技术结合形态学和分类学对荞麦进行分类研究。有学者对各种类型的中国荞麦野生资源进行了研究，研究表明荞麦属可分为两类，即大粒组和小粒组，大粒组荞麦种类共有 7 个：甜荞 *F. esculentum*、苦荞 *F. esculentum* var *homotropicum*、佐贡野荞、大野荞、毛野荞 、*F. cymosum*、*F. giganteum*；小粒组有 5 个：*F. gracilipes*、*F. lineare*、*F. pleioramosum*、*F. urophyllum*、*F. callianthum* 等（Qing Fu Chen，2001）。

张以忠等（2004）认为荞麦属种类有 16 个种（表 1-1），其中 7 个种属于大粒组，9 个种属于小粒组。

表 1-1　荞麦属种类的名称、染色体数目及地理分布
（张以忠，陈庆富，2004）

种名	染色体数目	分布
大粒组（the large-achene group）		

(续表)

种名	染色体数目	分布
F. megaspartanium Q. F. Chen	16	亚洲、欧洲、美洲等
F. pilus Q. F. Chen	16	中国西藏、云南等
F. zugogense Q. F. Chen	32	中国西藏等
F. esculentum Moench	16, 32	亚洲、欧洲、美洲等
F. tataricum（L.）Gaertn.	16, 32	亚洲、欧洲、美洲等
F. homotropicum Ohnishi	16	中国西藏、云南、四川等
F. cymosum Meissn	32	亚洲、欧洲、美洲等
小粒组（the small-achene group）		
F. gracilipes（Hemsl）Dammer et Diels	32	中国陕西、西藏、湖北、湖南、云南、贵州、四川等
F. leptopodum（Diels）Hedberg	16	中国云南、四川等
F. statice Gross	16	中国云南、四川、西藏等
F. capillatum Ohnishi	16	尼泊尔、中国云南等
F. callianthum Ohnishi	16	不丹、中国西藏东部、云南等
F. gilesii（Hemsl）Hedberg	16	中国云南、四川、西藏东部等
F. pleioramosum Ohnishi	16	尼泊尔、中国西藏、云南、四川等
F. lineare（Sam.）Haraldsom	16	中国云南、四川等
F. urophy llum Gross	16	中国云南、四川、甘肃等

目前的研究结果表明，中国发现的荞麦属有 23 个种，包含大粒组 7 个种和小粒组 16 个种。7 个大粒组荞麦种：苦荞（F. tataricum）、甜荞（F. esculentum）、金荞（F. cymosum）、佐贡野荞（F. zuogonggense）、毛野荞（F. pilus）、大野荞（F. megaspartanium）、巨荞（F. giganteum）。16 个小粒组荞麦种：细柄野荞（F. gracilipes）、小野荞（F. leptopodum）、密毛野荞（F. densovillosum）、岩野荞（F. gilesii）、线叶野荞（F. lineare）、硬枝万年荞（F. urophyllum）、金沙野荞（F. jinshaense）、皱叶野荞（F. crispatifolium）、抽葶野荞（F. statice）、疏穗野荞（F. caudatum）、纤梗野荞（F. gracilipedoides）、F. pleioramosum、F. capillatum、F. callianthum、F. rubifolium、F. macrocarpum（史建强等，2015）。

近年来，中国科研人员认为中国分布的荞麦属有 26 个种、2 个亚种和 3 个变种。大粒组荞麦种有：甜荞（F. esculentum）、甜荞祖先种（F. esculentum ssp. ancestrale）、苦荞（F. tataricum）、苦荞祖先种（F. tataricum ssp. potanini）、金荞（F. cymosum）、大野荞（F. megaspartanium）、毛野荞（F. pilus）、佐贡野荞（F. zuogonggense）、巨荞（F. giganteum）、小米荞（F. kashmirianum）。小粒组荞麦种有：细柄野荞（F. gracilipes）、齿翅野荞麦（F. gracilipes var. odontopterum）、疏穗野荞（F. caudatum）、皱叶野荞（F. crispatifolium）、密毛野

荞（*F.densovillosum*）、岩野荞（*F.gilesii*）、纤梗野荞（*F.gracilipedoides*）、金沙野荞（*F. jinshaense*）、小野荞（*F.leptopodum*）、疏穗野荞（*F.leptopodum* var.*grossii*）、凉山荞麦（*F. liangshanensis*）、线叶野荞（*F.lineare*）、*F.macrocarpum*、*F.pleioramosum*、*F.rubifolium*、抽 葶野荞（*F.statice*）、花叶野荞（*F.polychromofoliu*）、硬枝万年荞（*F.urophyllum*）、*F.homo-tropicum*、*F.callianthum*、*F.capillatum*。在这些荞麦种属中，甜荞祖先种和苦荞祖先种分别 为甜荞和苦荞的亚种，小米荞为苦荞的变种，齿翅野荞麦和疏穗小野荞麦分别是细柄野荞 麦和小野荞麦的变种（史建强，2015）。

二、形态特征

（一）根

苦荞的根为直根系，有不定根和定根。主根由胚根发育而来并垂直向下生长，在主根 上产生的根为侧根，形态上比主根细，侧根不断分枝，并在侧根上又产生小的侧根，增加 了根的分布面积。此外，苦荞在靠近土壤的主茎上可产生数条不定根，多时可达几十条。 这两种根系构成了苦荞的次生根系，它们分布在主根周围的土壤中，对植株起着支持及吸 收水分、养分的重要作用。新生侧根呈白色，经一段时间后为褐色。

（二）茎

茎直立，圆形，稍有棱角，表皮多为绿色，少数因含有花青素而呈现红色，高 60～ 150cm，因品种及栽培调减而异。茎节处膨大，略弯曲。表皮少毛或无毛。幼茎通常是实 心的，当茎变老时，因髓部的薄壁细胞破裂形成髓腔而中空。茎节数一般为 18 节，变动 在 15～24 节之间。除主茎外，还会产生许多分枝。在主茎节上侧生旁枝为一级分枝，在一 级分枝的叶腋处长出的分枝叫二级分枝，以此类推，还可以在二级分枝上形成三级分枝 等。通常，苦荞的一级分枝数在 3～7 个。其分枝数除受品种遗传物质决定外，与栽培条 件和种植密度有密切关系。

（三）叶

苦荞的叶有三种类型：子叶、真叶和花序上的苞片。

子叶是其种子发育时逐渐形成的，共有两片，对生于子叶节上。其外形呈圆肾形，具 掌状网脉，大小为 1.5～2.2cm。子叶出土时颜色初为黄色，后逐渐变为绿色或微带紫 红色。

苦荞的真叶属完全叶，由叶片、叶柄和托叶组成。叶片为卵状三角形，顶端急尖，基 部心形，叶缘为全缘，脉序为掌状网脉。叶片为浅绿至深绿色。叶柄起着支持叶片的作 用，颜色为绿色，有些略带紫或浅红。其长度不等，位于茎中下部叶的叶柄较长，而往上 部则逐渐缩短，直至无叶柄。叶柄在茎上互生，与茎的角度常成锐角。叶柄的上侧有凹 沟，凹沟内和边缘有毛，其他部分光滑。托叶合生为鞘状，膜质，称托叶鞘，包围在茎节 周围，其上被毛。

苞片着生于花序上，为鞘状，绿色，被微毛，形状为片状半圆筒形，基部较宽，上部呈尖形，将幼小的花蕾包于其中。

（四）花序和花

苦荞的花序为混合花序，为总状、伞房状和圆锥状排列的螺状聚伞花序。花序顶生或腋生。每个螺状聚伞花序里有2~5朵小花。每朵小花直径3mm左右，两性花，单被，由花被、雄蕊和雌蕊等组成。花被一般为5裂，呈镊合状，被片长约2mm，宽约1mm，呈淡黄绿色，基部绿色，中上部为浅绿色。

雄蕊由花丝和花药构成，8枚，呈二轮环绕子房，外轮5枚，内轮3枚，相间排列。花丝浅黄色，长约1.3mm，内轮雄蕊与花柱等长或略长于花柱。花药似肾形，有两室，有药隔相连，颜色为紫红、粉红等色，每个花药内的花粉粒数目为80~100粒。

雌蕊为三心皮联合组成，长度约为1mm，与花丝等长，子房三棱形，上位，一室，柱头、花柱分离。柱头膨大为球状，有乳头突起，成熟时有分泌液。

（五）果实和种子

苦荞果实为三棱形瘦果，呈锥状卵形，果实由果皮和种子组成，表面有三条深沟，先端渐尖，基部有5裂宿萼，由革质的果皮所包裹。果皮由雌蕊的子房发育而来，俗称荞麦皮（壳），果皮的色泽因品种不同有黑色、黑褐色、褐色、灰色等。果实的千粒重在12~25g，通常为17.5~20.5g。

1. 植株上部，2. 果实（张春芳绘）（中国植物图像库）

图1-1 苦荞麦植株

果皮内是种子，主要由种皮、胚和胚乳3部分组成。种皮很薄，分为内外两层，分别由胚珠的保护组织内外珠被发育而来。胚位于种子中央，作为折叠的片状体而嵌于胚乳中，横断面呈"S"形，占种子总量的20%~30%。胚实质上就是尚未成长的幼小植株，它是由胚芽、胚轴、胚根、子叶四部分组成。胚乳位于种皮之下，占种子重量68%~78%。胚乳包括糊粉层和淀粉组织，占种子的绝大部分。糊粉层在胚乳外层，糊粉层下由放射状排列的大型细胞组成，细胞内含有大量淀粉粒，淀粉粒结合疏松，易于分离。

三、生活习性

苦荞麦广泛分布在亚洲的高海拔地区，在中国主要分布在云南、贵州、四川、西藏、甘肃、陕西、山西等地，海拔在 1 500~3 000m 的高寒山区和高原地区（林汝法，2002）。

苦荞是短日照作物，生育期短，喜凉爽湿润气候，不耐高温旱风，畏霜冻。苦荞种子发芽的最适温度为 15~30℃，播种后 4~5 d 就能出苗整齐。生育期最适温度是 18~25℃，温度低于 10℃或高于 32℃时，植株生长受到抑制，开花结实期间，凉爽的气候和较湿润的空气有利于产量的提高（王丽红等，2009）。苦荞对养分的要求，一般吸收 P、K 较多，施用 P、K 肥对提高产量作用显著，N 肥过多会导致贪青晚熟，易倒伏。对土壤要求不严，但在排水良好的肥沃砂壤土里种植效果好。

四、中国苦荞种质资源研究

种质资源是在漫长的自然进化过程中形成的重要自然资源，蕴藏着各种性状的遗传基因。中国作为世界苦荞的起源地和主产区，具有丰富的苦荞种质资源储备，是世界苦荞的遗传多样性中心。研究苦荞种质资源的遗传多样性，探索其遗传多样性的丰富程度，掌握其分布规律及特点，筛选出能够代表大量群体遗传多样性的优异种质，对于优质苦荞种质资源的挖掘利用、育种亲本的合理选配、优良基因的定位克隆及品种鉴评等具有极其重要的意义（贾瑞玲，2015）。

（一）数量众多

国际上有组织地收集荞麦种质资源始于 20 世纪 80 年代，由国际植物遗传资源委员会（Internatio nal Board for Plant Genetic Resources，简称 IBPGR）资助，在喜玛拉雅山地区考察收集荞麦资源。从尼泊尔、不丹分别收集了 304 份和 48 份，印度国家植物遗传资源局收集了 500 余份，国家农业研究中心收集了 500 余份，日本在其国内收集了约 200 份甜荞资源，并在 IBPGR 资助下，从尼泊尔、巴基斯坦和其他国家收集了 138 份，朝鲜收集了 95 份地方荞麦品种，并从加拿大、日本、美国引进 146 份荞麦资源。各种荞麦遗传资源一般保存在长期库（-20℃）和中期库（5℃，RH40%）中。张以忠等（2004）总结了国际荞麦资源的保存现状，前苏联的瓦维洛夫研究所保存荞麦资源 2 100 份，德国的布拉斯克维保存 62 份，美国的国家种子贮藏研究室保存 132 份，前南斯拉夫的莱古布加拿保存 36 份，日本共保存 638 份等。

中国从 1995 年开始搜集荞麦遗传资源，1958 年达 2 000 余份，但多在 1970 年前后失。1979 年中国再次开始搜集。中国长期保存种质约 2 360 份，其中普通荞麦 1 528

苦荞 754 份，野生荞麦 78 份（杨克里，1995）。据中国农业科学院原品种资源研究所对中国 897 份甜荞和 550 份苦荞资源的研究表明，其生育期在 60～100d，单株产量在 1.8～29.17g，千粒重在 15～38g，表明中国在栽培荞麦的遗传资源方面具有很大优势（胡银岗等，2005）。

《中国荞麦品种资源目录》共收入荞麦资源 2 804 份，其中苦荞 1 019 份。林汝法（2013）总结了中国苦荞种质资源共收集有 1 086 份，绝大多数来自国内，材料较多的省份包括四川（278 份）、云南（176 份）、甘肃（133 份）、山西（112 份）、陕西（94 份）、贵州（73 份）等。来自国外的苦荞资源有 50 份，主要是来自尼泊尔和日本。

（二）国内苦荞麦种质资源研究概况

目前，围绕苦荞的种质资源，不乏研究报道，研究手段多样。主要采用形态标记、细胞学标记、生化标记、分子标记等对苦荞种质资源进行评价研究。形态标记是从形态学或表型性状上来检测遗传变异最简便易行的方法。主要从表型性状如株高、粒色、抗逆性等农艺性状来进行种质资源评价，是育种后代选择及遗传多样性研究的最基本的方法；细胞学标记是利用染色体核型和带型分析技术及细胞原位杂交技术，使得在染色体水平上揭示出更多的变异性。然而，染色体多样性检测主要对细胞分裂时期染色体的数目和形态特征等加以分析，但有些物种对染色体结构和数目的变异的耐受性较差，难以获得相应的标记材料；某些物种虽已有细胞学标记材料，但这些标记常常伴有对生物有害的表型效应或观察和鉴定比较困难。显然，细胞学标记的应用有其局限性；生化标记研究遗传多样性主要是应用同工酶标记和非同工酶形式的蛋白质标记，它的基本原理是根据电荷性质差异，通过蛋白质电泳或色谱技术和专门的染色反应显示出同工酶的不同形式，从而鉴别不同基因型。非酶形式的蛋白质标记包括醇溶蛋白、谷蛋白和盐溶蛋白等，通过聚丙烯酰胺凝胶电泳技术进行分析，根据电泳显示的蛋白质谱带，确定其分子结构和组成的差异；分子标记指以 DNA 多态性为基础的遗传标记，它具有以下优点：直接以 DNA 的形式出现，没有上位性效应，不受环境和其他因素的影响；多态性几乎遍布整个基因组；表现为中性标记；有许多分子标记为共显性。

1. 形态标记

形态标记是指那些能够明确显示遗传多态性的外观性状，例如株高、穗形、籽粒颜色或芒毛等的相对差异。典型的形态标记用肉眼即可识别和观察。广义的形态标记还包括那些借助简单测试即可识别的某些性状例如生理特性、生殖特性、抗病虫等。形态标记直观有效、测量简单，是长期以来作物种质资源评价、育种后代选择和遗传多样性研究的最基本标记。但由于形态标记数量少、可鉴别标记基因有限，多态性差，易受环境、生育期等因素的影响，而使其应用受到一定限制。

贾瑞玲等（2015）从中国农业科学院引进 50 份材料，在定西市农业科学研究院旱地试验基地试种，并对它们的遗传多样性进行了田间观测分析，归纳其亲缘关系，发现 50

份苦荞种质资源间存在丰富的遗传多样性，4 个质量性状的遗传多样性指数从高到低依次是粒色>抗倒性>株型>粒型。粒色的遗传多样性指数最高，为 1.562；其次是抗倒性，遗传多样性指数为 1.329，表明这两个性状较易受自然环境因素的影响。50 份种质资源的粒型以长锥为主，频率为 0.620，粒色以黑色居多，频率为 0.340；株型以松散型为主，频率为 0.560，抗倒性以中抗居多，频率为 0.440。50 份苦荞种质资源 6 个数量性状的变异系数及遗传多样性指数变化幅度较大，其中单株粒重的变异系数最高，达 25.63%；遗传多样性指数最大，为 3.801，表明 50 份苦荞种质资源在单株粒重这一性状中存在最为丰富的遗传变异类型，可供选择的不同亲本的范围最广。其余 5 个数量性状的遗传多样性指数由高到低依次为主茎节数>株高>主茎分枝数>千粒重>生育期。6 个数量性状的遗传多样性指数平均值为 3.145，表明各种质资源的遗传差异较大，种质资源遗传基础较为广泛，亲缘关系较远，遗传多样性丰富。千粒重的变异系数最低，为 7.36%，说明千粒重的遗传变异较小，是不同苦荞种质资源间相对较稳定的农艺性状，对新品种选育过程中亲本的选择及种质创新影响较小。50 份苦荞种质资源通过聚类分析，结果表明：在欧氏距离 10 时可将 50 份试验材料划分为 4 个种质类群：类群 I 的遗传多样性表现丰富，可分为两个亚类。该类群所包括的 23 份材料质量性状表现为粒型以长锥形居多，粒色表型丰富，株型大多为紧凑型或半紧凑型、松散型较少，抗倒性较强；数量性状表现为生育期较短，与其余类群相比，该类群植株较矮、分枝最少，千粒重和单株粒重最低，总体上属于中早熟、矮秆、小粒型品种。类群 II 包括 13 份材料，质量性状表现为粒型表型丰富，粒色以灰色、黑色居多，株型大多为半紧凑型或松散型，抗倒性较差；数量性状表现为生育期最长，植株最高，分枝较少，千粒重和单株粒重较低，属于晚熟、高秆、小粒型品种。类群 III 可分为两个亚类，共包括 11 份材料。该类群质量性状表现为粒型以长锥形为主，粒色表型较为丰富，以浅灰色、黑色为主，株型为松散型或半紧凑型，抗倒性强；数量性状表现为生育期最短，植株较矮，分枝最多，千粒重和单株粒重最高，总体上属于早熟、株高适中、大粒型品种，是选育高产抗倒型苦荞的理想材料。类群 IV 包括 3 份材料，质量性状表现为粒型为长锥形和心形，粒色为黑色和灰色，株型松散，抗倒性差；数量性状表现为生育期较长，植株较高，分枝多，千粒重和单株粒重较高，属中熟、植株较高、大粒型品种。

李荫藩等（2016）对 100 份苦荞种质资源的 9 个主要生物学性状进行了主成分分析，以前 6 个主成分和遗传相似系数为基础，进行了二维排序分析和系统聚类分析。结果表明：100 份苦荞种质资源 6 个主成分（生育期、株高、主茎节数、一级分枝数、单株粒重、千粒重）累计贡献率为 88.76%，并依据品种性状主成分综合得分值，评选出性状优良的 10 份苦荞种质资源；在聚类图中，全部种质的遗传相似性系数分布在 0.03~22.63，在 5.32 的遗传相似性水平上将 100 份供试种质资源聚成三大类，第 I 类包含 37 份材料，此类种质的平均生育期为 84.43d，株高为 117.95cm，主茎节数和一级分枝数分别为 19.59

个和 4. 56 个，单株粒重和单株粒数分别为 3. 14g 和 178. 51 个，该类品种生育期短，籽粒小，但单株粒重和粒数最小，丰产性较差。第Ⅱ类包含 24 份材料，此类种质的平均生育期为 98. 75d，株高为 146. 95cm，主茎节数和一级分枝数分别为 25. 23 个和 5. 68 个，单株粒重和单株粒数分别为 5. 83g 和 219. 67 个，此类材料表现为植株高大、单株粒重高、千粒重大。第Ⅲ类包含 39 份材料，此类种质的平均生育期为 91. 38d，株高为 133. 71cm，主茎节数和一级分枝数分别为 22. 1 个和 5. 86 个，单株粒重和单株粒数分别为 5. 66g 和 220. 26 个，此类材料表现的主要特点是植株高度适中、分枝多、生育期较短、籽粒数多等特点。

2. 细胞学标记

细胞学标记是指能够明确显示遗传多样性的细胞学特征。染色体的结构特征和数量特征是常见的细胞学标记。染色体结构特征包括染色体的核型和带型。核型特征是指染色体的长度、着丝粒位置和随体有无等，由此可以反映染色体的缺失、重复、倒位和易位等遗传变异带型特征，是指染色体经特殊染色带型显现后，带的颜色深浅、宽窄和位置顺序等，由此可以反映染色体上常染色质和异染色质的分布差异。染色体数量特征是指细胞中染色体数目的多少，染色体数量上的遗传多样性包括整倍性和非整倍性的变异，前者如多倍体，后者如缺体、单体、三体、端着丝点染色体等非整倍体。

王健胜等（2005）对 7 个苦荞（F. tataricum）品种根尖染色体数目观察和核型比较分析，结果表明，苦荞的染色体数目为：$2n = 2x = 16$，苦荞有 1 对随体，位于 sm 染色体上。它们的核型公式 12m+2sm+2sm（SAT）；根据 Stebbins（1971）的核型分类标准，它们的核型都属于 1A 型。苦荞品种随体染色体数目表现不稳定，出现了 1 对与 2 对嵌合的现象，其中，1 对随体染色体所占比例平均为 87%，2 对随体染色体所占比例平均为 13%，可见，其随体染色体数目仍以 1 对为主。

柏大全等（2009）研究发现苦荞麦为二倍体，染色体数目为：$2n = 2x = 16$，核型公式为 10m+2sm+4m（SAT）。染色体相对长度介于 9. 23～14. 97 之间，最长染色体与最短染色体之比为 1. 62。16 条染色体中有 14 条染色体为中部着丝粒染色体，2 条为近中部着丝粒染色体，且第 7、第 8 号中部着丝染色体的短臂上各带有一对随体染色体。染色体臂比范围为 1. 13～2. 23，平均臂比为 1. 46。核型分类为 Stebbin：2A。

陈庆富（2001）用去壁低渗法对苦荞（F. tataricum）的根尖和茎尖有丝分裂染色体进行了观察，并对其茎尖有丝分裂染色体的核型进行了比较分析。苦荞的染色体数目为：$2n = 2x = 16$，核型公式为 12m+4sm（SAT），认为苦荞有 2 对 sm 随体染色体。

3. 生化标记

目前主要的生化标记是同工酶和贮藏蛋白。同工酶是由同一基因位点不同等位基因编码的、具有同一底物的蛋白质分子，在同一物种不同的个体之间有不同的表现形式，具有组织、发育和物种的特异性。同工酶通常利用非变性淀粉凝胶或聚丙烯酰胺凝胶电泳及特异性染色来检测，根据电泳谱带的不同来显示同工酶在遗传上的多态性。常用的同工酶包括酯酶 5、过氧化物酶、过氧化氢酶、细胞色素氧化酶、超氧化物歧化酶、苹果酸脱氢酶、天冬氨酸转氨酶、乙醇脱氢酶等，因研究目的不同和物种各异而选用几种或十几种同工酶作为遗传标记。

蛋白质是基因表达的产物，与形态性状、细胞学特征相比，数量上更丰富，受环境影响更小，能更好地反映遗传多态性。

赵佐成等（2002）采用等位酶电泳技术测定了四川、云南省 27 个县（市）的苦荞麦及其近缘种共 8 种 1 变种 50 个居群的遗传多样性和分化。经过 7 个酶系统的 12 个位点的检测，完成了遗传多样性、杂合性基因多样度比率、遗传距离和遗传一致度的测量。栽培苦荞麦的遗传多样性较低，各种野荞麦的遗传多样性较高。苦荞麦及其近缘种种间的遗传一致度平均值 55.30%~65.20%，与种子植物属内种间遗传一致度平均值接近。指出细柄野荞麦是与栽培的苦荞麦和荞麦的亲缘关系最近的野生种，金沙江流域是苦荞麦及其近缘种的分布中心和起源中心。

4. 分子标记

与传统的遗传标记相比，分子标记是分子水平上遗传多样性的直接反映，能够揭示生物遗传多样性的本质水平的遗传多样性表现为核苷酸序列的任何差异，哪怕是单个核苷酸的变异，因此标记在数量上是无限的，能满足各种要求且标记多态性高不受环境条件影响也不与不利性状连锁，只要利用足够量的分子标记，就可充分反映生物的客观性而且有相当多的分子标记是共显性的。目前，已开发了多种类型的分子标记，并已广泛应用于图谱构建、基因定位、基因克隆、分子标记辅助选择和育种等方面。分子标记的发展，经历了第一代非 PCR 方法，其代表技术为 RFLP；第二代是基于 PCR 技术的分子标记，其代表技术有 SSR、RAPD、AFLP，第三代是以基因组测序结果为基础的分子标记，其代表技术有 EST-SSR、SNP、InDel。

（1）随机扩增多态性 DNA（RAPD） RAPD（Random Alnpliifeation Polymorphism DNA）是由 Williams 和 Welsh 等发明的分子标记技术。它是利用一个随机序列的寡核苷酸作引物，通常为 10 个核苷酸，以生物的基因组 DNA 作模板进行 PCR 扩增反应，经琼脂糖凝胶电泳来检测 DNA 序列的多态性。RAPD 可用于任何没有分子生物学研究基础的物种，而且检测灵敏、方便，多态性强，并可以检测出 RFLP 标记不能检测的重复顺序区，可填补 RFLP 图谱的空缺，适用于种质资源鉴定和分类、遗传多样性分析及遗传图谱的快速构建等研究。但是 RAPD 标记为显性标记，不能有效鉴别杂合子；易受反应条件的影响，稳定性较差。

Tsuji 等（2000）应用 RAPD 技术研究了苦荞麦栽培品系和天然居群的系统发育关系，并初步认为栽培苦荞麦最可能的起源地是中国的西藏东部或云南的西北地区。

（2）扩增片段长度多态性（AFLP） AFLP（Amplified Fragment Length polymorphism）

是 1992 年荷兰 Zabeau 发明的一项分子标记技术。其基本原理是将 DNA 用可产生黏性末端的限制性内切酶消化产生大小不同的酶切片段，与含有共同黏末端的人工接头连接，作为进一步扩增的模板。

侯雅君等（2009）利用 20 对 AFLP 引物，对 14 个不同地理来源的 165 份苦养种质进行遗传多样性分析，结果共扩增出 938 条清晰的条带，其中 314（33.48%）条呈多态性，平均每对引物组合的条带数和多态性带数分别为 46.9 个和 15.7 个。不同地理来源苦养种质的 Shannon-Weaver 多样性指数为 0.109 3~0.266 1，各资源群多样性指数由高到低依次为：四川>青海>云南>甘肃/宁夏回族自治区（以下简称宁夏）>山西>西藏>贵州>陕西>尼泊尔>湖北>安徽/江西>内蒙古>广西壮族自治区（以下简称广西）>湖南，四川资源群最高，青海、云南和甘肃/宁夏等资源群次之，湖南资源群最低。聚类结果表现出明显的地域性；参试资源从遗传结构上被划分为 5 个组群，其中云南和四川苦养资源的群体结构最复杂，最为多样化，其次是西藏和青海；认同中国西南部四川、云南、西藏一带是栽培苦养的起源中心和遗传多样性中心的观点和苦养从中国西藏→不丹→尼泊尔→克什米尔→波兰的传播路线。

Tsuji 等（2001）通过 AFLP 分析揭示了野生和栽培苦养麦居群之间的系统发育关系，并比较了分别基于和标记建立的系统发育树，结果表明，栽培苦养麦可能起源于中国的西藏东部或云南的西北地区。

（3）微卫星 DNA（SSR） 微卫星 DNA 又称为简单重复序列（simple sequenee Repeats，ssR），它是由几个核苷酸（一般为 2~5 个）基本重复单位组成的长达几十个核苷酸的串联重复序列如（GA）n，（AC）n，（GAA）n 等，在染色体上呈随机分布，由于重复次数不同及重复程度的不完全而造成了每个座位的多态性。可以利用某个微卫星 DNA 两端的保守序列设计一对特异引物，扩增这个位点的微卫星序列，经聚丙烯酰胺凝胶电泳即可显示不同基因型个体在这个 SSR 位点的多态性。

杨学文等（2013）利用 SSR 分子标记对 104 份苦养种质遗传多样性进行了研究，15 对 SSR 引物共扩增出 86 个清晰条带，其中多态性条带 56 个，占总数的 65.1%。104 份材料之间的遗传相似系数变幅为 0.83~1.00；在相似系数为 0.88 时，104 份材料可分成 5 组：Ⅰ组中有 24 份材料，包括来自湖南的 6 份（新邵苦养、湖南 1-2、塘湾苦养、湖南 5-2、洗马苦养、湖南 3-2），陕西的 5 份（陕西白、镇巴苦养、西农 9909、米米苦养），山西的 3 份（黑丰 1 号、晋荞麦 2 号、蔓荞子），四川的 3 份（刺养、额洛木尔惹、老鸦苦养），贵州的 2 份（威宁 3 号、六养 1 号），甘肃的 2 份（麻苦养、麻苦养）和江西（彭泽苦养）、辽宁（辽养 75 号）、青海（黑苦养）各 1 份。Ⅱ组中有 65 份材料，包括来自赤峰市克什克腾旗的 32 份（克-1 至 32），云南的 6 份（贡山苦养、中甸苦养、营盘苦养、长咀苦养、田籽养、刺养），赤峰市农牧科学研究院的家系材料 5 份（赤-1 至 5），陕西的 5 份（西养 1 号、西养 2 号、陕西白、米米苦养、白苦养），四川的 5 份（额乌、额拉、川荞 1 号、额洛乌起、大额楚），山西的 5 份（晋荞 2 号、苦荞-1、苦荞-2、苦荞-3、蔓荞子），贵州的 4 份（黔苦 3 号、黔苦 5 号、六苦 208、毕节黑苦荞），江西（九江苦荞）和宁夏（苦并荞）各 1 份。Ⅲ组中有 8 份材料，包括来自湖南的 4 份（湖南 2-2、湖南 6-2、凤凰苦荞、湖南 3-1），来自贵州（六荞 2 号）、宁夏（海源苦荞）、甘肃（麻苦荞）和四川（额洛乌起）的各 1 份。Ⅳ组中只有 1 份材料，是来自宁夏的 2011 年的苦并荞。Ⅴ组中有 6 份材料，包括来自云南的 4 份（扁籽荞、白云苦荞、大苦荞、米苦荞），甘肃（黑绿荞）和贵州（长尖咀苦荞）的各 1 份。按照遗传相似系数 0.88 这一标准，聚在同一个组中的材料并不是来自同一省区的，Ⅰ组的 24 份材料来源于 9 个省，Ⅱ组的 65 份材料来源于 8 个省区，Ⅲ组的 8 份材料来源于 5 个省，Ⅴ组的 6 份材料来源于 3个省，表明中国主要苦荞种植区的资源具有丰富的遗传多样性，尤其是西南地区省份苦荞的遗传多样性更高；来自赤峰市克什克腾旗的 32 份材料全部分布在Ⅱ组中，表明赤峰地区的苦荞遗传多样性不十分丰富。根据聚类结果：来自甘肃的麻苦荞有 4 份，分布在 3 个组中，且在同一个组中的 2 份也未完全聚在一起；来自陕西的陕西白、白苦荞、米米苦荞各有 2 份，均是其中 1 份分布在Ⅰ组中，另 1 份分布在Ⅱ组中；2010 年收集的陕西白和米米苦荞完全聚在了一起；来自四川的 2 份额洛乌起，分别分布在Ⅱ、Ⅲ组中；来自宁夏的2 份苦荞，1 份在Ⅱ组中，另 1 份单独成一组（Ⅳ组）。这初步说明，一些收集的材料，尤其是地方材料，会存在同名异物或同物异名的情况。

莫日更朝格图等（2010）利用 SSR 分子标记技术对中国苦荞主产区陕西、云南、四川、西藏等地的 82 份苦荞地方种质的遗传多样性进行分析，用 25 个 SSR 引物中有 13 个引物在苦荞地方品种中具有多态性，且扩增条带的稳定性较好，共扩增出 208 条条带，其中多态性条带 200 条，占总数的 96.2%；通过聚类分析，82 份苦荞材料的遗传相似系数（GS）分布于 0.52~0.85 之间，平均值为 0.69，在 GS 值为 0.722 的水平上，82 份材料被聚为 10 大类群。

高帆等（2012）从 250 对 SSR 引物中筛选出 19 对用于分析 50 份不同地理来源的苦荞种质的遗传多样性，共检测到 156 个等位变异，每对 SSR 引物等位变异数为 2~11 个，平均 7.42 个。研究发现四川无论是 NA（6.782）、PIC（0.811），还是 SI（0.224）均最大，苦荞种质资源遗传多样性最丰富。安徽/江西、宁夏/青海 2 个组群的 PP 和 SI 均较低，说明这些地区的苦荞资源多态性不明显。

韩瑞霞等（2012）开发了 500 对苦荞 SSR 引物，扩增多态性位点比率为 10.8%。筛选其中的 28 对引物对 166 份苦荞资源进行遗传多样性分析，结果表明云南、四川和西藏地区的苦荞资源遗传多样性更为丰富，且亲缘关系较近，研究还发现苦荞的遗传相似性与地理分布有很大关联。

徐笑宇（2015）利用 SSR 分子标记技术，对来自西藏、陕西、四川、贵州等 4 省（区）的 210 份苦荞品种进行遗传多样性研究。选用的 50 对 SSR 引物中，有 16 对引物多态性良好，共扩增出 178 个条带，其中多态性条带达 118 个，占总数的 66.3%；210 份苦荞种质的遗传变幅为 0.62~0.98，平均值为 0.80，在遗传相似系数 0.88 处可划分为 5 大类。聚类结果显示，来自同一地区的苦荞品种显示出聚为一类的趋势，表明苦荞的遗传信息受地理分布的影响较大；第 V 类所聚的 41 份分别来自西藏（27 份）、陕西（8 份）和贵州（6 份）的品种表现出较为丰富的遗传多样性，与其他种质相比，这 41 份材料不仅遗传差异较大，而且遗传来源广泛。第 V 组所聚的苦荞种质的遗传多样性十分丰富，从其分出的 3 个亚类来看，定边-1059、略阳-1083 和石泉-1109 这三份来自陕西的品种构成了第一个亚类，贵州地区的 6 个品种和部分西藏品种构成了第二个亚类，而第三个亚类则完全由 17 份来自西藏的苦荞组成。这表明，西藏、陕西和贵州 3 个省区的部分苦荞资源在遗传多样性上要比其他地区的丰富，而且能够被分为两个极端：一个极端是遗传基础较为单一，与其他地区品种的遗传相似度较低，却依然表现出一定亲缘关系的族群；另一极端则是遗传变异丰富，与其他地区的种质遗传差异明显的族群。

（4）简单序列重复间区（ISSR）　简单序列重复间区 ISSR（Inter Simple Seqence Repeats）DNA 标记技术是由 Zietkiewicz 提出的，该技术检测的是两个 SSR 之间的一段短 DNA 序列上的多态性。用于 ISSR—PCR 扩增的引物通常为 16~18 个碱基序列，由 1~4 个碱基组成的串联重复和几个非重复的锚定碱基组成，从而保证了引物与基因组 DNA 中 SSR 的 5′ 和 3′ 末端结合，通过 PCR 反应扩增 SSR 之间的 DNA 片段。

赵丽娟等（2006）采用 ISSR 分子标记对来自 9 个省的 66 份苦荞种质的遗传多样性进行分析，18 条 ISSR 引物共扩增出 531 条带，平均 29.5 个；其中多态性带 514 个，平均 28.5 个，多态率高达 96.8%。Nei's 遗传相似系数在 0.39~0.93。UPGMA 聚类分析显示，贵州地方品种、湖北地方品种和云南地方品种之间有明显的遗传差异。来自不同省的改良品种在遗传上有较高的相似性，并发现了 4 个独特的基因型，即来自云南的昆明灰苦荞、贵州的六荞 2 号、湖北的神农架苦荞和湖南的凤凰苦荞，这几份材料在遗传上与其他材料具有很大的差别。云南地方品种间的遗传差异较大，其次是贵州地方品种，湖北地方品种间遗传差异相对较小。另外，苦荞改良品种与云南地方品种有较密切的关系，而部分湖南改良品种（凤凰 2-2、凤凰 3-1）与湖北地方品种有一定联系。总的来讲，苦荞改良品种的遗传趋于一致。

（5）EST-SSRs　EST-SSRs 是一种从序列中开发的新型标记。传统基因组来源的开发需要构建基因组文库、探针杂交和克隆测序等复杂的操作程序，不仅费时、费力，而且开发成本很高。大量快速增长的 EST 数据成为 SSR 的重要来源。

黎瑞源等（2017）以 35 个苦荞（*Fagopyrum tataricum*（L.）Gaertn）审定品种为材料，从 91 对苦荞 EST-SSR 引物中筛选 50 对多态性引物。遗传多样性聚类分析结果表明，供试品种的相似系数为 0.50~0.99。当遗传相似系数为 0.60 时，可将供试品种分为 4 大类群，其中 54.3% 的供试品种被聚为一类，表明苦荞审定品种遗传组成差异较小，遗传基础狭窄。

（三）国内一些苦荞产区的种质资源研究

贵州师范大学、荞麦产业技术研究中心汪燕等（2017）选用 20 个苦荞品种为材料，以不施氮为处理，研究苦荞的产量与品质性状及其对低氮的响应。结果发现：对照条件下，20 个供试苦荞品种的单株产量在 2.35～5.53g 间，产量在 0.97～1.85t/hm²，不施氮处理下，苦荞株高降低，株高变异范围为 79.08～106.32cm，分枝数变异范围为 3.33～6.50 个/株，茎叶重变异范围为 0.55～1.62g/株；不施氮处理下，12 个品种株高较对照显著或极显著降低，15 个品种的茎叶重显著或极显著降低，3 个品种的分枝数极显著降低。20 个苦荞品种的单株产量变异范围为 2.35～5.53g，百粒重变异范围为 1.99～2.48g，产量变异范围为 0.97～1.85t/hm²，16 个品种的单株产量呈显著或极显著降低，14 个品种的产量呈显著或极显著降低。结果得出：不施氮处理鉴定获得 4 个耐低氮的高产优质品种，分别为川荞 5 号、六苦 2 号、六苦 3 号和黔苦 5 号，其单株产量大于 3.0g，产量高于 1.2t/hm²，可直接用于种植推广或作为苦荞耐低氮种质资源利用。

樊冬丽（2003）用 RAPD 分子标记技术和形态学性状对山西省 58 份甜荞和 30 份苦荞进行研究，结果表明山西甜荞成对品种的遗传相似系数变化在 0.633～1.000 之间，苦荞成对品种的相似系数在变化在 0.797～0.982 之间，但大多数品种的同源程度较高。

屈洋等（2016）研究了苦荞产区种质资源遗传的多样性和遗传结构，利用 13 条 SSR 核心引物在 83 份苦荞种质资源中平均检测到等位基因数量 35.8 个，平均基因频率 0.27，平均基因多样性 0.85，平均多态信息量 0.84，83 份苦荞种质资源按地理来源划分 7 个组群，不同地理来源的苦荞资源遗传距离利用 Nei′s1983 方法计算，陕西的苦荞资源群体与宁夏、甘肃群体的遗传距离接近，与云贵川藏群体的遗传距离较远。进一步利用 UPGMA 方法对不同地理来源地苦荞群体进行聚类，表明陕甘宁苦荞种质资源的遗传距离较近，云贵川藏的苦荞种质资源遗传距离较近，北方产区（陕西、甘肃和宁夏）与西南产区（云南、贵州、四川和西藏）的遗传距离较远，可能是不同地理来源的苦荞种质资源存在一定的地理隔离，这种地理隔离造就了相似产区苦荞种质资源的相似性。

第三节　中国苦荞优良品种

一、中国苦荞品种名录（表 1-2）

表 1-2　中国苦荞品种名录（〈中国燕麦荞麦战略丛书〉，2013）

序号	品种名称	培育单位	审定省区	审定年份
1	西荞 1 号	四川西昌农业高等专科学校	国家	1997
2	黑丰 1 号	山西省农业科学院	山西	1999

（续表）

序号	品种名称	培育单位	审定省区	审定年份
3	九江苦荞	吉安市农业科学研究所	国家	2000
4	晋荞2号	山西省农业科学院	国家	2001
5	凤凰苦荞	湖南省凤凰县农业局	国家	2001
6	塘湾苦荞	湖南省凤凰县农业局	国家	2001
7	川荞1号	四川省凉山彝族自治州农业科学研究所	国家	1997
8	川荞2号	四川省凉山彝族自治州西昌农业科学研究所	四川	2002
9	黔黑荞1号	贵州省威宁县农业科学研究所	贵州	2002
10	黔苦2号	贵州省威宁县农业科学研究所	国家	2004
11	黔苦4号	贵州省威宁县农业科学研究所	国家	2004
12	西农9920	陕西省西北农林科技大学	国家	2004
13	西农9909	陕西省西北农林科技大学	国家	2008
14	昭苦1号	云南省昭通市农业科学研究所	国家	2006
15	晋荞3号	山西省农业科学院	山西	2006
16	六苦2号	贵州省六盘水职业技术学院	国家	2006
17	西荞2号	四川省西昌学院	四川	2008
18	黔苦3号	贵州省威宁农业科学研究所	国家	2008
19	米苦荞1号	四川省成都大学/西昌学院	四川	2009
20	黔黑荞1号	宁夏固原市农业科学研究所	宁夏	2009
21	黔苦荞5号	贵州省威宁县农业科学研究所	国家	2010
22	川荞3号	四川省凉山州西昌农业科学研究所	国家	2010
23	云荞1号	云南省农业科学院	国家	2010
24	昭苦2号	云南省昭通市农业科学研究所	国家	2010
25	川荞4号	四川省凉山州西昌农业科学研究所	四川	2010
26	川荞4号	四川省凉山州西昌农业科学研究所	四川	2010
27	迪苦1号	云南省迪庆州农业科学研究所	国家	2010
28	黔苦荞6号	贵州省威宁县农业科学研究所/贵州师范大学	贵州	2011
29	晋荞麦6号	山西省农业科学院高寒区作物研究所	山西	2011
30	晋荞麦5号	山西省农业科学院	山西	2011
31	六苦荞3号	贵州省六盘水职业技术学院	贵州	2011
32	凤苦3号	湖南省凤凰县政协	国家	2012
33	云荞2号	云南省农业科学院	国家	2012

（续表）

序号	品种名称	培育单位	审定省区	审定年份
33	西荞 3 号	四川省西昌学院	国家	2013
35	凤苦 2 号	湖南省凤凰县政协	国家	2013
36	黔苦 7 号	贵州省威宁县农业科学研究所	国家	2013
37	定苦荞 1 号	甘肃省定西市农业科学研究院	国家	2015
38	晋荞麦 6 号	山西省农业科学院高寒区作物研究所	国家	2015

二、苦荞品种演替

20 世纪 50 年代，新中国成立之后，苦荞种质资源的收集工作就在全国范围内开始了。虽然苦荞作为粮食作物、填闲作物及救灾作物，种植面积一直较大，尤其在 1955 年全国种植面积达 220 万 hm^2，但是，在种植品种方面，却长期处于贫乏的状况。品种多为当地的农家种，管理粗放混乱，品种退化严重，影响了中国苦荞产业的发展。

在 70 年代末即改革开放后，中国迅速成立了全国荞麦科研开发协作组和全国荞麦资源研究协作组，并将荞麦研究正式列入国家攻关课题。

80 年代初，全国荞麦品种资源搜集、整理、研究的开展极大地推动了荞麦新品种的选育工作。从 1982 年开始，中国荞麦主产区的农业科学研究单位先后都在荞麦种质资源研究的基础上开展了荞麦新品种选育工作。

1998—2002 年，全国经过了过 6 轮的荞麦品种区域试验，选育推广了苦荞新品种主要有九江苦荞、西荞 1 号、川荞 1 号、榆 6-21 和凤凰苦荞。

2004 年，国家小宗粮豆鉴定委员会又鉴定通过了定荞 1 号、西农 9920，黔苦 2 号和黔苦 4 号 4 个荞麦新品种。截至 2012 年，全国已进行了 9 轮苦荞区域试验。

30 多年来，中国在苦荞品种选育上取得了显著进步，目前，全国范围内共收集到各类苦荞资源 879 份，并已编入《中国荞麦品种资源目录》，科研人员运用多种育种方法培育了一批新品种。到 2015 年为止，成功选育并通过省级以上审定的苦荞品种有 38 个（表 1-1），表现丰产、抗逆性强的品种有西农 9920、定 98-1、黔威 3 号、黔苦 4 号和九江苦荞等。

1. 陕西省苦荞品种的更新换代

苦荞在陕西省种植，在陕北、陕南各县的浅山和深山阳坡种植较多。

1980—1984 年，农业部门在全省范围内进行荞麦品种资源征集工作。榆林地区农业科学研究所主持编写了《陕西省荞麦品种资源目录》，共收入材料 271 份，其中甜荞 180 个，苦荞 91 个。这些材料来自全省的 8 个地区和铜川市，其中安康地区 78 个，榆林地区 49 个，汉中地区 45 个，关中 3 个地区共为 44 个，延安和商洛地区分别为 24 个和 23 个，铜川市 8 个。其中有些已在生产中推广使用。

20 世纪 80 年代榆林地区选出榆 330 等荞麦新品种，在陕北地区推广。

2004 年，西北农林科技大学农学院从陕南苦荞混合群体中选育出西农 9920 苦荞麦新品种，通过国家小宗粮豆品种鉴定委员会鉴定。生育期 88d 左右，平均亩（1 亩 ≈ 667m²。下同）产 105.2kg。株高 107.5cm，主茎分支 5.9 个，主茎节数 16.3 节，株粒重 3.6g，千粒重 17.9g。籽粒含蛋白质 13.10g，淀粉 73.43%，粗脂肪 3.25%。适宜内蒙古、陕西、河北、宁夏、甘肃、贵州等省（区）春播区种植，湖南、江苏等秋播区种植。

2008 年，西北农林科技大学农学院选育出西农 9909 苦荞新品种通过国家审（鉴）定。

2. 山西省苦荞品种的更新换代

山西省苦荞种质资源十分丰富，1986—1990 年补充征集的苦荞品种资源 59 份，并编入《中国荞麦品种资源目录》第一辑，1991—1995 年补充征集的苦荞品种资源 51 份，并编入《中国荞麦品种资源目录》第二辑，两次征集苦荞品种资源 110 份，占全国品种资源份数的 12.5%。主要来自全省现有的 9 个市区。其中数量较多的是大同市（37 份）、晋中市（20 份）、忻州市（14 份）、临汾市（10 份）和吕梁地区（10 份）。分别占全省苦荞总资源份数的 27.1%、13.5%、3.6%、10.2% 和 10.2%。其次是长治市（8 份）、阳泉市（5 份）、朔州市、太原市资源较少，均只有 3 份。可见大同市、晋中市、忻州市、临汾市和吕梁地区是山西省苦荞主产区。

1999—2011 年通过引种、选择、诱变、杂交等育种方法，选育出了苦荞麦新品种 5 个。其中晋荞 2 号、晋荞 6 号为国审品种，晋荞 3 号、晋荞 5 号、黑丰 1 号为省审品种。

三、苦荞优良品种简介

(一) 川荞 1 号

选育单位 川荞 1 号是四川省凉山彝族自治州昭觉农业科学研究所选育，2000 年通过国家农作物品种审定委员会审定。

特征特性 全生育期 80d 左右。春、秋季种植均可。株型紧凑，株高 90cm 左右，叶绿色，茎秆紫红，花淡绿色，籽粒长锥形，黑色。结实率高，千粒重 20~21g，单株粒重 1.8g，出粉率 63.7%。成熟后整个植株变成紫红色。

产量表现 1997—1998 年参加全国荞麦区试，平均亩产分别为 283.2kg、137.42kg，分别较对照九江苦荞增产 7.6%、0.88%。1997—1998 年区试产量分居第二、第五位，两年平均亩产 110.31kg。在四川、云南、贵州、甘肃等省多点生产试验中均表现高产，增产潜力大，一般比当地对照增产 10% 以上。

品质表现 籽粒粗蛋白含量 15.6%，粗脂肪含量 3.9%，淀粉含量 69.1%，芦丁含量 2.64%。

抗性表现 落粒轻，抗旱耐寒、抗倒伏性强。

适宜种植地区 该品种适应范围广，适宜在四川、云南、贵州海拔 1 600~2 700m 的中低山区和高寒山区种植。

（二）川荞 2 号

选育单位 凉山州西昌农业科学研究所高山作物研究站选育，审定编号：川审麦 2002012。

特征特性 全生育期 80~90d，春播品种。株高 90~100cm，株型紧凑，千粒重 20~22g。花黄绿色，籽粒短锥形，结实集中。

品质表现 籽粒粗蛋白质含量 12.5%，粗脂肪 2.9%，粗淀粉 60.3%。

产量表现 1992—1993 年参加凉山州 5 县春播试，平均亩产 144.8kg，比对照九江荞增产 22.3%。2000—2001 年参加全国荞麦区试，平均亩产分别为 121.9kg 和 142kg，分别比九江荞增产 16.4%和 9.2%。

抗性表现 抗倒性强，落粒性弱，耐湿性差。

适宜种植区 适应性较广，攀西地区海拔 1 600~2 600m 的低山、二半山、高山和盆周中、低山地区种植，春秋播种。

（三）川荞 4 号

选育单位 凉山州西昌农业科学研究所高山作物研究站、凉山州惠乔生物科技有限责任公司选育，2010 年四川省农作物品种审定委员会审定。

品种来源 用新品系额 02 作母本，川荞 1 号作父本，通过有性杂交，从后代变异群体中选育而成。

特征特性 生育期 78~80d，属中早熟品种。平均株高 104cm，株型紧凑。叶片呈戟形，叶色浓绿，叶片肥大。茎直立，主茎分枝 5.8 个，主茎节数 16.9 个，茎秆绿色。花绿白，无香味，花序柄平均长 5.3cm。籽粒灰棕色、粒型长锥。单株粒重 2.46g，千粒重 20.0g。

品质表现 经农业部食品质量监督检验测试中心测定，总黄酮（芦丁）含量为 2.50%，粗蛋白含量 13.84%，粗脂肪含量 3.06%，淀粉含量 64.90%。

抗性表现 较抗倒伏，不易落粒，耐旱、耐寒性强。

产量表现 2008 年参加凉山州苦荞麦区试，平均亩产 136.7kg，比对照九江苦荞增产 34.9%，增产点率 100%；2009 年续试，平均亩产 123.3kg，与对照九江苦荞产量持平，增产点率 75%；两年试验平均亩产 130.0kg，比对照九江苦荞增产 16.8%。2009 年生产试验平均亩产 112.0kg，比九江苦荞增产 6.7%。

适宜种植地区 四川凉山州及类似地区。

（四）川荞 5 号

品种来源 凉山州西昌农业科学研究所高山作物研究站、凉山州惠乔生物科技有限责任公司选育，用新品系额拉作母本，川荞 2 号作父本，通过有性杂交，从后代变异群体中选择而成。审定编号：川审麦 2009017。

特征特性 生育期 75~80d，属中早熟品种。平均株高 80.0cm，株型紧凑。叶片呈戟形，叶色浓绿，叶片肥大。茎直立，主茎分枝 6.9 个，主茎节数 16.5 个，茎秆绿色。花绿白，无香味，花序柄平均长 16.0cm。单株粒重 2.44g，千粒重 19.5g。籽粒灰棕色、粒型长锥。

品质表现 经农业部食品质量监督检验测试中心测定，总黄酮（芦丁）含量 2.25%，粗蛋白含量 14.31%，粗脂肪含量 2.79%，淀粉率含量 62.79%。

抗性表现 不易落粒，耐旱、耐寒，适应性强。

产量表现 2008 年参加凉山州苦荞麦区试，平均亩产 130kg，比对照九江苦荞增产 28.3%，增产点率 100%；2009 年续试，平均亩产 130.0kg，比对照九江苦荞增产 5.4%，增产点率 100%。2009 年生产试验平均亩产 113.5kg，比对照九江苦荞增产 8.1%。

适宜种植区域 四川凉山州及类似地区。

（五）迪苦荞 1 号

选育单位 云南省迪庆州农业科学研究所选育而成，审定编号：国品鉴杂 2010014。

特征特性 生育日数 87d，属于中早熟品种。该品种植株紧凑，幼茎绿色，茎秆黄绿，叶片中等，叶色浓绿，花淡黄绿色，籽粒灰褐色，三棱形，长势长相良好，平均株高 98.7cm，主茎分枝 5.7 个，主茎节数 15.8 节，单株粒重 4.7g，千粒重 20.0g。

产量表现 2006—2008 年参加第八轮国家苦荞品种（南方组）区试，2008 年区试汇总结果，平均亩产 117.36kg，比对照九江苦荞增产 6.4%，居第七位。3 年区试汇总结果，平均亩产 154.7kg，比对照九江苦荞增产 11.4%，居第一位。2008 年在云南迪庆、四川盐源、贵州贵阳等地开展生产试验，平均亩产 106.9kg。迪庆片区平均亩产 100kg 以上。

抗性表现 该品种表现为高产稳产、抗病抗倒、耐瘠、适应性强。

品质表现 依据西北农林科技大学测试中心、农业部食品质量监督检验测试中心对该品种品质分析结果，粗蛋白含量 12.94%，粗淀粉 69.31%，粗脂防 2.92%，总黄酮 2.55%。

适宜种植地区 该品种适宜在海拔 2 500~3 000m 地区种植。

（六）凤凰苦荞

选育单位 湖南省凤凰县农业局选育，审定编号：国审杂 2001004。

特征特性 该品种生育期 88d。叶绿色，茎紫色，花黄绿色，株高 100cm 左右，主茎分枝 7 个，株型集散适中。籽粒灰色、长型，千粒重 23g。

产量表现 1997—1999 年参加第五轮全国苦荞品种区域试验，3 年平均亩产 105.33kg，较对照九江苦荞增产 7.1%；比当地对照增产 13.6%。

抗性表现 抗倒伏，抗旱耐瘠，落粒性轻。

品质表现 籽粒含粗蛋白 12.4%，粗脂肪 2.3%，淀粉 65.1%，赖氨酸 0.619%。

适宜种植地区 适宜在甘肃、陕西、宁夏、山西、贵州、云南、湖南省种植。

（七）晋荞 2 号

选育单位　山西省农业科学院小杂粮研究中心选育，审定编号：2009002。

特征特性　生育期 89~103d，中熟品种。幼苗生长旺盛，叶色深绿，叶心形，黄绿花，株高 116.5~162.4cm，株型紧凑，主茎节数 23.5 个，主茎分枝 9.5 个，株粒重 8.9g，籽粒长形，籽粒浅棕色，千粒重 19.6g。。

抗性表现　抗旱，抗倒伏，耐瘠薄，田间生长势强，生长整齐，结实集中，落粒性中等。

品质表现　经农业部食品质量监督检验测试中心检测：水分 10.75%，粗蛋白 13.44%，粗脂肪 2.75%，粗淀粉 63.07%，总黄酮 2.485%。

产量表现　2006 年宁南山区荞麦区域试验平均亩产 107.69kg，较对照九江苦荞增产 5.79%；2007 年区域试验平均亩产 137.55kg，较对照九江苦荞增产 9.46%；2008 年区域试验平均亩产 3 104.7kg，较对照九江苦荞增产 6.08%；3 年区域试验平均亩产 2 564.7 kg，较对照九江苦荞增产 10.84%。

适宜种植区域　适宜性广，适宜宁南山区干旱、半干旱地区荞麦产区种植。

（八）晋荞麦 5 号

选育单位　山西省农业科学院高粱研究所选育，审定编号：晋审荞（认）2011001。

特征特性　生育期 98d。生长势强，幼叶、幼茎淡绿色，种子根健壮、发达，株型紧凑，主茎高 106.7cm，主茎节数 20 节，一级分枝数 7 个，叶绿色，花黄绿色，籽粒黑色、三棱卵圆形瘦果，无棱翅，子实有苦味，单株粒数 283 粒，千粒重 22.4g。

抗性表现　抗病性、抗旱性较强，耐瘠薄。

品质分析　山西省食品工业研究所（太原）和山西省农业科学院环境与资源研究所检测，蛋白质 8.81%，脂肪 3.16%，淀粉 64.98%，黄酮 2.16%。

产量表现　2009—2010 年参加山西省苦荞麦区域试验，两年平均亩产 149.6kg，比对照晋荞麦 2 号增产 11.2%，试验点 11 个，增产点 9 个，增产点率 81.8%。其中 2009 年平均亩产 152.4kg，比对照晋荞麦 2 号增产 8.9%；2010 年平均亩产 146.8kg，比对照晋荞麦 2 号增产 13.6%。

适宜种植区域　山西省苦荞麦产区。

（九）晋荞麦 6 号

选育单位　山西省农业科学院高寒区作物研究所、大同市种子管理站选育，审定编号：晋审荞（认）2011002。

特征特性　生育期 94d 左右。生长势强，幼叶、幼茎绿色，种子根、次生根健壮、发达，株型紧凑，主茎高 103.6cm，主茎节数 20 节，一级分枝 6.9 个，叶绿色，花黄绿色，籽粒长形、灰黑色，单株粒数 201.6 粒，单株粒重 3.8g，千粒重 18.7g。

抗性表现　抗病、抗倒伏、耐旱、适应性强。

品质分析 黄酮类含量2.51%。

产量表现 2009—2010年参加山西省苦荞麦区域试验，两年平均亩产148.3kg，比对照晋荞麦2号增产10.3%，试验点11个，增产点9个，增产点率81.8%。其中2009年平均亩产145.5kg，比对照晋荞麦2号增产4.0%；2010年平均亩产151.3kg，比对照晋荞麦2号增产17.0%。

适宜种植区域 山西省苦荞麦产区。

（十）九江苦荞

选育单位 江西省吉安地区农业科学研究所选育，国审杂20000002。

特征特性 出苗至成熟80d。株高108.5cm，株型紧凑，一级分枝5.2个，主茎茎数16.6个，幼茎绿色，叶基部有明显的花青素斑点，花小、黄绿色、无香味、自花授粉，籽粒褐色，果皮粗糙，棱呈波状，中央有深色凹陷，株粒重4.26g，千粒重20.15g。

抗性表现 抗倒伏，抗旱耐瘠，落粒轻，适宜性强。

品质表现 蛋白质含量10.5%，粗淀粉含量69.83%，赖氨酸含量0.696%。

产量表现 1984—1986年，参加全国荞麦良种区试，3年平均亩产94.77kg，居苦荞中第一位，试点最高亩产260.5kg，1987—1989年第二轮全国苦荞麦良种区试，三年平均亩产达145kg。

适宜种植地区 甘肃东南部水肥条件较好的地区。

（十一）六苦2号

选育单位 贵州省六盘水职业技术学院通过系统选育而成的，2006年通过国家鉴定委员会鉴定。

特征特性 全生育期80~106d。六苦2号幼苗健壮，茎叶带红色，长势强；成株后植株高大，叶色浓绿，叶片肥大，株型半紧凑，株高100~133cm；主茎分株5.3~7.3个，主茎节数15.8~17.8个，茎秆黄绿色；单株粒重3~5.6g，千粒重18~22g，花绿色；籽型桃型，粒色棕色。

抗性表现 青秆成熟，后期熟性好，长势强，抗性好。

品质表现 出粉率70%，蛋白质含量13.75%，淀粉含量65.92%，脂肪含量3.42%，可溶性糖含量1.91%，总黄酮含量2.25%。

产量表现 综合3年3个组的区试结果，六苦2号参试点共70个点次，其中增产点43个，增产点比例62.3%，3年平均亩产量为136.0kg，较对照九江苦荞增产6.0%。

适宜种植地区 适应性较广，在西北、西南均适应，春播、夏秋播均适宜，适宜地区。适宜在贵州威宁、六盘水，湖南长沙，山西太原，青海西宁，宁夏隆德、固原，陕西靖边、榆林，河北张北，云南中甸、丽江，甘肃平凉等地种植。

（十二）米苦荞1号

选育单位 成都大学、西昌学院选育，审定编号：川审麦2009015。

特征特性 全生育期 100d 左右，属中晚熟品种。幼苗叶片呈戟形，叶色浓绿。株型紧凑，株高 124cm 左右，茎秆绿色。平均主茎分枝 4.2。花淡绿色，平均单株粒数 139 粒，单株粒重 2.49g。籽粒短锥、褐色、粒饱满，种壳薄，易脱壳制米，千粒重 14.9g。

抗性表现 抗病性强，抗倒伏，不易落粒，耐旱、耐寒性强。

品质表现 经四川省品质测试中心测定，芦丁含量 2.40%，粗蛋白含量 13.70%。籽粒出粉率 75%~80%。

产量表现 2007 年在凉山州荞麦品系两年多点试验中，平均亩产 132.6kg，比对照九江苦荞增产 7.2%，5 点全部增产；2008 年平均亩产 152.0kg，比对照九江苦荞增产 12.3%，5 点全部增产。2008 年生产试验 5 点平均亩产 141.4kg，比对照增产 9.3%。

适宜种植区域 四川苦荞麦种植区。

(十三) 黔黑荞 1 号

选育单位 贵州省威宁县农业科学研究所选育，2002 年 11 月 1 日经贵州省农作物品种审定委员会审定通过。

特征特性 生育期 80~90d，属中熟种。紧凑型，株高 72~125cm，因土壤肥力水平和气候条件而异。主茎节数 13.5~15 个，一级分枝数 4.3~5.1 个。株粒重 2.04~3.26g。千粒重 21.50~22.00g，籽粒黑色，粒型桃形，茎叶浓绿，叶片肥大。

抗性表现 抗旱，抗倒伏，耐瘠薄，田间生长势强，生长整齐，结实集中，适宜性广。

品质表现 经农业部谷物及制品质量监督检验测试中心（哈尔滨）测定：籽粒含氨基酸 14.87%，粗蛋白 14.05%，粗脂肪 2.60%，粗纤维 19.27%，灰分 2.16%，水分 9.27%。

产量表现 2005 年宁南山区荞麦生产试验平均亩产 159.6kg，较对照宁荞 2 号增产 2.9%；2006 年生产试验平均亩产 138.2kg，较对照宁荞 2 号增产 22.5%；2007 年生产试验平均亩产 158.1kg，较对照宁荞 2 号增产 19.3%；三年生产试验平均亩产 152.0kg，较对照宁荞 2 号增产 14.9%。

适宜种植区域 适宜宁南山区干旱、半干旱地区荞麦产区种植。

(十四) 黔苦 2 号

选育单位 贵州省威宁县农业科学研究所选育。2004 年通过国家农作物品种审定委员会审定，审（鉴）定编号：国品鉴杂 2004015。

特征特性 生育期 80d 左右。株型紧凑，株高 94.5cm。幼茎淡红绿色，花黄绿色，无味，白花授粉，籽粒灰色。主茎分枝数 2.8 个，主茎节数 12.5 个，单株粒重 2.6g，千粒重 21.8g。

抗性表现 抗倒伏，抗旱，耐瘠薄，不易落粒。

品质分析 籽粒粗蛋白 13.69%，淀粉 71.67%，粗脂肪 3.53%，芦丁 2.6%，麸皮芦丁含量 6.31%。

产量表现 1997—1999 年参加第 5 轮区试，平均亩产 98.9kg，比对照增产 0.52%。

2000 年生产试验平均亩产 134.1kg，比对照增产 28.7%。

适宜种植地区 甘肃、贵州、湖南、陕西、云南、四川等地种植。

（十五）黔苦 4 号

选育单位 威宁彝族回族苗族自治县农业科学研究所选育，2004 年通过国家农作物品种审定委员会审定，审（鉴）定编号：国品鉴杂 2004016。

特征特性 生育期 84d 左右，比对照广灵苦荞早熟。幼茎淡红色，生长整齐，长势中等，株高 96.2cm，株型紧凑，主茎 14.5 节，茎粗、抗倒性较好，花黄绿色，一级分枝 5.4 个，单株粒重 4.1g，籽粒灰褐色，长型，千粒重 20.2g。

抗性表现 茎粗，综合抗性较好。

品质分析 籽粒含粗蛋白 13.25%，淀粉 71.67%，粗脂肪 3.53%，芦丁 1.103%。

产量表现 2007—2008 年参加山西省苦荞区域试验，两年平均亩产 162.9kg，比对照广灵苦荞平均增产 24.0%，试验点 10 个，9 点增产，增产点率 90%。其中 2007 年平均亩产 166.0kg，比对照广灵苦荞增产 31.2%；2008 年平均亩产 136.3kg，比对照广灵苦荞增产 24.0%。

适宜种植地区 山西省苦荞中早熟区。

（十六）西农 9920

选育单位 西北农林科技大学农学院选育，2004 年通过国家农作物品种审定委员会审定，审（鉴）定编号：国品鉴杂 2004014。

特征特性 生育期 88d 左右。株型紧凑，株高 107.5cm。幼茎绿色，花黄绿色，无香味，自花授粉，籽粒灰褐色。主茎分枝数 5.9 个，主茎节数 16.3 个，单株粒重 3.6g，千粒重 17.9g。落粒轻，适应性强。

抗性表现 抗倒伏，抗旱，耐瘠薄。

品质分析 籽粒粗蛋白含量 13.10%，淀粉 73.43%，粗脂肪 3.25%，芦丁 1.3341%。

产量水平 一般亩产量 100~150kg，高产田亩产可达 200kg 以上。

适宜种植地区 内蒙古、河北、甘肃、陕西、宁夏、贵州等春播区及湖南、江苏等秋播区种植。

（十七）西农 9909

选育单位 西北农林科技大学农学院选育，2008 国审品种。

特征特性 生育期 85~95d。株型紧凑，株高 110~120cm，主茎分枝数 5~6 个，主茎节数 15~17 个，幼茎绿色，花黄绿色，无香味，籽粒浅灰色。单株粒重 5~6g，千粒重 17~20g。耐旱，耐瘠薄，稳产性，适应性好，落粒轻。

抗性表现 耐旱，耐瘠薄。

品质分析 粗蛋白 13.36%，粗脂肪 3.38%，淀粉 66.33%，可溶性糖 1.82%；总黄酮 2.34%，芦丁 1.39%，槲皮素 0.417%。

产量水平　稳产性好，一般亩产为 100kg 左右，最高亩产可达 170kg。

适宜种植地区　适应性好，陕西渭北、秦巴山区及内蒙古、河北、甘肃、宁夏、云南、贵州等春播区和湖南、江苏等秋播区种植。

（十八）西荞 3 号

选育单位　西昌学院选育，2013 国审品种。

特征特性　全生育期 80～90d。幼苗叶呈戟形，叶色浓绿。株型紧凑，株高 110cm 左右，叶色浓绿，茎干绿色，主茎分枝 4～6 个，主茎节数 15～17 节。花淡绿色，花序柄较短，约 2cm，种子密集于花序柄，株粒数 140g。籽粒短锥，褐色，单株粒重 4.6g，千粒重 20g。

抗性表现　抗倒伏，不易落粒，耐旱。

品质分析　经四川省农业科学院分析测试中心测定，芦丁含量 1.56%，粗蛋白含量 14.8%。籽粒出粉率 64.5%～67.9%。

产量水平　2006 年参加凉山州苦荞麦区试，平均亩产 146.2kg，比对照九江苦荞增产 13.4%，增产点次 100%；2007 年续试，平均亩产 142.7kg，比对照九江苦荞增产 15.4%，增产点次 100%。两年区试平均亩产 144.5kg，比对照九江苦荞增产 14.3%，10 点全部增产。2007 年在冕宁、普格、美姑、喜德、昭觉进行生产试验，平均亩产 152.2kg，比对照九江苦荞增产 11.4%，5 点全部增产。

适宜种植地区　四川省苦荞麦种植区。

（十九）昭荞 2 号

选育单位　云南省昭通市农科所从昭通地方品种青皮荞中系统选育而成，2010 国审苦荞品种。

特征特性　生育期 86～107d。幼苗生长旺盛，叶色浅绿，叶心形，花浅绿色，株高 80.6～142.3cm，株型紧凑，主茎节 18.6 个，主茎分枝 4.5 个，株粒数 76.6 粒，株粒重 3.2g，籽粒长棱形，粒灰白色有腹沟，千粒重 23.9g。

抗性表现　抗旱，抗倒伏，田间生长势强，生长整齐，结实集中，落粒性中等。

品质分析　经农业部食品质量监督检验测试中心（杨凌）检测：水分 10.97%，粗蛋白 13.50%，粗脂肪 2.62%，粗淀粉 61.07%，总黄酮 2.61%。

产量水平　2006 年，宁南山区荞麦区域试验平均亩产 94.78kg，2007 年区域试验平均亩产 129.55kg，较对照九江苦荞增产 3.09%；2008 年，区域试验平均亩产 208.31kg，较对照九江苦荞增产 6.76%；3 年区域试验平均亩产 165.97kg，较对照九江苦荞增产 7.59%。

适宜种植地区　适宜宁南山区干旱、半干旱地区荞麦主产区种植。

（二十）定苦荞 1 号

选育单位　定西市农业科学研究院从亲本"西农 9920"中系统选育而成的旱地荞麦新品种（原代号定苦 2001—9）。2015 年经全国农业技术推广服务中心组织的全国小宗粮豆品种鉴定委员会鉴定通过，鉴定编号：国品鉴杂 2015002。

特征特性 生育期 90~93d。该品种中早熟，株高 130.0~132.5cm，株型紧凑，茎秆粗壮，呈红绿色，植株整齐一致，花绿黄色，自花授粉；籽粒长锥形、灰黑色，单株粒重 3.6~7.0g，千粒重 14.9~17.0g。

品质分析 籽粒含碳水化合物 67.19%，脂肪 3.02%，蛋白质 13.05%，水分 10.61%，黄酮 2.08%。

产量水平 2012—2014 年第十轮国家苦荞品种（北方组）区域试验中，定苦荞 1 号比对照九江苦荞增产 9.96%，居第 1 位；2014 年国家苦荞品种生产试验中，定苦荞 1 号较统一对照九江苦荞增产 16.28%，较当地品种平均增产 9.06%。

适宜种植地区 甘肃定西、陕西、山西苦荞麦种植区。

本章参考文献

陈庆富.2001.五个中国荞麦（Fagopyrum）种的核型分析［J］.广西植物，21（2）：107-110.

崔天鸣，付雪娇，陈振武.2008.苦荞品种在辽宁省引种试验研究［J］.园艺与种苗，28（3）：188-189.

冯达权，彭国照.1992.地理变差及气候相似距与早、中稻引种适应性研究［J］.应用气象学报，3（3）：371-375.

冯美臣，牛波，杨武德，等.2012.晋中地区荞麦品质气候区划的 GIS 多元分析［J］.地球信息科学，14（6）：807-813.

高帆，张宗文，吴斌.2012.中国苦荞 SSR 分子标记体系构建及在遗传多样性分析中的应用［J］.中国农业科学，45（6）：1 042-1 053.

高金锋，张慧成，高小丽，等.2008.西藏苦荞种质资源主要农艺性状分析［J］.河北农业大学学报，31（2）：1-5.

韩瑞霞，张宗文，吴斌，等，2012.苦荞 SSR 引物开发及其遗传多样性分析中的应用［J］.植物遗传资源学报，13（5）：759-764.

何洋，李发良，苏丽萍，等.2015.苦荞新品种"川荞 4 号"选育与配套栽培技术［J］.西昌农业科技（2）：1-2.

侯雅君，张宗文，吴斌，等.2009.苦荞种质资源 AFLP 标记遗传多样性分析［J］.中国农业科学，42（12）：4 166-4 174.

胡银岗，冯佰利，周济铭.2005.荞麦遗传资源利用及其改良研究进展［J］.西北农业学报，14（5）：101-109.

贾瑞玲，马宁，魏立平，等.2015.50 份苦荞种质资源性状的遗传多样性分析［J］.

干旱地区农业研究，33（5）：11-16.

黎瑞源，石桃雄，陈其皎，等 . 2017. 中国 35 个苦荞审定品种 EST-SSR 指纹图谱构建与遗传多样性分析 [J]. 植物科学学报，35（2）：267-275.

李昌远，李长亮，魏世杰，等 . 2013. 云南苦荞品种资源综合评价 [J]. 现代农业科技（24）：71，78.

李春花，尹桂芳，王艳青，等 . 2016. 云南苦荞种质资源主要性状的遗传多样性分析 [J]，植物遗传资源学报，17（6）：993-999.

李秀莲，史兴海，高伟，等 . 2011. 苦荞新品种'晋荞麦 2 号'丰产稳产性分析及应用前景 [J]. 农学学报，1（12）：6-10.

李荫藩，郑敏娜，梁秀芝，等 . 2016. 苦荞种质资源生物学性状的多元统计分析与综合评价 [J]. 中国农学通报，32（6）：40-48.

林汝法，2000. 苦荞资源的开发和利用 [J]. 荞麦动态，1：3-7.

林汝法，柴岩，廖琴，等 . 2002. 中国小杂粮 [M]. 北京：中国科学出版社 .

林汝法 . 1994. 中国荞麦 [M] . 北京：中国农业出版社 .

林汝法 . 2013. 苦荞举要 [M]. 北京：中国农业科学技术出版社 .

马大炜，李荫藩，李岩，等 . 2015. 大同地区适宜苦荞品种的筛选研究 [J]. 农学学报，5（7）：24-28.

马宁，陈富，贾瑞玲，等 . 2013. 100 份苦荞种质资源鉴定结果初报 [J]. 甘肃农业科技（12）：3-6.

毛春，程国尧，蔡飞，等 . 2011. 苦荞新品种黔苦荞 5 号的选育及栽培技术 [J]. 种子，30（11）：108-110.

毛春，程国尧，蔡飞，等 . 2015. 苦荞新品种黔苦 7 号选育报告 [J]. 现代农业科技（16）：47-48.

莫日更朝格图，王鹏科，高金锋，等 . 2010. 苦荞地方种质资源的遗传多样性分析 [J]. 西北植物学报，30（2）：255-261.

彭国照，曹艳秋，阮俊 . 2016. 基于气候多因子权重相似性的凉山州苦荞麦气候适应性区划 [J]. 西南大学学报（自然科学版），41（1）：1-8.

彭国照，罗清 . 2009. 气候多因子权重相似分析及其在农业气候区划中的应用 [J]. 西南大学学报（自然科学版），31（3）：136-140.

屈洋，冯佰利，高金锋，等 . 2011. 高产苦荞品种筛选及其在北方种植区生态适应性研究 [J]. 干旱地区农业研究，29（1）：161-167.

屈洋，周瑜，王钊，等 . 2016. 苦荞产区种质资源遗传多样性和遗传结构分析 [J]. 中国农业科学，49（11）：2 049-2 062.

桑满杰，卫海燕，毛亚娟，等 . 2015. 基于随机森林的我国荞麦适宜种植区划及评价

[J]. 山东农业科学, 47 (7): 46-52.

尚玉儒, 李春宁, 曹艳蕊, 等.2011. 冀北野生苦荞分布与保护 [J]. 中国园艺文摘, 27 (2): 57-58.

史建强, 李艳琴, 张宗文, 等, 2015. 荞麦及其野生种遗传多样性分析 [J]. 植物遗传资源学报, 16 (3): 443-450.

史兴海, 李秀莲, 高伟, 等.2012. 山西省苦荞种质资源营养特性研究 [J]. 中国科技信息 (9): 85-85.

汪燕, 梁成刚, 孙艳红, 等.2017. 不同苦荞品种的产量与品质及其对低氮的响应 [J]. 贵州师范大学学报 (自然科学版), 35 (6): 66-73.

王安虎, 夏明忠, 蔡光泽, 等.2008. 栽培苦荞麦的起源及其近缘种亲缘分析 [J]. 西南农业学报, 21 (2): 282-285.

王安虎, 夏明忠, 蔡光泽, 等.2016. 苦荞新品种西荞 5 号的选育与栽培技术研究 [J]. 种子, 35 (10): 106-108.

王安虎, 夏明忠, 蔡光泽, 等.2017. 苦荞新品种西荞 4 号的选育与栽培技术研究 [J]. 种子, 36 (2): 113-115.

王安虎.2012. 苦荞米荞一号在不同生态环境的性状表型研究 [J]. 西南农业学报, 25 (3): 834-837.

王健胜, 柴岩, 赵喜特, 等.2005. 中国荞麦栽培品种的核型比较分析 [J]. 西北植物学报, 25 (6): 1 114-1 117.

王丽红, 韩玉芝, 崔兴洪, 等.2009. 高寒冷凉山区优质苦荞高产栽培技术 [J]. 云南农业科技 (5): 32-34.

王雪娥, Wayne L, Decker.1989. 欧氏距离系数在农业气候相似性研究中的应用 [J]. 南京气象学院学报, 12 (2): 187-198.

王艳青, 卢文洁, 李春花, 等.2014. 同异分析法在苦荞新品种 (系) 综合评价中的应用 [J]. 江苏农业科学, 42 (12): 132-134.

王艳青, 王莉花, 卢文洁, 等.2013. 苦荞麦新品种云荞 2 号的选育及栽培技术 [J]. 江苏农业科学, 41 (9): 103-104.

王毅真, 李亚军, 成兆金, 等.2016. 灵邱苦荞麦生态分布的气象条件 [J]. 气象科技, 44 (3): 474-478, 494.

韦爽, 万燕, 晏林, 等.2015. 不同苦荞品种茎秆强度和植株性状的差异及其相关性 [J]. 作物杂志 (2): 59-63.

吴云江, 陈庆福.2001. 二倍体和四倍体栽培苦荞的细胞学比较研究 [J]. 广西植物, 21 (4): 344-346.

徐笑宇, 方正武, 杨璞, 等.2015. 苦荞遗传多样性分析与核心种质筛选 [J]. 干旱地区农业研究，33（1）：268-277.

杨克里．1995. 我国荞麦种质资源研究现状与展望［J］. 作物品种资源（3）：11-13.

杨学文，丁素荣，胡陶，等．2013. 104 份苦荞种质的遗传多样性分析［J］. 作物杂志（6）：13-18.

杨远平，毛春，管仕英，等．2008. 黔苦 3 号苦荞不同播期试验研究［J］. 园艺与种苗，28（6）：382-383.

张丽君，马名川，刘龙龙，等．2015. 山西省苦荞品种资源的研究［J］. 河北农业科学，19（1）：69-74.

张强，李艳琴．2011. 基于矿质元素的苦荞产地判别研究［J］. 中国农业科学，44（22）：4 653-4 659.

张学儒，陈春，董坤．2013. 基于 RS 与 GIS 唐山海岸带地区近 50 年土地利用格局时空特征分析［J］. 西北农业学报，22（2）：204-208.

张小平，周忠译．1998. 中国蓼科花粉的系统演变［M］. 合肥：中国科学技术大学出版社．

张以忠，陈庆富，2004. 荞麦研究的现状与展望［J］. 种子，23（3）：39-42.

赵钢，杨敬东，邹亮．2005. 苦荞麦染色体的加倍研究［J］. 成都大学学报（自然科学版），24（4）：253-257.

赵建栋，崔林．2015. 山西省地方苦荞品种类型及形态生态特性研究［J］. 农业开发与装备（7）：143-144.

赵建栋，李秀莲，史兴海，等．2016. 苦荞品种（系）聚类分析［J］. 农学学报，6（8）：12-17.

赵丽娟，张宗文，黎裕，等．2006. 苦荞种质资源遗传多样性的 SSR 分析［J］. 植物遗传资源学报，7（2）：159-164.

赵佐成，周明德，王中仁，等．2002. 中国苦荞麦及其近缘种的遗传多样性研究［J］. 遗传学报，29（8）：723-734.

中国科学院中国植物志编辑委员会．1993. 中国植物志［M］. 北京：科学出版社．

Chen Q F. 2001. Discussion on the origin of cultivated Buckwheat in Genus Fagopyrum［J］. Advances in Buckwheat Research，8：206-213.

Hedberg. 1946. Pollen morphology in the genus Polygorum L. S. lat. And its taxonomieal signifieance［J］. Svesk Botanisk Tidskrift，40：371-404.

Hooker J D. 1886. The Flora of British India［M］. London：Reeve and Co. 5.

Ronse D L，Akeroyd J R. 1988. Gineric limits in Polygonum and related genera（Polygonaceae）on the basis of floral characters［J］. Botanical Journal of the Linnean Society，98：321-371.

Steward A N. 1930. The Polygoneae of Eastern Asia. Contributions Form the Gray Herbarium of Harvard Univeisity, 5 (88): 1-129.

Tsuji K, Ohnishi O, 2001. Phylogenetic position of east Tibetan natural populations in Tartary buckwheat (*Fagopgram tartaricum* Gaertn) revealed by RAPD analyses [J]. Genetic Resources and Crop Evolution, 48 (1): 63-67.

Tsuji K, Ohnishi O. 2001. Phylogenetic relationships among wild and cultivated Tartary buckwheat (*Fagopgram tartaricum* Gaertn) populations revealed by AFLP analyses [J]. Genes Genet. Syst, 76: 47-52.

Wang J X, Feng Z J. 1994. A Study on Pollen morphology of Polygorum in china [J]. Acta Phytotaxomica Sinica, 32: 219-231.

第二章　苦荞生长发育

第一节　苦荞生育进程

一、生育期、生育时期、生育阶段

（一）生育期

从播种（或出苗）到成熟的天数即为苦荞的生育期，代表一个完整的生活周期。根据苦荞品种在适宜播种季节的适期播种条件下的生育天数，可以把他们归属于不同的熟期类型。

苦荞自出苗到70%籽粒成熟的总天数为生育期，播种后种子萌动至种子成熟经历的天数为全生育期。

1. 苦荞品种的熟期类型

苦荞是短生育期作物，生长发育速度较快，分布范围很广，从南到北、从东到西均有种植。苦荞的生育期长短因品种各不相同。一般早熟品种60~70d，中熟品种71~90d，晚熟品种91d以上，生产用种多为中、早熟品种。苦荞生育期间要求0℃以上的积温1 146.3~2 103.8℃。

2. 影响苦荞品种生育期的外界条件

苦荞生育期的长短除受品种固有遗传特性决定外，同时还受栽培地区光温等自然条件及栽培因素的综合影响，即便同一品种，由于栽培地区不同，其生育日数也不相同。

（1）播季和播期的影响　苦荞是短日照非专化性作物，对日照要求不严格，在长日照和短日照条件下均能生育并形成果实。从出苗到开花的生育前期，宜在长日照条件下生育；从开花到成熟的生育后期，宜在短日照条件下生育。长日照促进植株营养生长，短日照则促进发育。不同品种对日照长度的反应是不同的，晚熟品种比早熟品种的反应敏感。同一品种春播开花迟，生育期长；夏秋播开花早，生育期短。吴燕等（2004）研究认为，在辽宁省辽阳地区，气候条件和播期共同影响荞麦的生育期。

（2）纬度和海拔的影响　原产于不同地理纬度、不同海拔高度的苦荞品种，其生育期不同。地理纬度和海拔对苦荞生育期的影响，主要与光时有关。一般来说，苦荞的短日照特性，依其原产地由南向北逐渐减弱。原产于低纬度、低海拔地区的品种，对短光时反应敏感；原产于高纬度、高海拔地区的品种，对短光时反应相对迟钝。青海省西宁和贵州省威宁，海拔同为 2 250m 左右，但纬度相差近 10°，1989 年 5 月 10 日将相同的苦荞品种分别播种于两地。结果得出，两地苦荞的始花日数和全生育期日数相差很大，且均表现出低纬度的威宁比高纬度的西宁提前 10~24d 和 7~34d。因此，低纬度短日照对苦荞发育具有明显的促进作用。另外，不同海拔产地的苦荞，生育期也不同。李钦元（1987）研究表明，圆籽荞在海拔 1 800m 的生育期是 70d，而在海拔 3 400m 其生育期延长至 170d。随着海拔的升高，苦荞生育期也随之延长，这主要与总积温相关。相反，海拔降低，平均气温升高，所需总积温减少，生育期缩短。

（二）生育时期

在苦荞生长发育的一生中，植株外部形态会发生一系列变化，同时标志着内在一些生理变化，根据这些变化表现出的特征，人为地按一定的标准划分出来一个生长发育进程时间点，称这个时间点为生育时期。在适期播种下，这些时期对应着一定的物候现象，故生育时期也称为物候期。一般可以把苦荞的一生分为播种期、出苗期、分枝期、现蕾期、开花期、结实期、成熟期。

具体各生育时期植株的形态特征和田间记载标准为：

1. 播种期

即播种的日期，以月/日表示。苦荞的适宜播期一般为 4 月中下旬至 5 月上旬。正常苦荞种子播种后在适宜条件下经过 2d 长出细长白嫩的胚根，伸入土中，形成主根，随后在主根上又长出侧根，再分生出细根，组成幼苗的主根系。同时，根的颜色逐渐变深呈褐色。

2. 出苗期

植株子叶展开即为出苗，出苗株数达 50% 以上为出苗期。苦荞播种 5~7d 后具有两片肾形子叶的幼苗在地面展开，子叶最初呈淡绿色，逐渐变成浓绿色。苦荞出苗后 10~12d 长出第一片真叶，过 3~5d 后形成第二片真叶，以后各真叶渐次长出。真叶由叶片、叶柄和鞘状托叶组成。苦荞幼苗的茎包括子叶节下面的下胚轴和子叶节以上的茎节；下胚轴细长，淡绿色或带淡紫色，基部可能是紫红色；茎节为淡绿色，被毛或无毛。

3. 分枝期

50% 以上植株出现第一次分枝的日期。苦荞有分枝习性，植株长出 1~3 片真叶后，其第 1、第 2 节上的腋芽，由下向上开始萌发成枝，不仅萌发的节位低、时间早、数量多，而且茎基部分枝粗大，还可再长出大量的二级和三级分枝，分枝的花簇数量多，着粒数往往超过主茎。

4. 现蕾期

50%以上植株现蕾的日期。苦荞出苗后 15～25d 开始花芽分化，逐渐形成花蕾。苦荞花蕾苞片卵形，每苞内具 2～4 花，花梗中部具关节；花被 5 深裂，白色或淡红色，椭圆形。此时，雌雄蕊逐渐伸长，雄蕊 8 个，比花被短；花柱 3 个也形成。子房接近瓶状，体积增大。胚珠分化，胚囊中的卵器逐渐成熟。

5. 开花期

50%以上植株开花的日期。苦荞现蕾后 4～5d，主茎部花序的花开始开放。苦荞的开花顺序是最下位花序的花最先开放，然后是上位花序的花逐次开放。主茎上的花开放后 4～8d，分枝上的花开始开放。苦荞花朵较小，为稀疏总状花序，顶生或腋生，淡黄绿色，无蜜腺（无香味），雌雄蕊等长，自花授粉。

6. 结实期

植株结籽即为结实。50%以上植株出现种子的时期。苦荞花期可达 30d 以上，也因品种不同而有差异。早熟品种 25～30d，晚熟品种 30～40d，有的花期可达 50d 以上。花期授粉受精结束即开始形成果实。苦荞果实为瘦果、三棱形，果实较小，表面甚粗糙，棱成波纹，中间有深的凹陷，果实有苦味。

7. 成熟期

70%以上籽粒变硬，呈现本品种特征的时期。苦荞的 1 粒籽粒从开花到成熟的过程中，历时 1 个月左右。一般籽粒灌浆 12～15d 后，进入成熟阶段。此时，苦荞籽粒变硬，植株呈现黑色或褐色。

（三）生育阶段

根据苦荞生长发育过程中的一些质变，可以人为地把苦荞的生育阶段概括为营养生长阶段、营养生长与生殖生长并进阶段、生殖生长阶段。

1. 种子萌发

（1）种子生活力　苦荞种子萌发能力在很大程度上取决于种子的品种特性和种子质量。品种特性包括皮壳厚薄、籽粒大小等，种子品质包括种子成熟度、种子存放期等，对种子萌发出苗和出苗后的生长发育均有影响。一般来说，薄皮品种透气性好，吸水快，呼吸强度高，所以发芽快；而厚皮品种则相反，发芽较慢。随着种子成熟度的提高，发芽率、出苗率、苗质量等均有增加的趋势。种子的大小反映千粒重的高低，对萌发出苗也有一定的影响。俗话说"母壮儿肥"，饱满而粒大的种子胚大，胚乳所含营养物质多，出苗率高、子叶大而厚、胚轴粗壮、侧根数多、幼苗苗壮，因此选用品质好，成熟度高，粒大、粒重、饱满的种子播种，是一项重数的增产措施。另外，种子存放年限对种子的生活力有较大影响，主要是随着储存时间的增加，酶蛋白逐渐发生变性，胚乳内的养分也有所减少，从而导致发芽质量下降，随着存放年限的增加，不仅发芽率逐年降低，而且幼苗的质量与活力也大为降低。

（2）萌发的外界条件　影响苦荞种子萌发的主要外因有水分、温度和氧气。具有正常生活力的种子，在水分、温度适宜，通气良好的条件下，数天后就会萌发，长出幼苗。

水分　水分是种子萌发的第一条件。风干种子水分含量为5%～13%，当苦荞种子吸水量达到种子自重（风干）的60%左右时，即完成吸胀进入萌发。而从发芽到幼苗出土还需要更多的水分，一般吸水达到种子自重（风干）的3～4倍后幼苗才能顺利出土，尤其在发芽至出苗阶段，吸水量急剧增加。刚出土的幼苗含水量高达90%以上，土壤水分不足或过多，均会影响出苗率和出苗整齐度。荞麦最适宜的土壤含水量为16%～18%（相当于田间持水量的60%～70%）。所以，做好播前整地保墒，有条件的浇好底墒水，是保证苗全苗壮的一项重要措施。此外，若施用过多的种肥或施用未腐熟的有机肥，尤其是在土壤墒情不良时，能造成出苗率低下甚至发生烧苗死苗现象。

温度　温度也是种子萌发的重要条件。在一定温度范围内，温度越高，种子吸水越快，呼吸越强，发芽就越快。苦荞种子萌发要求较高的温度，发芽的最低温度为7～8℃，最适温度为15～25℃，最高温度为36～38℃，了解苦荞种子萌发所要求的温度，对于确定苦荞的播种期有重要的意义。温度过高时，呼吸强度大，消耗的有机物多，幼苗细弱，成苗率也低；温度过低时，发芽缓慢，幼苗出土时间过长，幼苗瘦弱而不整齐，极易感染病害。因此，萌动种子长期处于低温或高温条件下均会造成胚的死亡，出苗率降低。

氧气　苦荞种子的萌发，也需要充足的氧气。氧气的作用是促进种子的呼吸作用进而提供萌发时所需要的物质和能量；此外，氧气还促进淀粉酶的活动、蛋白质的合成和细胞分裂分化等。因此，氧气是种子萌发时物质和能量转化以及形成中不可缺少的条件。一般而言，植株地上部分常处于含氧21%的大气中，不会发生氧的不足。但是土壤气体中氧的含量常低于20%，而且随着土质的黏重度和土层深度的增大而逐渐减少。

（3）种子萌发过程　种子萌发包括3个连续过程，即吸胀、萌动和发芽。种子萌发所需时间，因品种和条件不同而异。

吸胀　构成苦荞种子的主要营养成分是淀粉、脂肪、蛋白质及纤维素，这些物质大部分是亲水胶体。在种子处于休眠期含水量很低（仅10%左右）的条件下，这些亲水胶体物质均呈凝胶状态，有很强的黏滞性。种子吸水主要通过胶体吸胀作用吸水，水分子透过果皮和种皮进入种子，胶体吸水后，使内含物由凝胶状态变为溶胶状态，种子明显增大。苦荞种子吸水量约占种子干重的1/2，种子吸水与体积增大虽然密切相关但并非成一定的比例。种子吸水达一定量后，其吸胀的体积与风干状态的体积之比例，称为种子的吸胀率。苦荞种子的吸胀率比水稻大，但比豌豆小。

种子吸胀纯粹是一种物理现象，而不是生理作用，种子吸胀作用的大小，既决定于种子内含物的化学成分亲水性，也决定于种子含水量。种子含水量低，胶体吸胀作用大，吸水速度快。播前晒种就是降低种子含水量，促进种子吸水萌动的一项农业措施。因此，种子吸胀不能作为萌发的标志，却是种子萌发的第一个重要生命现象，也是进入萌发过程的先决条件。吸胀的完成才标志苦荞生长发育的开始。

萌发 种子吸足水分后，由于胚和胚乳的体积增大而产生强大的膨胀压力，在适宜的温度条件下，即可促进幼胚突破已经因吸水变得柔软的种皮和果皮。当种子顶部皮壳在膨压作用下微微张开"露白"时，即表明种子已开始萌动。苦荞种子在适宜的水分和温度条件下，1~2昼夜即可萌动。在萌动过程中呼吸作用显著加强，各种酶开始活动，种子内物质的转化是生物化学反应过程，胚乳内淀粉、脂肪和蛋白质等不溶性物质，经水解作用开始转化为简单的糖类和可溶性的含氮化合物，成为胚能直接利用的营养物质，在呼吸过程中，释放能量以满足幼胚分化成胚根、胚轴、胚芽等器官生育的能量要求。

苦荞种子萌动后，幼胚各器官的生长主要依靠种子本身储藏的营养称为异养生长。此时幼胚对外界环境条件的反应具有高度的敏感性，若受到异常环境条件以及各种化学、物理因素的刺激，如遇严重的干旱或施肥不当使土壤溶液浓度过高等，即可导致生长失常、生活力降低，甚至丧失发芽力；但在适当的范围内给予或改变某些条件，会对促进发芽、生长有不同程度的效果。

发芽 苦荞种子萌动后，幼胚细胞加速分裂，半透明状白色胚根突破果皮不断向下伸长，随后在根尖后段出现簇状白色半透明状根毛，胚轴亦向上延伸，其顶部逐渐呈弯曲状，此即发芽。当胚根长达2~3cm时，胚根上分生出数条白色侧根，侧根近尖端处亦布满根毛并扎入土中。这个时期，整个胚的代谢活动极其旺盛，呼吸强度达最高值，生化过程产生大量的单糖、氨基酸等代谢产物，以满足幼芽生长、器官建成的需要。种子发芽时释放出大量的能量，其中除一部分热能散失到大气中外，另一部分能量成为胚轴顶土、胚根入土的原动力。

（4）种子萌发过程中储藏物质的转化 苦荞种子在萌发过程中呼吸作用不断增强，代谢活动逐渐旺盛，酶系统开始活化并发挥作用。种子内部的储藏蛋白质、脂肪、淀粉、纤维素等大分子有机物质在相应的各种酶的作用下，最终水解为可溶性氨基酸，酰胺等含氮化合物及葡萄糖、果糖等糖类物质，其中除一部分用于呼吸消耗为种胚萌发提供能量外，其余作为幼胚生长的营养物质，此外还有如Ca、P、Fe、K等无机成分也从胚乳中被吸收到子叶中运往发育的胚根和胚轴。因此，在萌动过程中，苦荞种子的干重不断降低，胚根、胚轴的干重不断增加，尤其是第三天以后，干重增降变化速度极大。在萌动中储藏物质分解转化的趋势是，无氮浸出物（不溶性多糖、纤维素等）、蛋白质、脂肪等的含量逐渐减少，总糖、单糖含量增多，尤其在发芽后单糖的含量剧增，说明此时幼芽幼根细胞分裂旺盛，呼吸代谢速率达到了高峰。

播种前种子处理是提高苦荞发芽率的重要技术措施。苦荞种子处理方法有晒种、选种、浸种和药剂拌种等。晒种时选择播种前7~10d的晴朗天气，将种子薄薄地摊在地上，晒种时间应根据气温的高低而定，气温较高时晒一天即可。选种是选用大而饱满整齐一致的种子，提高种子的发芽率和发芽势。温汤浸种的方法是用40~50℃的温水浸种10~

15min，先把漂在上面的秕粒捞出弃掉，再把沉在下面的饱粒捞出晾干即可。药剂拌种是晒种和选种之后，用种子量的 0.05%~0.1% 五氯硝基苯粉拌种，以防治病虫害。另外，苦荞播种时遇干旱要及时镇压、踏实土壤，减少空隙，使土壤耕作层上虚下实，以利于地下水上升和种子的发芽出苗。

2. 幼苗生长

（1）根的生长　种子在萌发时，胚根首先突破种皮与果皮垂直向下伸入土中，即为初生根。初生根生长较快，子叶出土时其入土深度可达 5cm 以上，约为胚轴长度的 2 倍。初生根随着植株的生长而逐渐发育成为主根。在种子发芽 3~4d、胚根长 2~5cm 时，胚根上开始生长侧根。侧根先向四周水平伸展，而后向下垂直生长。随着幼苗的生长，胚根由上向下长出的侧根数量不断增多，一片真叶时即达 20 余条。与此同时，在与胚根相连的下胚轴基部，由下向上也不断滋生出新的侧根，一片真叶时可达十多条，两片真叶时可达 20余条。在主根与侧根上还可再发生 2~3 次新的支根，三叶期时即可形成网状根系结构。

苦荞主根粗而坚韧，木质化程度较高。随着地上部的生长，主根上部逐渐粗壮膨大，下部细长而呈圆锥状。大量的侧根分布在主根上部周围，入土较浅，生长速度较慢，多集中于 20~30cmn 耕层中，以充分吸收利用耕作层土壤中的养分和水分。植株开花以后，在靠近地面的 1~3 茎节上，可长出数层支持根，尤其在土壤湿润、基部茎节接触地面时，极易萌生这种茎生根。茎生根入土后也能形成分支而吸收土中水分、养分。其数量因荞麦品种、土壤湿度、土壤肥力等条件而异。在土壤水分充足、空气湿度高时，有利于其生长。苦荞根系的生长，基本上与地上部的生长同步，孕蕾以后的增长量高于生育前期。

（2）茎的生长　苦荞茎的生长包括幼茎生长、主茎生长、分枝生长 3 部分。

幼茎　幼茎的生长包括节间的伸长和茎的增粗。其长度与品种、播种密度、播种深度，光照、温度、湿度等诸多因素有关。在一般情况下，出苗后 13d 伸长最快，4~5d 后转慢，出现第一片真叶时则基本上停止生长。在播量大、幼苗过密或播种过深、光照不足、肥水不当等情况下，都会使下胚轴过分伸长，形成纤细的幼茎。随着苗龄的增长，幼茎形成层分裂加快，次生木质组织增多，幼茎日益增粗，下胚轴延伸过长的弱苗，第一片真叶的出现推迟。所以可以根据出苗后幼茎是否及时开始增粗，作为衡量幼苗早期长势及长相的一个标志。

壮苗与弱苗的外观差异主要表现在根系、幼茎和叶片等方面。苗壮的幼苗其根系发达，幼茎粗壮、叶片健旺，而弱苗则与此相反。幼茎粗壮，表明其机械组织与输导组织发达。具有发达营养体的幼苗生命力强，对外界环境不良条件的抵抗力就强。另外，幼茎粗细与植株经济性状有密切的关系。凡幼茎较粗的植株，以后形成的分枝数、花簇数和单株粒数都较多。

①主茎：苦荞的主茎是由极短的上胚轴及胚芽的生长锥延伸而成。初抽出的茎，枝多为绿色，后因皮层细胞中花青素含量的增加而变成红色，老熟的茎枝则变为红褐色，但也

有些品种的茎、枝始终保持绿色。茎色自基部变红，从子叶出土展开后即开始，其后随茎的延伸，红色部分也逐渐向上发展，但茎、枝顶部正在生长的幼嫩部分却总保持着绿色。这一特点可以用来判断栽培上肥水供应状况及与之相应的苦荞生长的快慢。绿色部分过多，说明肥水过多、生长速度过快。反之，肥水不足，生长过慢时，红色部分所占比例较大。

在茎上着生叶的部位称为节。两个相邻节的距离称为节间。主茎上的节和节间通常用主茎上的叶位来命名，如着生子叶的节称为子叶节，其上按顺序为第一（真叶）节、第二节……；从子叶节往上数，称为第一节间、第二节间……，每片叶的叶腋中有潜伏的腋芽，可以形成分枝或花序，前者为叶芽，后者为花芽。茎的生长一方面靠节数的增加，另一方面靠节间的延长。生产上希望节数的增加快些而节间延长的慢些，使植株重心下移以免倒伏。

苦荞的株高系指从地面到主茎顶端生长点的长度。株高的增长速度是普遍用来鉴别生长快慢的重要指标。在肥水条件较好的田间，主茎常随群体叶面积的扩大而增高，所以主茎高度在一定程度上，既能反映个体生长好坏又能反映群体大小，是衡量苦荞个体生育状况和群体大小的一项简易指标。

苦荞茎均为直立，截面呈圆形，幼嫩时中部有髓，到生长的中后期，主茎从下部节间、分枝由基部节间开始中空并木质化。苦荞麦的主茎节数与各节间长度受生育期长短、温度、水肥等环境因素的影响较大。

②分枝：苦荞有分枝习性，植株中下部各节的叶腋处，均有一个潜伏的腋芽，在条件适宜时最易萌发并发育成分枝。着生在主茎上的分枝称为一级分枝，在良好的栽培条件下，一级分枝上可再生新的分枝，称为二级分枝。在稀播，二级分枝上还可产生三级分枝。分枝的多少与品种特性关系极大，有些品种分枝多，有些品种分枝少。

分枝的形成和发育，也受栽培条件的影响。在肥沃地稀播的条件下，植株长出 1~3 片真叶后，其第一节、第二节上的腋芽，由下向上开始萌发成分枝，不仅萌发的节位低、时间早，数量多，而且茎基部分枝粗大，还可再长出大量的二级和三级分枝，分枝的花簇数量多，着粒数往往超过主茎。在地肥密播的条件下，由于植株密度大，苗期过早荫蔽，植株茎基部叶片较早地衰老、黄化脱落枝，其腋芽难以萌发，待位于主茎中部的第一花序分化后，其下面的节上才开始萌发分枝，不仅萌发迟、节位高、数量少，而且分枝小，花序数也少，分枝在主茎上的萌发顺序是由上向下，越下部的分枝越小，分枝着粒数与主茎相近。在土壤肥力较差而密度较高的条件下，植株由于荫蔽而徒长，各节间较长，植株细高，主茎叶片由下向上边生长边黄化脱落。植株中下部腋芽一般不萌发，即使个别腋芽萌发，分枝也十分细小，结实很少，单株粒数全靠主茎。在土地瘠薄肥力很低的条件下，植株细弱矮小，节间短而密集，无分枝，仅植株顶端有 1 个或 2 个花序，结实率很低，为延续世代，很少结籽。

（3）叶的生长　苦荞叶的生长包括子叶和真叶两部分。

①子叶：子叶在苦荞苗期生育中，起着重要的作用。种子萌发时，需通过子叶吸收胚乳营养，以供给胚根胚轴生长。幼苗出土后，二片肾形子叶展开，很快就由黄变绿，进行光合作用，除继续供给子叶自身、侧根，胚轴的生长外，还供应着最初几片真叶的萌发生长。所以，保护子叶不受损伤，对根系发育和地上部的生长十分重要。如果子叶受损，将使侧根的数量和长度显著减少，并进而延缓真叶的萌发，使上胚轴伸长减缓，使整个植株的生长受到影响。子叶的生长量与土壤湿度及肥力有密切关系，干旱和缺肥时，子叶生长量很小，并且容易过早黄化脱落，幼苗最初几片真叶的发生和出现推迟，叶面积变小，若不及时追肥，植株生长矮小而影响产量。生育期较其他作物短的荞麦需肥早，在瘠薄地上种植时，一定要注意施足底肥和种肥。子叶的功能到幼苗长出 5 片真叶以后才逐渐低落和终止，但在条件适宜时子叶可生活一两个月直到花果期才脱落。

②真叶：真叶是由子叶之上的顶芽陆续分生而来的。苦荞的真叶互生，无论在主茎或分枝上，一般每节着生一叶，苦荞叶片的大小因品种和栽培条件不同而不同，一般讲，早熟品种叶片小些，中晚熟品种的叶片稍大些。苦荞植株不同节位上的叶片大小和叶柄长度是不相同的，主茎叶片由植株下部向上逐渐增大，叶柄逐渐增长，以生长盛期长成的中部叶片最大，叶柄最长；中部以上的叶片又渐次变小，叶柄变短，植株顶端的数个叶片渐渐成为无柄小叶；分枝叶片则是靠近主茎的基部节位上的叶片较大，越靠外围的叶片越小。叶片在植株上，一般呈螺旋式分布，发散角为 180°，与茎、枝的夹角约为 45°。苦荞叶片的形状多呈心脏形或三角形，植株下部的叶片，其长度与宽度相近，在植株上越向上部分布的叶片，其叶长逐渐大于叶宽，到植株顶部的无柄叶，则呈箭形。

单株叶面积组成的变化大体是，在第二片真叶展开前的生长初期的 10 多天里，以子叶叶面积所占的比例较大，苗龄稍大，即转为以主茎叶为叶面积的主体，开花盛期以后，又转为以分枝叶为主。盛花期后虽然新叶生长量逐渐减少，但至灌浆后期即接近成熟时，单株总叶面积仍表现为持续增加的趋势。

叶片的寿命以植株下部的叶较短，中部的叶最长，植株上部的叶因出现较迟而比较短。叶片寿命还与外界环境条件有关，若光照充足，温度水分适宜，植株叶片尤其下部叶片的寿命即可延长。

③田间管理：苦荞播种后应采取积极的保苗措施。苦荞是带叶出苗的。苦荞子叶小，出土能力弱，地面板结将影响出苗。苦荞田只要不板结，就易于出苗、全苗。苦荞播种后遇雨或土壤含水量高时，就会造成地表板结，造成缺苗断垄。所以，为了破除地表板结，可用钉耙破除板结，疏松地表。破除地表板结要注意，在雨后地表稍干时浅耙，以不损伤幼苗为度。苦荞喜阴湿不喜水，前后应做好田间的排水工作，水分过多对苦荞苗期生长不利。

3. 苦荞的营养生长与生殖生长并进阶段

从第一花序形成到孕蕾、开花为苦荞的营养生长和生殖生长并进阶段。当苦荞进入花期后，营养生长和生殖生长同步进行，茎尖不断进行营养生长，基部节腋芽处又产生众多分枝，叶面积迅速增大，植株高度提高，植株干物重增加，最后可产生大量的开花分枝和节位。并上且只有到整个植株衰老时，营养生长才停止，正好与籽粒成熟期一致。这种营养生长和生殖生长之间以及生殖器官的花与花之间、花与籽粒之间对能量和养分的争夺，势必导致供需矛盾的突出。

田间管理：该生育阶段，苦荞易出现倒伏现象，造成减产。农谚云"荞倒一把糠"。因此，应当采取措施防止徒长倒伏。一是栽培措施，规范种植，实施机播、条播和宽窄垄种植，形成合理的群体结构；适当减少播种量，是保证苦荞生产有合理的种植密度；增施K肥，提高苦荞的抗倒能力；做好中耕培土工作；苦荞因灾倒伏后，排出水患，对于倒伏植株，任其自身的协调功能缓慢恢复生长。二是化控措施。魏太忠等（1995）研究表明，在有倒伏迹象的苦荞田块，现蕾初期喷施 $100 \sim 200mg/kg$ 多效唑溶液 $750 \sim 1\ 050kg/hm^2$，植株高度降低 $25.6 \sim 33.7cm$，有抗倒、增产效果，增产在 15% 以上。三是打（摘）叶防倒，苦荞叶片大，具水平伸展的特点。苗期叶片营养生长过旺，影响花蕾、花序分化；遮光隐蔽严重，通风透光不好，分枝少，花序、花蕾少，籽粒少；茎叶茂盛，"头重脚轻"，倒伏严重。打（摘）叶就是打去上部大叶，改善通风透光条件，抑制营养生长，促进生殖生长，使茎叶生长健壮不倒，多结籽而高产。但打叶切忌损伤顶部生长叶、心叶，不是旺苗不打叶。

4. 苦荞的生殖生长阶段

从开花—灌浆—成熟是以生殖生长为主、营养生长为辅的阶段。荞麦不同生育阶段反映了不同器官分化形成的特异性和不同的生长发育中心，以及各生育阶段生育中心的转变和环境条件要求的差异。

田间管理：苦荞是抗旱能力较弱、需水较多的作物。在全生育期中，该生育阶段需水为最多。春荞多种植在旱坡地，常年少雨或旱涝不匀，缺乏灌溉条件，生育期依赖于自然降水，对苦荞产量影响很大。因此，要合理安排苦荞播种期，使其生育阶段处在最有利于其发育的气候条件之下。而夏荞多种植在有灌溉条件的地区，在苦荞生长季节，除了利用自然降水外，苦荞开花灌浆期如遇干旱，灌水以满足苦荞的需水要求，可以提高苦荞的产量。灌水时要轻浇，以畦灌、沟灌为好，但要轻灌、慢灌，以利于根群发育和增加结实率。在低洼和多雨地方，要注意开沟、及时排水。

二、苦荞花芽分化

苦荞种子萌发出苗后，经过较短的一段营养生长，即进行花序的分化，表明苦荞进入生殖生长。苦荞花序开始分化时期的早晚，因不同的品种及品种类型而不同，但在分化表现、器官形成的顺序和延续时间的长短上有共同的规律性。苦荞花序及花的分化过程是一个连续分化发育的过程，根据生长锥形态上的差异，可以将花序分化分为若干不同的时期。根据苦荞花序分化外形的变化，可将其分成以下 6 个时期。

1. 生长锥分化前期

这个时期尚属营养生长阶段，生长锥还没有分化，为一无色光滑的半球体。生长锥的长度短于宽度，这时是叶原基分化，决定叶数的时期。在生长锥基部叶原基的分化在不断进行。此时幼苗的两片子叶已充分展开，体积也增大了几倍，但第一片真叶尚未伸出。

2. 生长锥分化期

生长锥略有伸长，其长度与宽度差别很小或在长度上略长些，不同于禾本科作物的生长锥明显伸长，而呈略长的半球形，生长锥分化的显著特征是体积较显著地膨大。外部形态特征是第一片叶已伸出、半展开或已全展开。

3. 花序原基分化期

膨大的生长锥相继产生 2~3 个突起，这就是花序原基。这几个原基逐渐增大，并向上逐渐生长与发展，形成几枝花序原始体。在花序原基生长的同时，其基部周围出现半球状小突起，形似叶原基，这就是苞片原基。苞片原基的产生从花序原基的基部开始，随着花序原基的生长，逐步由下而上呈螺旋状在花序原基上出现。此时，第一真叶已展开，第二片真叶尚未完全展开。

4. 小花原基分化期

苞片原基腋内形成小突起，为小花原始体。开始只有 1 个小花原始体，随着苞片原基的生长，在第一个小花原基的侧下方又形成第二个小花原基，以后在第二个小花原基的侧下方又形成第三个小花原基等。上下两个小花原基分化的间隔时间为 1~3d。一个苞片内的几朵小花原基分化是向基分化的，如果营养充足可以不断分化多个小花原基。在小花原基分化的同时，苞片不断生长伸长，逐渐将腋内的几个小花原始体覆盖。苦荞在此期的外部形态大约是第二片真叶展开第三片真叶尚未伸出或半展开。

5. 雌雄蕊分化期

在小花原基的分化发育中，逐渐形成花萼原基，花萼原基中央的光滑突起上产生几个乳头状突起，即为雄蕊花药原基，花药原基中央出现雌蕊原基。花萼原基迅速长大，合拢在雄蕊顶端。与此同时，雄蕊分化为花药和花丝，原来的花药原基纵裂，将来形成 8 个花药。当雌雄蕊在分化时期，苦荞第三片真叶已展开。

6. 雌雄蕊形成期

在此阶段，花被接近发育完全，花丝逐渐伸长，花药中开始形成花粉粒。雌蕊的花柱逐渐伸长，成三歧，柱头 3 个也形成。子房接近瓶状，体积增大。胚珠分化，胚囊中卵器逐渐成熟。苦荞品种在此时期花序即将伸出，第四或第五片真叶已伸出。

三、苦荞的授粉、受精及成熟

1. 授粉

花朵开放后，花药开裂散出花粉粒落到柱头上意味着授粉。苦荞的授粉方式为自花授粉方式。自然条件下苦荞花粉的生活力能够维持24~48h。开花散粉后的4~5h内花粉生活力最强，第二天上午生活力减弱，第三天则基本失去发芽力。苦荞花粉粒的寿命是比较短的，在正常情况下（如20℃）生活力能保持一定时间不致大幅下降，若温度升高，在高温下花粉将很快萎缩，丧失生活力。低温则有利于延长花粉寿命。如将苦荞花粉储藏于干燥器中，置低温黑暗环境下保存，可使花粉寿命大大延长，保存5d之久仍有较高的生活力。

2. 受精

授粉后，花粉粒开始在柱头上萌发。从花粉粒的萌发到雌雄配子的融合有一系列过程并要经历一段时间。

（1）花粉粒的萌发和花粉管的伸长　花药开裂后，花粉粒散落在雌蕊大量乳突状突起的柱头上，在柱头分泌液的的作用下，经15~30min，花粉粒开始萌发。萌发时在花粉粒的3个萌发孔中的一个萌发孔长出1条花粉管，大多数花粉管是从距柱头最近的萌发孔中长出的。萌发后花粉管迅速伸入花柱，花粉内含物也随着进入花粉管。经2h左右，花粉管伸入花柱基部，4h后花粉管到达珠孔，此时花粉粒中的内含物集中到花粉管的前端，其中包括由生殖细胞经有丝分裂后形成的两个精子。再经过1~2h，花粉管由珠孔进入胚囊，在进入胚囊的过程中，要穿过位于珠孔端的一个助细胞，花粉管进入助细胞后，助细胞即被破坏，花粉管也随即释放其中的内含物。

（2）双受精过程　当精子从花粉管释放到胚囊中后，接着发生双受精作用。双受精作用是一个精子和卵融合，另一个精子与中央细胞（由两个极核形成）融合的过程。释放出的两个精子分别向雌性细胞移动，其中一个向卵细胞靠近，另一个向中央细胞靠近。一般并不是两个精子同时靠近雌细胞，大部分情况是一个精子先靠近卵细胞，另一个精子才和中央细胞靠近。先是精卵融合，接着以细胞融合的方式将精子的核和细胞质转移至卵中。此时核的融合尚未发生。精核进入卵后，逐渐向极核靠拢，并发生核膜融合。融合后精核的染色质在卵核染色质中逐渐松解，显出一个雄性核仁，比卵核小。其后，雄性核仁的染色质继续分散，以致最后与卵核的染色质混合，两者融合成一个大的核仁的合子，精子与中央细胞核的融合过程与精卵融合过程相似，精子以细胞融合方式进入中央细胞，精核进入中央细胞核后，也显出一个比中央细胞核小的雄性核仁。以后，雄性核仁的染色质分散，与中央细胞核的染色质混合后而形成具倍体的初生胚乳核。虽然精核与中央细胞核接触有时稍晚，但其融合过程进行却很快，往往和精卵融合同时完成或较早完成。此时，雌雄性核融合过程的结束标志着双受精作用已经完成。从精子与两性性细胞相接触到完成双受精历时7~10h。

（3）受精速率　通常，禾本科作物中的水稻、小麦以及大麦等完成受精过程经历的时间较短，只需30min至4h，而苦荞却与上述作物有较大不同，其完成受精的时间比较长，根据国内外学者的研究，苦荞完成受精过程是在授粉后的第一昼夜。

（4）影响受精的因素

①光照：光照的强弱将影响苦荞的光合作用。光照不足，必然使苦荞叶片的光合作用下降、光合物质减少面影响受精结实。光照不足造成生殖器官发育不良，还表现为受精能力的下降。受精能力因各生育期对光照的敏感程度不同而表现不同。开花初期对光照最敏感而使受精能力受到影响最大，苗期次之，开花盛期对光照的敏感程度较小，光照对受精能力的影响也较小。

②温度：苦荞在气温为 21～26℃ 时受精率较高，低于 20℃ 高于 27℃ 时受精率下降。受精期间温度的变化会引起受精能力的变化。若温度升高，花粉内的水分减少，渗透压、蒸发能力下降，甚至进一步枯萎而丧失生活力，高温也使柱头萎蔫，无分泌液或极少分泌液，失去黏附花粉能力，在柱头内生长的花粉管也停止伸长。低温却使花粉和柱头的酶活力下降，花粉萌发和花粉管伸长能力降低，受精能力下降。花粉管进入胚囊而实现双受精的过程与温度也有密切关系，异常的温度都将导致受精过程出现差异而不能完成受精作用。

③营养状况：营养状况是影响苦荞受精结实的直接因素。植物的受精作用既是遗传物质的传递过程又是生理生化物质的转化过程，需要消耗大量的能量，要保证有足够的营养物质供应。N、P、K 大量元素以及 Zn、Mn、Cu、B、Mo 等微量元素在植物的受精过程中有着重要的作用。有研究指出在苦荞现蕾期和花期根外追施磷酸二氢钾，可使其受精率提高 1.9%～4.8%，施用微量元素后，苦荞受精结实率会明显提高。

④水分：苦荞不同生育阶段对水分的要求不同，各生育期的水分状况对受精结实的影响也不同。出苗后 17～25d 是荞麦需水临界期，此时正值花序及花的分化、性细胞发育时期，干旱将使生殖器官发育不良，进而影响受精结实。

3. 籽粒形成与成熟

（1）胚胎的发育过程

①原胚的形成：受精卵形成合子后，并不马上分裂而进入休眠期，经 8～10h 后开始分裂。合子经横向分裂形成上下两个细胞，即上部的顶细胞与下部的基细胞。顶细胞较小，将来分化成胚体，基细胞形长，将来分化成胚柄与胚体。基细胞先分裂，约 4h 后顶细胞开始分裂，这时基胞已分裂成为 5 个细胞，顶细胞经两次纵向分裂成为 4 个细胞，即四分体原胚时期，受精后约 14h 四分体原胚横向分裂为八分体原胚，以后八分体原胚进行一次平周分裂为十六分体原胚，形状近似球形。形成球形胚后，内外的细胞分别以重周和纵向的形式分裂而进一步形成三十二分体原胚及六十四分体原胚。合子分裂后的第三天，六十四分体的原胚明显分为上下两部分细胞，上部分细胞将分化为胚芽与子叶，下部分细胞将分化为胚轴。此时胚柄已增多至 16 个细胞以上，形状扁平，细胞核显著，是胚柄生长的旺盛时期。

②胚的分化：原胚形成后，胚体顶部渐渐变平，两侧细胞开始分裂，形成子叶原始

体，这时胚体由辐对称开始变为两侧对称。至合子形成后的第六天普遍见到胚体两侧的子叶原基已明显突起，中部略凹，为心形胚早期，胚柄已开始退化，1～2d 后心形胚进一步发育，子叶原基的长度已达到胚体长度的 1/2，整个胚体的增长速度也很快，为原来的原胚长度的 2 倍多，形似鱼雷。鱼雷形胚形成后，子叶下胚轴伸长，胚根分化明显，胚柄退化成很小。再经几天，胚进一步分化发育，胚轴达一定长度，子叶分化发育完成，胚柄退化成很小或无残迹。此时，胚的分化已基本完成。

③胚乳的发育：中央细胞核经受精后形成初生胚乳核。初生胚乳核不经休眠即开始分裂，3～4h 后，胚囊中已有数个经初生胚乳核分离形成的游离核，至合子分离时，游离核已有多个，在原胚四分体时期胚乳游离核联成带状分布在胚囊原生质体中，原胚十六分体时期以后，游离核除带状分布外，在珠孔和合点端密集大量游离核，并包围着球型胚的胚柄部分。胚的分化阶段，在心形胚时期，胚乳游离核开始从珠孔端形成胚乳细胞再沿着胚囊边缘而不断形成，到鱼雷形胚时期，胚乳细胞已由胚囊边缘逐渐向中部形成，胚的分化基本完成时，胚囊中的大部分已被胚乳细胞充满，胚乳结构基本形成。

（2）籽粒成熟过程　受精以后，子房膨大，胚、胚乳等迅速成长，在开花后的十几天时间内，胚已基本形成，胚乳细胞充满囊腔，开始沉积淀粉，进入灌浆和成熟过程。苦荞麦的 1 粒籽粒从开花到成熟的过程中，历时 1 个月左右，经历了一系列形态和生理生化方面的变化。

①籽粒形态特征的变化：子房膨大。受精后子房迅速膨大，经 9～12d 子房体积增加若干倍，达成熟籽粒体积的 70%～80%。在此段期间籽粒的含水量处于增长阶段，含水率最高可达 80% 以上，干物重增长较缓慢。其体积的增加主要是果皮的增长，此时胚和胚乳处于分化阶段，淀粉沉积很少。

苦荞生产中子房膨大阶段是增粒期和成粒时期，遇高温、干旱、霜冻等不良环境条件，会导致胚的发育停止，籽粒形成中断而枯萎，株粒数降低。

灌浆历时 12～15d，是粒重增长的主要时期。其中以灌浆前期的 6～8d 最为重要。在此期间含水率从 80% 以上下降到 50% 左右，籽粒体积增加不大，干物重急剧增加。干重平均日增长量达 1.16g/千粒，灌浆盛期达 1.8g/千粒。灌浆是胚和胚乳分化基本完成的标志，胚乳大量沉积淀粉，由清乳状到稠乳状。籽粒的颜色和前期一样，尚为绿色。至灌浆阶段的后 5～6d，籽粒体积和鲜重达最大值，含水率下降到 42%～45%，干重的积累逐渐减慢，籽粒颜色为黄绿色，胚乳为炼乳状或面筋状。期末，灌浆接近停止。灌浆过程是决定粒重高低的关键。营养状况、光照、温度及水分对粒重的高低有较大的影响，栽培管理时应特别予以注意。

成熟阶段历时 6～10d。这个阶段含水量大大下降，含水率从 40% 下降到 18% 左右，干重增加非常缓慢，到最后停止增加，籽粒干重达最大值。成熟的前期籽粒颜色逐渐转黄，胚乳由面筋状变为蜡质状，后期籽粒颜色变褐，至末期颜色达到最深，蜡质胚乳逐渐变硬，成粉质状。成熟后期，籽粒干物质积累已经停止，但水分继续下降，体积略显缩小，果柄也已干枯，故容易脱粒。

②籽粒成熟时的生理生化变化：苦荞种子属于淀粉质种子，在成熟过程中，可溶性糖类逐渐降低，而不溶性糖类不断增高。可溶性糖相对值则是前期为较高水平，以后逐渐下降，随着种子的成熟，体内淀粉和纤维素的含量在逐渐提高。在此过程中淀粉磷酸化酶参与了淀粉的合成。

第二节　外界条件对苦荞生长发育的影响

苦荞生长发育所需要的外界条件主要包括环境因素（温度、光照、水分等）和人为因素等。这些外界条件相互作用，相互影响苦荞的生长发育。环境对苦荞生长发育影响的范围和尺度，是确定苦荞分布、分区和栽培管理技术调控的重要依据。本节就苦荞生长过程中温度、光照、水分和人为因素对其生长发育的影响分别进行阐述。

一、自然条件的影响

（一）温度的影响

1. 温度对苦荞萌发出苗的影响

影响苦荞种子萌发的外界因素包括温度、水分和氧气等，其中温度对苦荞种子萌发的影响在于三基点温度，即最适、最低和最高温度。前者是指苦荞种子能迅速萌发，达到最高发芽率的温度；后两者是指苦荞种子至少有50%能正常萌发的最低、最高温度。不同品种、不同地区的苦荞，其温度的三基点不同。一般而言，北方的苦荞品种种子萌发的最低温度相对较低，南方苦荞品种种子萌发的所需温度较高。大部分苦荞种子萌发的最低温度为7~8℃，最适温度为15~25℃，最高温度为30~35℃。温度低于10℃苦荞种子发芽缓慢；低于5℃种子几乎不萌发；高于30℃发芽率降低，原因在于高温天气使土壤含水量低，导致胚轴伸长速度慢且容易枯萎。温度的高低直接影响苦荞种子内酶的活性，从而影响整个萌发相关代谢过程，也直接影响种子的吸水力。在一定温度范围内，随着温度的升高，种子吸水加快，促进萌发，有利于提高苦荞的发芽率。

了解苦荞种子萌发所需要的温度，对于确定苦荞的播种期有重要指导意义。苦荞的适宜播期是指土壤表层5~10cm的地温稳定在15℃以上的时期。通常苦荞播种后4~5d即可出苗整齐，播种后温度为15~22℃时出苗率最高，幼苗长势旺盛。温度过低时，苦荞种子萌芽迟缓，幼苗出土时间明显延长且长势较弱，出苗不整齐，极易感染病害。但温度过高时，呼吸强度增大，消耗的有机物也随之增多，使得幼苗的下胚轴生长不良，根系发育受到抑制，极易引起植株徒长，出现"高脚苗"，不利于壮苗，后期易倒伏。因此，萌动的苦荞种子长期处于低温或高温条件下均会对发芽不利，影响出苗率。在田间条件下，随着播种期温度的升高,苦荞出苗的天数减少。因此,合理把握播种时间和播种期对提高苦荞的出苗率至关重要。农业生产中,一般认为苦荞的最佳播种时间为晴朗天气的8—15时,最迟不宜超过17时。另外,苦荞播种期的选择还应以当地积温情况为重要参考依据,使苦荞的各个生育时期处在最有利于其生长发育的气候条件下,保证在霜前成熟,防止发生霜冻。

2. 温度对苦荞植株生长发育的影响

苦荞的植株形态中,茎和叶是地上部的重要器官,植株的高矮、茎秆的粗细、叶片的大小和叶色的深浅均会影响苦荞产量和品质的形成。苦荞生育期间,不同温度对植株茎和叶的分化和生长有很大影响。苦荞生长发育的最适温度为18~25℃,在该温度范围内,植株各器官的生长速度和增长量均随温度的上升而增加。一方面,苦荞对低温耐受能力差,当气温在10℃以下时,苦荞生长发育变得迟缓,长势也弱;气温达到0~2℃时,苦荞叶片易发生冻害,地上部分的生长发育几乎处于停滞状态;气温下降至-2℃时,会使整个苦荞植株全部被冻死。苦荞长期处于低温环境,生长发育速度缓慢,植株营养体变小,由营养生长转化为生殖生长的效率有所下降,引起二者的协调程度不同步,导致植株生殖体也达不到正常大小,最终造成整个生长发育进程的滞后。另一方面,当温度高于适宜苦荞生长发育的最高温度,就会出现高温障碍,使植株的光合作用受到抑制,叶片边缘干枯内卷,叶片易坏死,出现未老先衰现象。尤其是在光照不足而气温又偏高的情况下,植株受到的破坏更为严重,甚至死亡。

3. 温度对苦荞开花结实及籽粒灌浆的影响

开花结实和籽粒灌浆是苦荞产量和品质形成的关键生育时期,温度在该时期发挥重要作用。适宜的温度可以提高苦荞的开花结实率,增加籽粒的充实度,有利于增产。开花阶段,苦荞对温度的适应范围较广,平均气温达到12~13℃就能正常开花,21~26℃更有利于授粉受精,低于20℃或高于27℃受精率下降。与开花阶段相比,在结实阶段则要求气温偏低,为20℃左右,但低于15℃的低温或高于30℃的高温干燥天气或经常性雨雾、大风天气均不利于苦荞正常结实。原因在于温度过高,呼吸作用消耗的有机物增加,易导致籽粒不饱满;温度过低,不利于有机物质的运输和转化,造成籽粒瘦小,成熟期延长;而适宜的温度可以促进同化作用物质积累,加快籽粒成熟,使得苦荞在生育期内能正常开花结实。另外,昼夜温差大有利于苦荞籽粒成熟并能增产。在其他作物上,有研究表明,籽粒的灌浆速度与温度呈曲线变化,在籽粒形成阶段,气温逐渐降低,籽粒灌浆速度迅速增加,当增加到一定程度后,灌浆速度随气温的下降而降低,说明温度过高或过低对籽粒灌浆均会产生不利影响。目前,有关温度对苦荞籽粒灌浆的关系值得进一步研究和探讨。总体来说,苦荞基本属于正积温效应的作物,但在不同的生育阶段其反应效应不同。在生殖生长开始前,适当的提高温度可以促使植株的苗蕾期缩短,有利于提早现蕾开花;现蕾以后,随着温度的升高,新的花序不断发育而延长了生育时期,导致较高温度下全生育期总积温的增高。因此，温度较高的情况下，开花到成熟时间会略有延长，但总生育期缩短。

4. 温度对苦荞全生育期的影响

苦荞是喜温作物，对温度的反应比较敏感，对积温的要求较高。苦荞生育期间要求15℃以上的积温为1 146.3~2 103.8℃。根据1989—1991年全国荞麦主产区品种生态型及品种适应性实验结果，苦荞积温北方为1 914.4℃，南方为1 840.9℃。同一作物不同品种，同一品种在不同的年份或不同地区种植，积温也会不同且变化幅度范围较大。但总体趋势是随着生育期内平均温度的降低，其总积温的积累呈增高趋势。

另外，不同的海拔高度，总积温也不同，也会影响苦荞的生育期。李钦元（1982）调查了苦荞圆籽荞品种在云南不同海拔地区的生育期和总积温关系，结果表明不同海拔生产地的苦荞生育期不同，圆籽荞在海拔1 800m的生育期是70d，而在海拔3 400m其生育期延长到170d。随着海拔的升高，平均气温逐渐下降，生育期逐渐延长，所需总积温也由1 576℃提高到1 924℃，增加348℃；相反，若生产地的海拔降低，平均气温增高，生育期将会缩短，总积温减少。因此，这也说明了苦荞的生育期随平均气温的升高而呈缩短趋势的喜温特性。

（二）光照的影响

苦荞对光周期的感应并非贯穿于整个生育过程，而是仅在其花芽形成前的某个阶段。只要光周期条件得到满足，苦荞即可由营养生长过渡到生殖生长，进入花芽分化阶段。从出苗至初花期是苦荞植株的感光反应期，该时期光照时间的长短会直接影响其能否顺利进行花芽分化。一般情况下，苦荞出苗后8~10d开始花芽分化形成花蕾，由营养生长转变为营养生长与生殖生长并进的苗蕾期。

从对光周期的需求看，苦荞属于短日照非敏感型作物，无论在短日照或长日照条件下均能生长发育、开花结实。短日照条件可促进苦荞发育，缩短生育期，但随着光照时间的延长，生育期也会延迟。尤莉等（2002）研究表明，14h以下的短日照条件能促进苦荞提早现蕾；16h以上的长日照条件则使苦荞现蕾期延迟；光照时间为10~12h苦荞现蕾日数最短，18~20h苦荞现蕾日数最长。

1. 光照时间的影响

从对光周期的需求看，苦荞属于短日植物。郝晓玲等的（1992）试验和资料表明，在短日条件下，可明显促进苦荞由营养生长向生殖生长的转化。

不同品种对短日条件的敏感程度存在显著差异。在不同纬度地区的用种问题上，应注意品种的光周期反应特性。

（1）光照时间对苦荞生物学性状的影响 光照时间对苦荞由营养生长向生殖生长转变有促进或延缓作用，主要体现在植株生物量的变化上。这里着重介绍光照时间对苦荞株高、茎干重和单株粒重的影响。其中，光照时间对苦荞株高和茎干重的影响符合Logistic生长曲线，光照时间在6~8h内影响很小；12~18h为显著影响期，该时期随着光照时间的延长，株高和茎干重明显增加；18h 以上株高和茎干重的增长减缓以至稳定在一定的高度上。主要原因是随着光照时间的延长，苦荞茎顶端分生组织分化速度减慢，延缓了植株的整个生长发育进程，但仍能正常发育和开花结实，故植株株高和茎秆重不再持续增长。而光照时间对苦荞单株粒重的影响则用二次曲线表示，光照时间在 6~16h 内，随着光照时间的延长，单株粒重增加；光照时间超过 16h，会使苦荞的生育期延长，生殖生长发育迟缓，导致单株粒重下降。从中可以得出，光照时间对苦荞营养生长和生殖生长的促进作用并非同步，有利于生殖生长的光照时间并不是最有利于产量形成的光照时间。因为长期的短日照可加速生长发育进程，促进苦荞提早开花，但却不利于植株株高形成以及营养体的健壮生长。因此，苦荞生殖器官的发育必定在一定的营养生长基础上才能协调进行，生长和发育是相互制约又相互促进的。

（2）地理纬度与日照长短的关系　地球上不同纬度地区，日照长短随季节呈规律性变化。在夏季，高纬度地区日照长，低纬度地区日照短；在冬季，高纬度地区日照短，低纬度地区日照长。纬度越低，周年日照变化幅度越小；纬度越高，周年日照变化幅度越大。原产于不同地理纬度、不同海拔高度地区的苦荞品种，在当地光照和温度等环境条件的长期影响下，对日照长短会产生不同的反应，而植株开花对日照长短的不同反应决定于其原产地生长季节的光周期变化。一般来说，苦荞品种的短日照特性，依其原产地由低纬度向高纬度递减。原产低纬度、低海拔地区的品种，对短日照反应敏感；原产于高纬度、高海拔地区的品种，对短日照反应相对迟钝。1989 年全国荞麦品种生态试验研究发现，青海省西宁市和贵州省威宁市两地，海拔同为 2 250m 左右，但纬度相差近 12°。相同品种同日分种两地，结果得出出苗至始花日数与全生育期日数相差很大，低纬度的威宁市比高纬度的西宁市提前 17.5d 和 17.2d。

（3）光温互作效应　作物的光周期反应与温度有密切联系，苦荞有其光周期反应的最适温度。当温度超过或低于某一限度时，将会促进或抑制光周期通过。苦荞具有短日照习性，而低温对短日照的感应有抑制作用。在 1989 年全国荞麦生态试验中，来源于较高纬度、较低海拔生育期 81d 和 93d 的张家口、太原的苦荞品种，种植于纬度较低、海拔较高的西宁地区，尽管生产地有了短日照条件，但因生育期间的温度大大低于品种原产地，低温抑制了苦荞对短日照的感应和生长发育，使光反应通过的时间延长，发育迟缓，生育期延长至 123d 和 101d。郝晓玲等（1988）试验表明，较高温度对长日照也产生制约作用。但日照长度与温度同步下降时，日益降低的温度会表现出对短日照促进的一致作用，而使出苗至始花日数增加。

因此，苦荞的生育期和成熟期是受光照和温度两个因素共同作用的结果。由于苦荞光周期特性受到温度的制约，从而在不同光温组合环境中，形成了对感光和感温敏感程度不同的品种。一般来说，高纬度及高海拔地区，苦荞出苗至开花的时间长短主要受积温影响，自然光周期的作用较小；而低纬度地区品种发育的迟早快慢，则主要受自然光周期变化的感应。纬度相近的地区，品种的熟性常常与对温度的感应有关，早熟类型感温性较强。

2. 光照强度的影响

（1）光照强度对苦荞光合作用的影响　叶片是感光器官，光照强度对苦荞光合作用的影响，主要体现在叶片叶绿素指数和净光合速率的变化上。叶绿素指数和净光合速率的高低是衡量作物光合作用强弱的重要指标。在一定光照强度范围内，叶绿素指数与作物光合速率呈正相关。通过对苦荞叶片进行不同时长的遮光处理试验，发现随着光照强度的增加，短时间内叶绿素指数呈降低趋势，但长时间遮光后，叶绿素指数逐渐增加。这也证明短时间的遮光处理，光照强度对苦荞叶片叶绿素指数的破坏作用比弱光对其破坏作用更大，相反，长时间的遮光处理后，则弱光对苦荞叶片叶绿素指数的破坏作用更大一些。通过短时间的遮光处理，可在一定程度上保护苦荞叶片的叶绿素不被破坏，保证光合作用能正常进行。王安虎（2009）报道，遮光后较短时间内，苦荞叶片叶绿素指数随光强的增加而降低。遮光后较长时间内，叶片叶绿素指数随光强的减弱而减弱。现蕾期、开花结实期和成熟期，光照越强，叶片净光合速率和叶、茎的黄酮含量越高。因此，苦荞的生产栽培中应注意光照条件，将苦荞种植于阳光充沛的生态区，尽可能避免苦荞生育期内光照过强，从而抑制植株生长发育。

光合作用是苦荞生产和积累有机物的主要来源，光照的强弱对苦荞产品器官的形成有重要影响。光照充足的情况下，植株光合作用强，光合效率高，茎秆粗壮，叶片大而绿，生长发育旺盛；而光照不足，可使苦荞叶片的光合速率下降，光合作用减弱，光合产物减少，而光合产物分配的多少决定着花序结实率的高低。赵钢等（1990）测定了不同光照强度下，苦荞同一片叶的光合速率，光照强度为 2 000lux 时，光合速率仅为 3mg CO_2/（$dm^2 \cdot h$）；光照强度为 5 000lux 时，光合速率为 5mg CO_2/（$dm^2 \cdot h$）；当光照强度提高提高到 15 000lux 时，光合速率可达 9mg CO_2/（$dm^2 \cdot h$）。除此之外，光照减弱还易导致植株茎秆变得细长，叶片狭窄，叶片着色差，长势较弱，生命周期变短。若在苦荞开花结实期光照减弱，不能满足花、果对养分竞争的需求，将会降低苦荞受精率，甚至出现大量空壳秕粒，造成大面积减产。因此，在不高于苦荞的光饱和点范围之内，光照强度的增加对光合作用更为有利，并且可促进植株正常生长发育，顺利完成生育周期。

（2）光照强度对苦荞生物学性状的影响　苦荞属于 C_3 植物，其光能利用效率较低。在生长发育过程中需要较强的光照条件，才能满足植株的正常需要。光照强度对苦荞一生的影响涉及很多方面，其中生物学性状为最直接、最重要的影响之一。吉牛拉惹（2008）研究了不同光照强度对苦荞主要生物学性状的影响，结果表明，在强光条件下，苦荞的株高和叶面积有所下降，而茎粗、二级分支数、叶片数、小花数、花序数、空粒数、饱粒数、单株粒重和单株生物产量则逐渐增加；在自然光照条件下，苦荞株高相对较矮，但茎较粗，叶面积较小但叶片数量多，小花和花序也多，产量也较高；而在弱光条件下，苦荞株高相对较高，但茎细长瘦弱，支持力较差，易倒伏，叶面积大但数量少，产量也呈下降趋势。从中可以看出，光照强度对苦荞生物学性状的影响呈规律性变化，即一定程度上，光照强度与苦荞的株高和叶面积呈反比，而与茎粗、二级分枝数、叶片数、小花数、花序数、空粒数、饱粒数、单株粒重和单株生物产量呈正比。总之，光照强度对苦荞生物学性状的影响间接反映了植株的生长状况及发育规律，可为农业生产措施的改进提供重要理论依据。

（3）光照强度对苦荞各生育时期的影响 光照强度会影响苦荞一生的各个生育阶段。在苦荞整个生育期内，强光抑制细胞伸长生长，使植株株高变矮，节间长度缩短，促进植株细胞分化与成熟，更有利于植株向生殖生长阶段过渡；而弱光则发挥相反作用。因此，一定范围内，强光促进苦荞生长发育，而弱光则抑制。主要原因是植株体内的生长激素会对光照的强弱进行反馈调节。其具体机理是在强光照射下，苦荞叶片感应强光，启动体内激素调节机制，促使生长素（IAA）含量下降，抑制了苦荞生长，促进细胞的分化与成熟。在强光下生长的苦荞植株虽然比较矮小，但组织分化程度高，植株生长健壮。除此之外，光照强度也会影响苦荞器官的脱落，强光抑制或延缓脱落，弱光则促使或加速脱落，这可能是光照与苦荞植株体内赤霉素（GA_3）和脱落酸（ABA）等多种激素的综合调节作用有关，这有待进一步研究。

苦荞对光照强度非常敏感，但在不同生育阶段对光照的反应不同，这里重点阐述光照不足对苦荞各生育时期的不利影响。幼苗时期，光照不足易引起苦荞植株茎秆变得细长，叶片较窄，叶色变淡，苗体瘦弱，营养基础较差；开花初期，苦荞由营养生长向生殖生长过渡，对光照非常敏感，光照不足影响植株花芽分化和花粉粒的形成速率，使花粉量降低，花粉生活力减弱；而开花盛期，对光照敏感程度相对开花初期较弱，光照不足会抑制花粉粒的成熟，同样降低花粉生活力；开花结实期，光照不足影响小花和花序的正常分化，导致小花和花序的发育减缓、数量减少；雌雄蕊原基形成至四分体形成时期，光照不足易造成养分不足，产生不育花粉和不正常子房，使结实率下降，造成减产。总体来说，在苦荞生育的后期，光照不足对苦荞最表观的影响是抑制了生殖器官的正常发育，主要体现为受精能力的下降。苦荞的受精能力因不同生育期对光照的敏感程度不同而表现不同。开花初期对光照最敏感，对受精能力影响叶最大；苗期次之；开花盛期对光照的敏感程度较小，对受精能力的影响也较小。

此外，夏明忠等（2006）通过盆栽试验，表明野生苦荞具有高光效、适应能力强的特点。推测与原生长地区的海拔和温度等有直接关系。殷培蕾等（2015）等研究了光照对苦荞芽多酚类物质及抗氧化活性的影响。在黑暗条件下槲皮素和山奈酚含量显著高于光照条件下的含量，咖啡酸含量差异不显著。绿原酸、对香豆酸、莨草素、异莨草素、阿魏酸、牡荆素、芦丁含量显著低于光照条件下的含量。光照条件下比黑暗条件下苦荞芽活性显著提高。光照对苦荞芽中多酚类物质及抗氧化活性有重要影响。

3. 光质的影响

光不仅是苦荞进行光合作用的直接能量来源，也是调节植株整个生长发育过程的关键信息源。光质作为光环境中的关键因子，参与苦荞的光形态建成，在其生长发育调控中发挥重要作用。研究光质对苦荞生长发育的影响，不仅可以了解苦荞对环境变化的适应能力，而且对调控苦荞生长发育和产量品质具有重要意义。光质包括可见光和不可见光（包括红外线和紫外线）。波长为 380~770nm 的为可见光，波长>770nm 的为红外线，波长<380nm 的为紫外线。与其他作物一致，短波长的紫外线可抑制苦荞的生长，这主要与紫外线影响吲哚乙酸（IAA）的合成有关。长期的紫外线照射下，促使植株体内的吲哚乙酸氧化酶增加，将吲哚乙酸氧化为 3-亚甲基氧代吲哚，而该物质不能促进细胞的伸长生长，进而导致植株生长发育缓慢。而 UV-B 是波长 275~320nm 的紫外光，它也可以影响植株的发育进程。姚银安等（2008）研究表明，UV-B 辐射可促使荞麦株高降低，茎变细，叶面积变小，初花期提前，加快荞麦的生殖发育进程，提高籽粒成熟度。原因是长期的 UV-B 辐射可增加荞麦植株体内的活性氧，活性氧直接参与启动植株体内的多酚氧化代谢过程，而多酚氧化酶促进植株叶片内单宁、木质素等合成增加，这使得植株细胞壁增厚以保护细胞免受 UV-B 辐射伤害。

（三）水分的影响

苦荞麦的水分利用效率一般也不及 C_4 植物。

苦荞是典型的旱作作物，生育过程中对水分的需求主要来源于自然降水。苦荞植株的生长过程也是体内水分的动态平衡过程，处于吸水、用水和失水三者之间，三者动态的合理调节是苦荞获得高产的重要基础。不同的生育时期，苦荞对水分的需求存在明显的差异，三者动态的变化，也是适宜环境的表现。总体上说，苦荞一生不同时期对水分需求的变化趋势，大体上是由低到高再到低，即生长前期、后期需水量少，而中期需水多。具体来说，苦荞对水分的需求包括地下部分的土壤相对湿度和地上部分的空气相对湿度。苦荞喜湿润，对土壤湿相对度要求为田间持水量的 60%~70%，对于农田土壤水分的消耗主要集中在 0~80cm 土层。当土壤相对湿度过低或土壤含水量降低至田间持水量以下时，可促进苦荞根系生长发育，增强代谢活动，加快根系生长速率。一般在土壤较干旱的地方，苦荞根系生长往往比较旺盛，并且根系面积不断扩大，以吸收周围更多的土壤水分，以满足其正常生长发育对水分的需要。这也说明了苦荞对干旱胁迫具有自身的应急防御机制，从而来调控其新陈代谢活动的正常进行。而空气相对湿度主要影响苦荞蒸腾作用的强弱。一般来说，空气相对湿度为 70%~80%对苦荞生长有利。若空气相对湿度太低，再加上土壤水分亏缺严重，根系吸水量太低，不能很好地补偿调节蒸腾作用所需的水分，就会破坏苦荞植株体内水分动态平衡，抑制苦荞正常的生理代谢。与对温度的需求一致，苦荞生长发育对水分的需求也有三基点，即最低、最高、最适水分含量。只有苦荞各生育期处在最适氛围内，才能维持水分的动态平衡，保证苦荞生长发育良好。

1. 水分对苦荞发芽期的影响

种子萌动发芽的过程包括吸胀、萌动和发芽三个连续阶段。水分是苦荞种子萌发的第一条件。一般情况下，风干的苦荞种子含水量为 5%~13%，当种子吸水量达到种子自重（风干）的 30% 左右时，才能完成吸胀作用进入萌发阶段。而构成苦荞种子的主要营养成分包含淀粉、脂肪、蛋白质及纤维素等内含物，这些物质大部分是亲水胶体。当苦荞种子处于休眠期，其含水量很低（仅 10% 左右），这些亲水胶体物质均呈凝胶状态，有很强的黏滞性。要求有充足的水分，使苦荞种子吸水膨胀，种皮软化，幼嫩的胚根突破外壳伸长，使原生质中的凝胶转变为溶胶，增强呼吸代谢活动，促进胚根和胚轴生长，利于萌发和出土。在吸胀阶段，苦荞种子对水分的要求呈规律性变化，即一定的吸胀期内，初期吸水量较多，后期相对较少。黄道源（1991）研究表明，苦荞种子的吸胀期为 16h 左右，吸水规律是吸胀开始的 4h 内吸水最多，吸水总量为种子自重的 12.4%；吸胀结束时，为34%。苦荞种子从发芽到幼苗出土还需要更多的水分，一般吸水量达到种子自重（风干）的 3~4 倍后，幼苗才能顺利出土。尤其在发芽至出苗阶段，吸水量急剧增加，刚出土的幼苗含水量高达 90% 以上。若土壤水分不足，播种后苦荞种子较难萌发，或虽能萌发，但胚轴不能正常伸长而影响及时出苗。因此，做好播前整地保墒，浇好底墒水是保证苦荞苗全苗壮的一项重要措施。

2. 水分对苦荞苗期的影响

苦荞苗期植株较矮，叶面积也小，吸水量不大，蒸腾作用较弱，对水分要求不高。而且苦荞苗期主要以根系生长为主，对水分需求量较少，但也要保持土壤湿润。苗期水分不足易引起幼苗叶片萎蔫，苗龄变长；苗期水分过多则会引起植株徒长，苗体瘦弱，植株生长发育缓慢。一般情况下，苦荞出苗后 17~25d 是需水临界期，对水分亏缺比较敏感。原因在于此时正值苦荞花和花序分化时期，干旱将使生殖器官发育不良，进而影响受精结实。

3. 水分对苦荞开花结实期的影响

苦荞是喜湿作物，根系入土较浅，各生育期对土壤水分要求较高。在苦荞开花结实期，要求土壤相对湿度达到田间持水量的 80%，才能满足正常开花结实对水分的需求。一般来说，较多的降水和较高的空气相对湿度对苦荞开花结实有利。该时期，苦荞耗水量大，水分利用率高，既要供给开花和籽粒形成所需的水分，也要供给蒸腾作用所消耗的水分。整个开花结实期，苦荞的耗水量比出苗到开花期多 1 倍。开花结实初期，苦荞生长旺盛，叶面积增加速率快，耗水量大，此期耗水量占全生育期总耗水量的 50%~60%；开花结实后期，苦荞籽粒逐渐趋于成熟，新陈代谢作用减弱，器官生长缓慢以至停止，随着根系和叶片的衰亡，水分吸收和蒸腾都大大减少，植株含水量下降。开花结实期是苦荞的水分临界期，一般较长，主要是因为苦荞边开花边结实的生长特性，花期和结实期相对较长。该时期若水分亏缺，则花果凋谢、植株枯萎，体内正常生理生化过程不能进行，光合作用和呼吸作用下降，向花及籽粒运输的养分减少甚至停止，会造成大量的空秕和不饱满粒，延迟成熟和收获，影响产量和品质。

(四) 土壤的影响

苦荞一般种植在高山或高寒地域，抗逆性性强，耐瘠薄，对土壤要求相对较低，大部分的土壤质地苦荞均能生长。而壤土具有土层深厚，通气性好，结构良好，质地松软，有机质含量高，排水良好，保水保肥能力强，土壤微生物丰富等特点，最有利于苦荞生长发育。苦荞生长发育受多种土壤因素影响，包括土壤结构类型、土壤肥力和土壤酸碱度等。

1. 土壤结构

土壤结构的好坏直接影响苦荞根系的生长发育，良好的土壤结构和通气状况可提高土壤微生物活跃程度，对苦荞地下部生长有利。类型主要包括黏土、壤土和沙壤土。黏土具有吸水能力强，土壤孔隙度小，透水性差，排水不良，水分下渗缓慢，易板结成块等特点，不能很好地促进苦荞正常生长发育。而沙壤土则结构松散，透水性好，但保水保肥能力和营养状况较差，也不利于苦荞正常生长发育。因此，壤土最适宜苦荞生长发育，有助于苦荞增产。

在苦荞生产中，应合理调整土壤结构，从而促进苦荞地下部生长旺盛，为苦荞健壮生长打下良好基础。深耕是改善土壤结构，促进苦荞增产的重要措施之一。深耕具有以下优点：恢复土壤结构，促进土壤熟化，为苦荞根系生长发育创造良好的条件；疏松土壤，加厚耕层，改善土壤水、肥、气、热状况，有利于苦荞生长发育；提高土壤肥力，为苦荞生长发育提供充足的养分；防止杂草和病虫害。因此，深耕对苦荞生长发育有很好地促进作用。但是，并不是耕作越深越好，必须根据当地气候条件和苦荞品种特性为依据来确定苦荞耕作的适宜深度，充分发挥其增产潜力。

2. 土壤肥力

土壤肥力的高低是苦荞能否优质高产的重要条件之一。苦荞生育期内，一直源源不断地向土壤汲取所需养分和水分，来供给其生理活动和新陈代谢的需要。随着种植年限的累积，土壤营养结构单一，肥力下降。因此，为了给苦荞生长发育提供一个良好的土壤小气候环境，避免土壤营养元素缺乏，就需要不断培肥地力，保证养分供应充足。农业生产中，通过轮作、合理施肥、秸秆还田和种植豆科绿肥等措施来保持和提高土壤肥力。苦荞不宜连作，轮作可有效避免苦荞连作障碍，为高产奠定基础；合理施肥可直接为苦荞各生育期提供所需营养元素，针对性强且见效快；秸秆还田是当前世界上普遍重视的一项培肥地力的增产措施，不仅杜绝了焚烧秸秆造成的大气污染，而且能增加土壤有机质，改良土壤结构，有利于增肥增产；种植豆科绿肥可显著提高土壤含氮量，改善土壤营养状况，提高土壤肥力。一般来说，苦荞对土壤的适应性较强，只要气候条件适宜均能生长，但肥力较高和结构较好的土壤更有利于苦荞优质高产。目前，有关土壤肥力对苦荞生长发育的研究报道相对较少，今后应重视土壤肥力与苦荞优质高产的关系。

3. 土壤酸碱度

由于中国南北方气候的差异，南方湿润多雨，土壤呈酸性，而北方干旱少雨，土壤多呈碱性。土壤偏酸性或偏碱性，都会不同程度地降低土壤养分的有效性，难以形成良好的土壤结构，严重抑制土壤微生物的活动，影响苦荞的生长发育。苦荞生长适宜中性土壤，一般土壤 pH 值 6~7 对苦荞生长发育有利。目前，关于适宜荞麦生长的土壤酸碱度研究主要集中在土壤中的金属元素铝。韩承华（2011）研究表明，低浓度的铝能促进荞麦根系的生长，高浓度则具有明显的抑制作用。朱美红等（2009）试验发现，当土壤 pH 值低于 5.5 时，铝从固相释放进入土壤溶液，造成苦荞受铝毒害，引起苦荞生长发育不良。也认为磷能有效缓解铝毒对荞麦根生长的抑制。铝毒害被认为是酸性土壤上苦荞生长发育的主要限制因素之一。苦荞受铝毒害有短期反应和长期反应。短期反应，苦荞整体上无明显异常，但根系伸长已经受到抑制；长期反应，根系伸长受到严重抑制，苦荞地上部分也发育迟缓。但磷能有效缓解铝毒害对荞麦根系生长的抑制。

因此，当土壤不适宜苦荞生长时，要及时进行土壤改良。一般土壤酸性过大，可施 20~25kg/亩石灰或 40~50kg/亩草木灰，中和土壤酸性，更好地调节土壤的水肥状况。而对于碱性土壤，每亩施 30~40kg 石膏作为基肥进行土壤改良。碱性过高时，可加少量硫酸铝、硫酸亚铁、硫黄粉、腐殖酸肥等，可提高土壤酸性。其中施用硫酸铝时需补充磷肥；施用硫酸亚铁见效快，但作用时间短，需增加施用次数；与施用硫酸亚铁相比，施用硫黄粉见效慢，但作用时间久；而腐殖酸肥因腐殖酸含量高，能很好地调节土壤酸碱度。除此之外，可结合用地养地，采取调整种植制度，施用有机肥和种植绿肥作物等措施进行土壤改良。

二、人为因素的影响

栽培措施中的诸多因素，都对苦荞麦的生长发育有一定影响。

（一）播种的影响

1. 播期

苦荞几乎在全国各地均有种植，一般北方苦荞播期在 5 月下旬至 6 月上旬，而南方往往安排在白露前后。适宜的播期是实现苦荞优质高产的条件之一。播种的早晚对苦荞生育期有明显影响，播种期不同苦荞各生育阶段所需的日数不同。常庆涛等（2014）研究表明，在一定范围内，随着播期的延迟，春荞麦播种至出苗、出苗至开花、开花至成熟的时间缩短，整个生育期也随之缩短，产量下降。李春花等（2015）探讨播期对苦荞生育期和产量的影响，也得出相似结论。不同播期的苦荞生长发育所处的环境条件不同，特别是温度差异，使苦荞各阶段生长发育表现出规律性变化。播种过早，温度较低，呼吸代谢减弱，发芽率下降，出苗时间延迟，出苗后幼苗易受冻害，且生长发育缓慢，营养生长期较长；播期延迟，由于温度的升高，种子易萌动发芽，出苗早，苗体生长速率快，生育期缩短。但是，播期越往后，易导致苦荞的各生育期处在其不适宜的气候条件下，这对产量和品质的提高非常不利。另外，李静等（2012）研究认为，不同的播期对苦荞农艺性状也有重要影响。随着播期的延迟，苦荞的株高、单株粒数、单株粒重和千粒重呈降低趋势。因此，农业生产中，应根据当地的水、热、光等自然资源趋利避害，选择适宜的播种期，将苦荞的各生育期置于有利的气候条件中，更好地协调营养生长和生殖生长的关系，促进苦荞开花结实，提高苦荞单株产量和群体产量，从而获得高产。

2. 播种密度

苦荞的播种密度通常为 6 万~8 万株/亩，不同的播种密度对苦荞的产量和品质影响很大。万丽英（2008）在海拔 1 920m 的贵州省水城，研究了播种密度对苦荞产量及籽粒主要的品质的影响。结果表明，在 6 万~8 万株/亩的正常播种密度范围内，随着播种密度的增大，苦荞产量逐渐增加，超过该范围则呈相反趋势；籽粒黄酮含量随着密度的增加而增加，超过 8 万株/亩则呈下降趋势；蛋白质含量也是随着播种密度的增加而增加；而脂肪含量则随着播种密度的增加呈下降趋势。但李春花（2015）研究认为，晚播条件下，种植密度对苦荞的株高、主茎节数和一级分枝数等农艺性状影响不大，对产量有显著影响，产量随着播种密度的增加也呈增加趋势。因此，播种密度过大或过小，都会导致苦荞品种的增产潜力难以充分发挥，但适当的晚播并增加种植密度有利于苦荞产量的提高。而今后需进一步研究探讨苦荞播期和播种密度之间有密切的联系，为苦荞产业化优质生产提供技术依据。

（二）肥料的影响

肥料对苦荞生长发育及产量形成有显著的促进作用。肥料还对苦荞品质有一定影响。

苦荞在生长发育过程中需要吸收的营养元素包括 C、H、O 非矿质元素，N、P、S、K、Ca、Mg、Na、Cu、Fe、Mn、Zn、Mo 和 B 等矿质元素。其中 C、H、O 这 3 种非矿质元素主要从空气中获取，一般不缺乏；N、P、S、K、Ca、Mg 和 Na 为大量元素；Cu、Fe、Mn、Zn、Mo 和 B 需要量较少，为微量元素。对于大量元素和微量元素，苦荞主要靠根系从土壤中获取，量虽不多，但在苦荞的生长发育中发挥重要作用，不可替代，若缺乏或配比不当均会导致苦荞生长发育异常，造成不同程度的减产。

1. 大量元素肥料

苦荞是一种需肥较多的作物，一般每生产 100kg 苦荞籽粒，需要消耗 N 3.3kg、P 1.5kg、K 4.3kg，高于豆类和禾谷类作物，低于油料作物。其中 N 素是苦荞生长发育的必需营养元素，是限制苦荞产量的主要因素，P 素是苦荞生育必需的营养元素，K 素是苦荞营养不可或缺的元素。苦荞不同生育阶段的营养特性是不同的，对 N、P、K 养分的吸收是随着生育阶段的进展、生育日数而增加。戴庆玲（1988）研究发现，在出苗至现蕾期，幼苗根系不发达，对 N、P 元素的吸收能力较弱，地上部分叶片光合能力不强，而形成营养器官需要较多的 N 素，应及时进行补给，但 N 素不宜过多，过多造成幼苗徒长，严重时易出现烧苗现象。现蕾后，地上部分生长迅速，对 N、P 的吸收量逐渐增加，从现蕾至开花阶段的吸收量约为出苗至现蕾阶段的 3 倍；灌浆至成熟阶段，N、P 营养元素吸收明显加快，N 素的吸收率由苗期的 1.58% 提高到 67.74%，P 素的吸收率也由苗期的 2.5% 提高到 68.3%。整个生育期内，苦荞对 K 素的吸收量高于同期对 N、P 的吸收量。向达兵等（2013）通过试验证明，施 N 量能显著提高苦荞的蛋白质和脂肪含量，而芦丁含量显著下降，槲皮素含量无明显变化。总体上，苦荞吸收 N、P、K 元素的基本规律是一致的，即前期少、中期增加、后期多，并随生物学产量的增加而增加。N、P、K 肥对苦荞的生长发育、产量和品质的提高至关重要，不可替代。若 N、P、K 肥用量、配比不当，都会造成苦荞的正常生长发育受到影响，造成不同程度的减产和品质下降。了解掌握苦荞对三大养分 N、P、K 元素的吸收利用规律，有助于采取合理发挥肥效的措施，使肥效得到充分发挥，促进苦荞产量和品质的提升。现阶段，有关苦荞的养分利用转化机制研究较少，值得进一步研究探讨，以便更好地指导苦荞生产。

2. 微量元素肥料

除大量元素肥料可促进植物增产外，Mn、Zn、Cu、B、Se、Fe 等微量元素肥料在植物生长发育过程中也发挥重要作用。Mn 和 Zn 是植物体内生长素和蛋白质合成、光合作用及呼吸系统中许多酶组成成分和活化剂。Cu 元素是植物呼吸作用和光合作用电子传递链中质体蓝素的成分，能增加植株体内光合作用和糖类物质的积累，改善 P 素代谢和蛋白质代谢。B 元素可促进苦荞花粉的萌发和花粉管的伸长，对受精有利。目前，微量元素肥料在苦荞上的研究主要集中于微量元素肥料拌种和不同溶液浓度喷施后对植株生长发育的影响。唐宇等（1987）采用微量元素硫酸锌、硫酸锰、硼酸和硫酸铜对苦荞种子进行拌种处理，得出 Zn、Mn、B 元素可促进苦荞株高、节间数、分枝数、叶片数和叶面积增加，加快幼苗的生长速度；而对苦荞的株高、节间数和叶片数的增加效果不明显，但能提高苦荞叶片的光合效率，促进分枝数和叶面积的增加。李灵芝（2008）研究发现，硫酸锌浸种可提高苦荞芽菜的产量和品质。李海平等（2005）发现硼砂浸种降低了苦荞种子的活力指数和种子相关酶的活性，对苦荞芽菜的生长有促进效应，可以提高苦荞芽菜黄酮含量。Se 元素是高等植物的有益元素，可清除植株体内的自由基，参与新陈代谢，促进植株生长。田秀英等（2008）研究了土壤施 Se 对苦荞生长发育的影响，结果表明，施 Se 量为 1.0 mg/kg 能促进苦荞生长，提高苦荞植株株高、产量、地上部干重和总干重，降低地下部干重；而施 Se 量为 0.5mg/kg 对苦荞生长发育的促进效果最好，可显著提高苦荞产量和各品质性状。唐巧玉等（2004）研究认为，将荞麦种子采用适宜浓度 Se 处理，可提高种子发芽率和出苗整齐度，有利于避免荞麦苗期易倒伏的特性，促进荞麦早期生长发育。帅晓燕等（2008）发现添加 Fe 素的营养液培养苦荞芽菜可以提高苦荞芽菜的营养品质，改善苦荞芽菜的营养价值。

以陕西地区为例，土壤微量元素主要缺 B、Mn 和 Zn 三种微量元素，但是陕北、关中和陕南不同地区的土壤其含量也不同。其中 Mn 和 Zn 的含量则由北向南逐渐递增，而 B 的含量由北向南逐渐递减。施肥效果方面，陕北施用 B 增产效果较差，但施用 Mn 和 Zn 增产效果显著，而在陕南施用 B、Mn 和 Zn 效果则相反。因此，在苦荞上施用微肥，应及时了解当地土壤微量元素含量及缺素情况，然后通过试验确定施用微肥的数量、种类和方法。

此外，稀土微肥是一类轻稀土元素化合物的能溶于水的盐类，也是一种微量元素肥料。采用稀土拌种、浸种，可增加种子活力，促进作物种子萌发，提高出苗率。目前，稀土微肥并未证实是作物生长的必需元素，但对作物生长具有多种活性作用。可提高作物根系活力，促进根分化和代谢活动，提高根系对营养元素的吸收能力，增加叶肉组织中叶绿体的数量，提高叶绿素含量和光合作用效率，增强作物的光合作用，促进作物的干物质量的增加，从而提高产量和品质。通过给作物施稀土微肥，将会提高作物对干旱、低温、盐渍等不良环境的抵抗能力，增强抗逆性。何天祥等（2009）在荞麦分枝期和开花期喷施适宜浓度的稀土高效磷酸二氢钾处理后，荞麦现蕾期、开花期和成熟期推迟，生育期延长，产量提高，但对株高、分枝数、单株粒重和千粒重的影响不明显。黄道源（1992）在山西长治开展荞麦稀肥试验，用混合稀土硝酸盐拌种或根外追肥，均能提高荞麦株粒数、粒重和千粒重，其增产幅度在 2.6%~25.5%。目前有关稀土微肥对农作物的有益作用研究较少，为了更好地开发利用稀土资源，发挥稀土肥料对农作物产生的积极作用，还需进一步深入的研究。

（三）活性炭的影响

活性炭含有 C、H、O、N 等多种营养元素，可看做是一种新型的肥料和土壤改良剂，促进土壤中养分和水分的吸收，增加土壤的含 N 量和含 C 量，增强作物根系的吸收活力，协调作物的地下部分和地上部分的生长，并且有助于防治土传病害。袁丽环等（2012）研究认为，通过施用不同浓度的活性炭，苦荞根系活力增强，根系发达，生长健壮，且最佳的活性炭浓度是 7.5g/kg；当活性炭浓度为 2.5~5.0g/kg 时，可增强幼苗叶片的 SOD、POD 和 CAT 保护酶活性，三者可有效清除苦荞体内的自由基，控制膜脂过氧化作用，保护细胞膜正常代谢，从而提高苦荞的抗逆性；当活性炭浓度大于 7.5g/kg 时，保护酶的活性下降，可能是活性炭吸附的物质，如维生素、烟酸、叶酸和生长调节物质等相互作用，抑制了酶活性调节机制；当活性炭浓度超过 10g/kg 时，苦荞根系发育缓慢，根系活力下降，地上部分长势也弱，可能与活性炭浓度过高导致土壤中微量元素缺乏、微生物减少和土壤 pH 值过高等有关。通过土壤中施活性炭，不仅提高了土壤肥力，有利于苦荞生长发育，而且减少了温室气体排放，促进农业可持续发展。但施用活性炭对苦荞生长会产生双重影响，有关活性炭对苦荞全生育期的影响尚有待继续研究。

（四）植物生长调节剂的影响

在苦荞生产中，化学调控往往是提高作物产量，改善品质的重要技术措施。植物生长调节剂是指人工合成的对植物的生长发育有调节作用的化学物质和从生物中提取的天然植物激素。植物生长调节剂具有见效快，作用效果明显，操作简便易行等优点，在农业生产中被广泛使用。植物生长调节剂对植株生长发育起到一定的调控作用，其主要原因在于植物生长调节剂能改变植物体内内源激素平衡，而内源激素平衡与植物的生长发育密切相关。目前，有关植物生长调节剂对苦荞生长发育的影响也有研究报道。陈丽芬等（2008）研究认为，用烯效唑处理苦荞种子，有利于壮苗，抗倒伏，促进幼苗生长。徐芹等（2006）试验证明，在苦荞现蕾期喷施适宜浓度的多效唑（PPP333）可降低植株高度、增加茎粗，提高叶片光合作用效率，增强叶片保护酶（SOD）活性，延缓叶片衰老，提高结实率，利于增产。黄凯丰等（2013）试验得出，低浓度的赤霉素（GA_3）和生长素（NAA）均可促进苦荞产量的提高，并且生长素（NAA）对株高有抑制作用，而赤霉素（GA_3）对株高有促进作用。唐宇（2001）研究认为，在荞麦苗期和花期喷施适宜浓度的油菜素内酯（BR）可调节植株的生理状况，促进干物质积累，提高苦荞产量。尽管植物生长调节剂在其他农作物生产上已被广泛应用，然而在苦荞上的研究相对较少，有待于进一步研究。

第三节　苦荞的碳、氮代谢和水分代谢

代谢是农作物最基本，也是最重要的生命活动过程。作为植物体内两大重要基本元素，碳、氮代谢在植物的生命活动中扮演着至关重要的作用，是植物体内最主要的两大代谢过程。碳氮代谢在植株体内的动态变化直接影响着光合产物的形成、转化以及矿质营养的吸收、蛋白质的合成等，因此，碳、氮代谢的运转效率在很大程度上决定了农作物的经济产量。碳、氮代谢两者之间具有非常紧密的联系，从发生反应的场所来看，光合碳代谢与 NO_2 同化过程均发生在植物叶片的叶绿体细胞中，两者均需消耗 CO_2 同化过程与光合电子传递链过程中产生的有机碳和光量，同时，碳代谢过程产生的碳源和能量物质是氮代谢过程所必需的物质；而氮同化过程提供碳代谢所需酶和光合色素，且碳、氮代谢二者需要共同的还原力、ATP 和碳骨架。因此，两者协作运转，不仅可促进作物生长发育进程，而且可提高农作物产量和品质。因此在苦荞生产中合理调控碳氮营养，协调碳氮代谢，对苦荞实现高产、稳产、优质及高效有着重要的意义。

光合作用是植物在光的作用下，将 CO_2 与水同化形成有机物的过程。因此，水分代谢在植物的光合作用过程中亦扮演着举足轻重的作用。评价水分代谢的一个重要参数是叶片水平的水分利用效率（Water-use efficiency，WUE），指单位水量通过叶片蒸腾散失时所形成的有机物的量，它取决于叶片光合速率与蒸腾速率的比值，是耦合植物叶片光合作用与水分代谢过程的重要生理指标，表征植物在等量水分消耗情况下固定 CO_2 的能力，是植物叶片水分利用特征的基本生理参数。植物叶片水平的 WUE 研究不仅可揭示植物叶片内在的耗水机制，明确植物自身光合能力大小，还能反映植物有效利用水分的能力，为人们了解作物水分利用特征提供有用的信息，因而对农作物生产具有重要的指导应用价值。

一、苦荞的碳代谢

从植物光合作用的 CO_2 固定和还原的方式和过程看，可分为 C_3 植物、C_4 植物和景天酸代谢植物三种类型。高等植物大多为 C_3 植物、C_4 植物和景天酸代谢植物是由 C_3 植物进化而来的。CO_2 光合同化过程的最初产物是 2 分子的 3-磷酸甘油酸的植物，称为碳三植物（C_3 植物），而最初产物为四碳化合物苹果酸或天门冬氨酸，然后再转化形成三碳化合物的植物，称为 C_4 植物。C_3 植物叶片中的维管束鞘细胞不含叶绿体，维管束鞘以外的叶肉细胞排列疏松，但都含有叶绿体。C_4 植物的叶片中，围绕着维管束的是呈"花环型"的两圈细胞：里面的一圈是维管束鞘细胞，外面的一圈是一部分叶肉细胞。构成 C_4 植物的维管束鞘细胞比较大，里面含有没有基粒的叶绿体，这种叶绿体不仅数量比较多，而且个体比较大，叶肉细胞则含有正常的叶绿体。

在高温、光照强烈和干旱的条件下，绿色植物的气孔可以部分收缩，减少蒸腾失水，这时，C_4 植物能够利用叶片内细胞间隙中含量很低的 CO_2 进行光合作用，从而光合速率降低的程度就相对较小，继而提高了水分在四碳植物中的利用率。而 C_3 植物则不能。这就是 C_4 植物比 C_3 植物具有较强光合作用的原因之一。C_4 植物与 C_3 植物的一个重要区别是 C_4 植物的 CO_2 补偿点很低，而 C_3 植物的补偿点很高，所以 C_4 植物在 CO_2 含量低的情况下存活率更高。这些特性在干热地区有明显的选择上的优势。在这种环境中，植物若长时间开放气孔吸收 CO_2，会导致水分通过蒸腾作用过快的流失。所以，植物只能短时间开放气孔，CO_2 的摄入量必然少。植物必须利用这少量的 CO_2 进行光合作用，合成自身生长所需的物质。

约75%的 C_4 植物集中在单子叶植物的禾本科中。热带和亚热带地区 C_4 植物比较多。同 C_3 植物相比，C_4 植物叶脉的颜色比较深。苦荞属于双子叶蓼科植物，维管束鞘细胞排列较疏松，不含叶绿体，叶绿体存在于叶肉细胞中。苦荞叶片的光合作用最初产物为 3-磷酸甘油酸，是一种 C_3 植物。

（一）光合作用

1. C_3 途径和产物

（1）发生部位　C_3 植物中，CO_2 的固定主要取决于1，5-二磷酸核酮糖羧化酶（RuBPCase）的活化状态，它催化1，5-二磷酸核酮糖（RuBP）羧化，将从叶片气孔中进入的 CO_2 同化，产生两分子磷酸甘油酸，可见 RuBPCase 在 C_3 植物中同化 CO_2 的重要性，因为该酶是开启 C_3 植物光合碳循环的钥匙。

苦荞叶片的叶绿体只存在于叶肉细胞中，维管束鞘细胞排列疏松，其中并没有叶绿体的存在，因此，苦荞光合作用反应场所在叶肉细胞，光合作用产物首先在叶肉细胞中累积。

研究表明，苦荞光合作用的发生器官——叶片在生长过程中形状的变化很大，叶片刚展开到生长增大过程中，形状为戟形；当叶片完全展开成熟时，形状近似于心形。叶片表皮上分布有大量的气孔，气孔的大小是不相同的，每个气孔由两个半月形的保卫细胞包围而成，保卫细胞内包含有叶绿体，能进行光合作用，气孔的关闭能调节叶片内外气体的交换和水分的蒸腾。苦荞叶片上表皮每平方毫米的气孔数目为 85~135 个，下表皮则为 200~300 个。气孔表面积与表皮面积的比值越大，光合作用越强，苦荞上、下表皮气孔面积与表皮面积的比值分别为 0.41%~0.55%、0.78%~1.23%，四倍体苦荞相对二倍体普通苦荞，其气孔数虽然减少，但是由于每个气孔的面积增大，气孔表面积和表皮面积的比值增大。

叶肉组织是叶片进行光合作用的主要部位。研究表明，不同苦荞品种的叶片中的叶绿素含量存在显著差异，并导致光合作用的强弱有显著差异，这体现在叶绿素含量的高低与苦荞单株生物学产量和单株籽粒产量呈显著正相关，苦荞植株的生长速度与叶片叶绿素的含量也存在明显的一致性。

（2）途径和产物　对于 C_3 植物来说，光合碳循环又称为 Calvin 循环（Calvin cycle），整个循环是利用 ATP（Adenosine Triphosphate）作为能量来源，并以降低能阶的方式来消耗 NADPH（Nicotinamide Adenine Dinucleotide Phosphate），如此可增加高能电子来制造植物生长发育所需的糖分。整个 Calvin 循环包括三个步骤（图 2-1）：

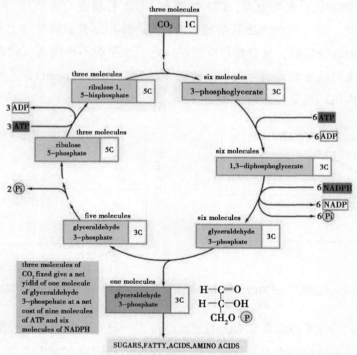

3-phosphoglycerate：3-磷酸甘油酸；1，3-diphosphoglycerate：1，3-二磷酸甘油酸；glyceraldehyde 3-phosphate：3-磷酸甘油醛；ribulose 5-phosphate：5-磷酸核酮糖；ribulose 1，5-biphosphate：1，5-二磷酸核酮糖；ATP：Adenosine Triphosphate，三磷酸腺苷；ADP：adenosine diphosphate，二磷酸腺苷；NADPH：nicotinamide adenine dinucleotide phosphate，烟酰胺腺嘌呤二核苷酸磷酸；Pi：磷酸基团；Sugars：糖；Fatty acid：脂肪酸；Amino acids：氨基酸

图 2-1　C_3 植物卡尔文循环（Wilson，et al，1955）

① CO_2的固定：以二磷酸核酮糖（RuBP）为 CO_2 的受体，它在二磷酸核酮糖羧化酶（ribulose bisphosphate carboxylase，Rubisco）催化下与 3 分子 CO_2作用生成 6 分子 3-磷酸甘油酸（3-Phosphoglyceric acid，3-PGA）。

② 3-磷酸甘油醛（glyceraldehyde-3-phosphate，G3P）的合成：在上述反应中生成的 6 分子 3-磷酸甘油酸，在磷酸甘油酸激酶作用下发生磷酸化生成 6 分子 1，3-二磷酸甘油酸；再在脱氢酶催化下被 NADPH 还原为 6 分子 3-磷酸甘油醛（GAP）。

③ 二磷酸核酮糖（RuBP）的再形成：C_3 循环中，固定 CO_2要不断消耗 1，5-二磷酸核酮糖（RuBP），因此就需要有 RuBP 的再生过程，否则这种固定 CO_2的戊糖循环便无法继续进行。RuBP 的再生，是指由 5 分子 3-磷酸甘油醛再转变为 RuBP 的一系列反应，为了完成这个步骤，此循环多耗费了 3mol 的 ATP，然后现在 RuBP 又准备好了要再度接收 CO_2，整个循环又可以继续。剩余的 1 分子 3-磷酸甘油醛是 Calvin cycle 中的副产品，成为整个新陈代谢步骤的启动物质，以合成其他的有机化合物，包括葡萄糖和其他碳水化合物。

2. 苦荞的光饱和点、光补偿点、CO_2饱和点、CO_2补偿点

（1）光饱和点 在一定的光照强度范围内，光合作用随光照强度的上升而增强，但光照强度达到一定的数值以后，光合作用维持在一定的水平而不再提高，此现象称为光饱和现象，而此时的光照强度临界值称为光饱和点（Light saturation point），光照强度在光饱和点以上时，光合作用不再受其影响（图 2-2）。

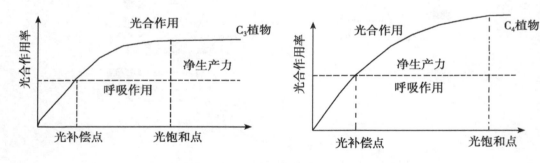

图 2-2　C_3 与 C_4 植物的光饱和点与光补偿点示意图（汤绍虎，等，2012）

光饱和点形成的主要原因在于 CO_2 的浓度维持在一定水平，而光照强度的增强只使光反应速度增加，但是暗反应中 CO_2 的固定能力和速度不会因此而发生改变。另外，植物长期暴露在过高的光照下，会导致光抑制现象的产生，消耗掉光合作用产生的有机物，并导致光合功能下降。

光饱和现象是由德国 J. 赖因克于 1883 年首次发现，光饱和点的高低取决于所研究的植物对象，喜阴植物的光饱和点较低，是海平面全光照植物的十分之一，而喜阳植物的光饱和点则较高，尤其对于荒漠植物或高海拔植物，一天中光照最强时仍未达到其光饱和点。C_4 植物的光饱和点要高于 C_3 植物，某些 C_4 植物，如玉米嫩叶的光饱和点在自然光强下甚至检测不出。对于水稻、小麦等 C_3 植物，光饱和点为 30 000~80 000Lux。农作物叶片群体的光饱和点高于单叶片，苦荞单个叶片的光饱和点为 20 000~30 000Lux，而群体的光饱和点则在 80 000Lux 以上。这因为随着光照度的增加，作物的上层叶片虽已达到光饱和点，但下层叶片的光照度仍然需要增加，以满足光合反应过程所需，所以群体的总光合强度要高于单叶片。强光有利于作物籽粒的生长，产品蛋白质、含糖量等也都较高，因此提高苦荞品种的光饱和点对苦荞高产具有重要意义。

（2）光补偿点　光照强度在光饱和点以下时，植物通过光合作用产生的同化产物与呼吸作用消耗的有机物相平衡时的光照强度称为光补偿点（Light compensation point）（图 2-2）。植物在光补偿点时，有机物的形成和消耗相平衡，干物质不能得到累积。植物在此状态下，光合作用过程吸收的 CO_2 量与呼吸过程所释放的 CO_2 量完全相等时，有效光合强度检测不到，氧的净交换停止，叶片没有任何净积累，植物只能勉强维持生命，而不能进行生长、结实等生理活动。喜阴植物的光补偿点低于喜阳植物，C_3 植物则高于 C_4 植物（图 2-2）。作物群体的光补偿点比单叶高，苦荞的光补偿点在 500~1 000Lux 的范围内。

（3）CO_2 饱和点　当空气中 CO_2 浓度较低时，植物的光合速率会随着 CO_2 浓度的增加而提高。但是当空气中的 CO_2 浓度增加到一定程度后，植物的光合速率就不会再随着 CO_2 浓度的增加而提高，此时的 CO_2 浓度就称为 CO_2 饱和点。造成 CO_2 饱和点存在的原因在于光反应阶段速度跟不上形成的能量物质 ATP 和 NADPH 不够，导致 CO_2 固定产物不能被还原，从而导致 CO_2 维持在一定水平，而光合作用的产能不会发生改变。一般 C_3 植物的 CO_2 饱和点比 C_4 植物高。C_4 植物在大气 CO_2 浓度下就能达到饱和；而 C_3 植物 CO_2 饱和点不明显，光合速率在较高 CO_2 浓度下还会随浓度上升而升高。

（4）CO_2 补偿点　CO_2 补偿点指在特定光照条件下，植物叶片进行光合作用所吸收的 CO_2 量与呼吸作用所释放的 CO_2 量相等时，外界环境中 CO_2 的浓度。CO_2 补偿点与植物同化碳素时最初阶段的 CO_2 固定方式有关。C_3 植物的 CO_2 补偿点高，一般在 40~70μl CO_2/L，如苦荞、小麦、水稻、大豆等；C_4 植物的 CO_2 补偿点低，通常在 0~5 μl CO_2/L，如玉米、高粱、甘蔗等。还有一类植物的 CO_2 补偿点值不定，是属于景天酸代谢途径（CAM）的植物，如龙舌兰、仙人掌等。

苦荞的 CO_2 补偿点一般为 40~60μl CO_2/L，易受温度、光照、水分、O_2 浓度等外部环境的影响，当温度升高时，CO_2 补偿点升高。当温度为 18~25℃时，CO_2 补偿点在较高光强范围内保持恒定，在较低光强范围内则随光照强度的增加而升高。叶片的含水量受环境水分的影响，继而影响苦荞的 CO_2 补偿点。另外，苦荞体内的光呼吸作用对 CO_2 补偿点提高的作用也是非常明显。

光呼吸（photorespiration）是指植物在光能的作用下，以光合作用的中间产物 RuBP 为底物，在 Rubisco 的催化下吸收 O_2，同时释放 CO_2 的过程。C_4 植物由于 CO_2 在叶肉细胞中固定后，会在维管束鞘细胞被重新释放，使得维管束鞘细胞中 CO_2/O_2 比值上升，抑制了 Rubisco 与 O_2 的加氧反应，光呼吸强度大大减弱，因此，C_4 植物的光合效率较高。而 C_3 植物由于维管束鞘细胞中不存在叶绿素，不会释放 CO_2，因此，光呼吸强度在 C_3 植物中普遍较高，消耗光合作用产生的有机物也多，其净光合效率比 C_4 植物降低 25%~30%。光呼吸循环由多种酶催化并且同时发生在线粒体、叶绿体、过氧化酶体和细胞质中，线粒体中的甘氨酸脱羧酶会催化释放 CO_2 和 NH_3，导致碳氮的损失。尽管光呼吸消耗光能，是影响光合效率的主要因素，但是光呼吸在植物代谢中的作用不可或缺。研究表明：光呼吸可以减轻光抑制对植物的伤害；光呼吸途径是产生 H_2O_2 作为第二信使，可以启动植物对各种逆境胁迫的抗性程序；产生的脯氨酸是一种重要的渗透调节物质，可以提升植物对冷胁迫、干旱胁迫、高盐胁迫等多种逆境的抗性能力；2-磷酸乙醇酸、乙醛酸等有毒物质可以通过光呼吸过程加以清除。

（二）糖代谢及其关键酶

作物高产不仅要求功能叶片有较强的光合生产能力，而且要求光合器官中形成的以蔗糖为主的光合产物能够合理、充分、有效地分配运输到生长中心。苦荞叶片在进行光合作用时，伴随着以蔗糖为主要形式的光合产物输出，供应其他器官以满足生长发育的需要。由叶片等源器官合成的蔗糖运输到籽粒后，并不能为籽粒代谢过程提供可直接利用的碳骨架，而要经过糖代谢降解后才能被籽粒进行合成利用。因此，苦荞的有效穗、结实率和千粒重等构成产量的重要因素与糖代谢有着密切的联系。

与苦荞籽粒糖代谢有关的酶主要有磷酸蔗糖合成酶（SPS）、蔗糖合成酶（SS）等。蔗糖合成速度受 SPS 催化反应的限制；蔗糖的水解则受 SS 催化反应限制，两者是蔗糖合成过程中的关键性调节酶。在籽粒对同化物的需求上 SPS 活性比 SS 活性更能反映其需求程度，前者主要是促进蔗糖的合成，后者能促进运输到籽粒等库器官蔗糖的分解。因此，SPS 酶活性与植物干物质积累有关，进一步研究表明 SPS 活性与苦荞产量有关，其活性越高，籽粒产量也较高；蔗糖合成能力强的苦荞品种，其生育后期功能叶片和籽粒的 SPS 酶活性越强，光合物质运转也越快。

碳水化合物从光合器官（叶片）转运到非光合器官（如根，生殖器官，茎）的长距离运输过程对植物生长发育及产量形成至关重要。这个过程也被称为全植物的碳水化合物分配，发生在植物的韧皮部组织。目前对蔗糖在韧皮部运输的过程已经较为清楚：蔗糖通过质膜输出到细胞壁空间或质粒中，然后通过胞间连丝（Plasmodesmatal，PD）运输到筛管成分（Sieve elements，SE），SE 管腔在端壁处通过大的 PD 阵列（筛板），PD 阵列通过胼胝质的形成控制韧皮部汁液运输、资源分配和植物发育。但目前关于控制全植物碳水化合物分配的基因知之甚少。David M. Braun 等从诱变的玉米植株中筛选了碳水化合物运输减少的表型（叶片黄萎病症状以及过量的淀粉及可溶性糖积累），并鉴定到了 *carbohydrate partitioning defective* 1（*Cpd*1）基因。韧皮部转运实验表明，*Cpd*1/+突变体的叶片中淀粉和可溶性糖的过量积累是由于蔗糖输出受到抑制，这种抑制作用可能是异位胼胝质积累引起的。该研究通过发育中韧皮部中胼胝质闭塞的形成推测 $Cpd1$ 基因在韧皮部发育早期起作用，并由此影响全植物碳水化合物分配。

（三）呼吸作用

细胞内的有机物在一系列酶的作用下逐步氧化分解，同时释放能量的过程，在有氧条件下，O_2 参加反应，植物体内的有机物被彻底氧化成 CO_2 和 H_2O。在无氧条件下，植物体内的有机物可通过脱氢、脱羧等方式氧化降解，但经氧化后大部分的碳仍呈有机态，其中还保留较多的能量，是一种不彻底的氧化。呼吸作用可以为植物生命活动提供所需的大部分能量，同时，氧化产生的中间产物是许多生物合成过程的原料物质。呼吸作用的总化学反应式为：

$$C_6H_{12}O_6 + 6O_2 = 6CO_2 + 6H_2O + 能量$$

植物的呼吸作用主要在细胞的线粒体中进行，其全过程可以分为三个阶段：第一个阶段（称为糖酵解途径，Embden meyerhof pathway，EMP）主要发生在细胞质基质中，一个分子的葡萄糖分解成两个分子的丙酮酸，在分解的过程中产生少量的氢（[H]），同时形成少量的能量物质 ATP；第二个阶段为三羧酸循环（Tricarboxylic acid cycle，TCA 循环）是在线粒体基质中进行的，形成的丙酮酸经过一系列氧化分解反应，形成 CO_2 和 [H]，同时释放出少量的 ATP 和 NADH；呼吸电子传递链是植物细胞呼吸反应的第三个阶段，发生在线粒体内膜中，该阶段是将前两个阶段产生的 [H]，通过一系列的电子传递链反应，最终与 O_2 结合而形成 H_2O，同时释放出大量的能量。

EMP 过程主要步骤包括：葡萄糖先在己糖激酶的作用下磷酸化形成 6-磷酸-葡萄糖，再在磷酸葡萄糖异构酶的作用下转变为果糖-6-磷酸，并在磷酸果糖激酶的作用下进一步磷酸化为果糖-1，6-二磷酸。后者易被果糖二磷酸醛缩酶催化裂解形成磷酸二羟丙酮和甘油醛-3-磷酸，而磷酸二羟丙酮在磷酸丙酮异构酶的作用形成 3-磷酸-甘油醛，3-磷酸-甘油醛在磷酸甘油酸激酶、磷酸甘油醛变位酶、烯醇化酶、丙酮酸激酶的顺序作用下，最终形成两分子的丙酮酸。氧化过程中释放的能量保存在 ATP 和 NADH 等能量物质中（图 2-3）。

呼吸作用的第二阶段——三羧酸循环（Tricarboxylic acid cycle，TCA 循环）是普遍存在于细胞线粒体内的碳代谢途径。在该反应过程中，首先由乙酰辅酶 A 与草酰乙酸（OAA）缩合生成含有 3 个羧基的柠檬酸，经过 4 次脱氢反应（3 分子 $NADH^+H^+$ 和 1 分子 $FADH_2$），1 次底物水平磷酸化，最终生成 2 分子 CO_2，并且重新生成 OAA 的循环反应过程。在该循环反应过程中，柠檬酸合成酶催化乙酰辅酶 A 与 OAA 的缩合反应形成柠檬酸是关键步骤，OAA 的供应有利于循环顺利进行（图 2-4）。然后在顺乌头酸酶的催化下，将柠檬酸的叔醇基变成仲醇基，从而使其易被异柠檬酸脱氢酶氧化脱氢成羰基，生成草酰琥珀酸，然后在同一酶的作用下，使草酰琥珀酸快速脱羧生成 α-酮戊二酸。该反应是不

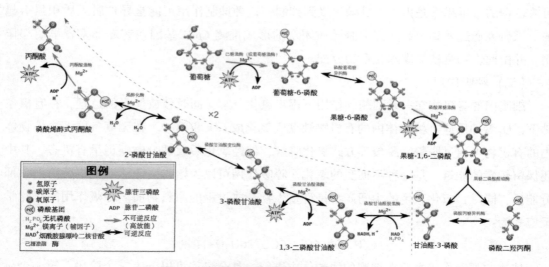

图 2-3　糖酵解途径示意图（查锡良，2002）

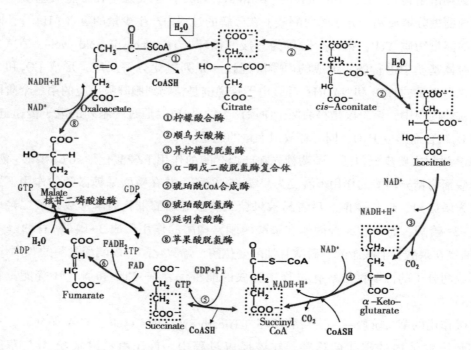

①柠檬酸合酶
②顺乌头酸梅
③异柠檬酸脱氢酶
④α-酮戊二酸脱氢酶复合体
⑤琥珀酰CoA合成酶
⑥琥珀酸脱氢酶
⑦延胡索酸酶
⑧苹果酸脱氢酶

图 2-4　三羧酸途径示意图（查锡良，2002）

可逆的，因而是 TCA 循环中的限速步骤，ADP 和镁离子是异柠檬酸脱氢酶的激活剂，而 ATP 与 NADH 则可抑制此酶的催化活性。然后，在 α-酮戊二酸脱氢酶系作用下，将 α-酮戊二酸不可逆地氧化脱羧生成琥珀酰-CoA、NADH，H^+ 和 CO_2；然后通过琥珀酸硫激酶（succinatethiokinase）的作用，将琥珀酰-CoA 的硫酯键水解，形成琥珀酸和辅酶 A，和能量物质 ATP；在琥珀酸脱氢酶（succinatedehydrogenase）催化下，将琥珀酸氧化成为延胡索酸，并产生能量物质 FADH；延胡索酸酶可将延胡索酸水化形成苹果酸；最后在苹果酸脱氢酶的作用下，将苹果酸仲醇基脱氢氧化成羰基，重新生成草酰乙酸，并释放能量物质 NADH。TCA 循环的总反应式为：

$$Acetyl-CoA + 3\ NAD + FAD + GDP + P_i + 2\ H_2O \rightarrow CoA-SH + 3\ NADH + 3\ H + FADH_2 + GTP + 2\ CO_2$$

电子传递链又称呼吸链，是植物呼吸作用的第三阶段，该阶段是由一系列的［H］传递反应和电子传递反应（eletron transfer reactions）按一定的顺序排列所组成的连续反应体系，它将前两阶段代谢物降解过程中脱下的成对［H］，传递至分子氧生成水，同时生成大量的能量物质 ATP。呼吸链的作用代表了线粒体最基本的功能，包含复合体 I ［由 NADH 脱氢酶（一种以 FMN 为辅基的黄素蛋白）和一系列铁硫蛋白组成］、复合体 II ［琥珀酸脱氢酶（一种以 FAD 为辅基的黄素蛋白）和一种铁硫蛋白组成］、复合体 III （细胞色素 bc_1 复合体）、复合体 IV （细胞色素 C 氧化酶复合体）、辅酶 Q 和细胞色素 C 等 15 种以上组分，具体传递过程见图 2-5。多种抑制剂可以专一性阻断电子传递链，如鱼藤酮、安密妥、杀粉蝶菌素可以阻断电子从 NADH 到辅酶 Q 的传递；抗霉素 A 可以抑制电子和［H］从细胞色素 b 到 C_1 的传递；氰化物、叠氮化物、CO、H_2S 等，则能阻断电子和［H］由细胞色素 a_3 到分子氧的传递。

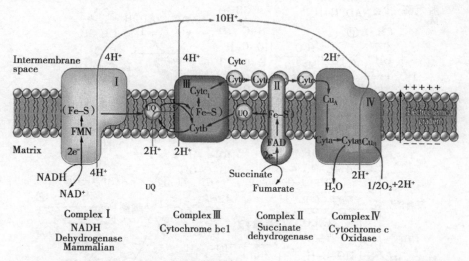

注：Complex I：复合体 I （NADH 脱氢酶复合体）；Complex II：复合体 II （琥珀酸脱氢酶复合体）；Complex III：复合体 III （细胞色素 bc_1 复合体）；Complex II：复合体 IV （细胞色素 C 氧化酶复合体）；UQ：辅酶 Q；Cyt c：细胞色素 C；Cyt a：细胞色素 a；Cyt a_3：细胞色素 a_3；（Fe-S）：铁硫蛋白；Intermembrane space：膜间隙；Electrical gradient：电子梯度；Matrix：基质；Succinate：琥珀酸；Fumarate：延胡索酸

图 2-5　植物细胞呼吸电子传递链示意图（Bonner J，1984）

葡萄糖氧化分解代谢的另一种重要方式–磷酸戊糖途径（Pentose phosphate pathway, PPP），也是由 6-磷酸葡萄糖（G-6-P）开始，因而称为己糖磷酸支路。PPP 可分为两个阶段：第一阶段由 G-6-P 脱氢生成 6-磷酸葡糖酸内酯开始，然后水解生成 6-磷酸葡糖酸，再氧化脱羧生成 5-磷酸核酮糖。NADP$^+$是所有上述氧化反应中的电子受体；第二阶段是 5-磷酸核酮糖经过一系列转酮基及转醛基反应，经过磷酸丁糖、磷酸戊糖及磷酸庚糖等中间代谢物最后生成 3-磷酸甘油醛及 6-磷酸果糖，后二者还可重新进入 EMP 途径而进行代谢（图 2-6）。PPP 总反应式为：

$$6G\text{-}6\text{-}P + 12NADP^+ + 7H_2O \rightarrow 5F\text{-}6\text{-}P + 6CO_2 + Pi + 12NADPH + 12H^+$$

PPP 主要特点是葡萄糖直接氧化脱氢和脱羧，不必经过 EMP 和 TCA 循环，电子受体是 NADP$^+$而不是 NAD$^+$，产生的 NADPH，可为脂肪酸、胆固醇等的生物合成生物合成提供还原力；产生的 5-磷酸核糖、4-磷酸赤藓糖、景天庚酮糖 7-磷酸等则是核苷酸辅酶、核苷酸、芳香族氨基酸的合成原料；生成的四碳、五碳、七碳化合物及转酮酶、转醛酶等，可以参与光合作用卡尔文循环以及次生代谢物的生物合成；PPP 可以与 EMP、TCA 循环相互补充、相互配合，增强植物体的适应能力。

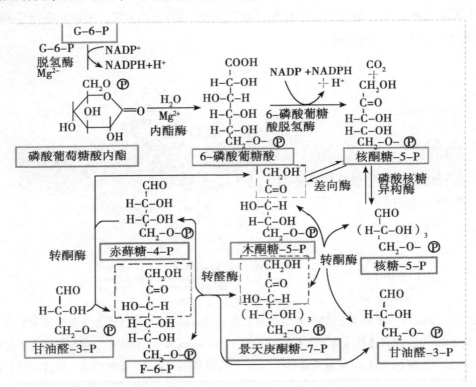

图 2-6　磷酸戊糖途径示意图（查锡良，2002）

为适应各种逆境胁迫环境，苦荞的呼吸作用各个阶段会发生改变。例如 Jeon, et al., 研究了冷胁迫对苦荞代谢组、转录组和次级代谢物尤其是类苯基丙烷的合成代谢过程的影响。结果表明，除 *FtDFR* 基因以外，类苯基丙烷合成相关基因上调表达；气质联用分析结果表明，糖类物质及其衍生物含量在冷处理后下降，而 TCA 循环中的一些有机酸含量则上升，尤其是花青素和原花青素含量显著提高。因而，冷胁迫导致苦荞碳代谢紊乱，并重新形成内稳态，以适应冷环境。另外，研究表明，紫外胁迫可以提升葛根素（puerarin）、柚皮苷（naringenin）、槲皮苷（quercetin）、芸香苷（rutin）、木犀草素（luteolin）、山萘酚（kaempferol）等类黄酮成分含量；同时，通过上调 PPP 途径的关键酶 G-6-PDH（葡萄糖-6-磷酸脱氢酶）的活性而提高 PPP 途径的比重，PPP 途径产生的赤藓糖-4-磷酸（E4P）经关键酶 DAHPS 转化成莽草酸，而进入莽草酸途径，利于类黄酮等次生代谢物的合成。苦荞体内碳代谢的其他相关酶（例如转化酶、SS、SPS）、氮代谢相关酶（例如 NR、GS、GOGAT）等也作出了适应这种代谢变化的调整。TCA 途径中的关键酶 NADH-苹果酸脱氢酶（NADH-MDH）活性在紫外胁迫下也有所提高，但提高幅度小于 G-6-PDH。

研究表明，干旱处理和紫外线 B 处理，可导致苦荞叶片光合色素含量、气孔导度、植株形态、光化学物质效能、生物量、籽粒产量显著下降，而胞间 CO_2 浓度则上升。同时，研究发现，这些处理可使类囊体体腔 S-硫胱氨酸合成酶（S-Sulfocysteine Synthase）、叶片 FtbHLH$_3$（basic helix-loop-helix）转录因子的上调表达，表明干旱和紫外线处理可以通过调节 S-硫胱氨酸合成酶和叶片 FtbHLH$_3$ 转录因子活性抑制苦荞光合作用，导致苦荞减产。另外，研究发现，不同的苦荞品种种植密度（30cm×30cm、60cm×30cm）对苦荞光合速率、产量和芦丁含量密切相关，其中苦荞品种 KW44 最佳种植密度为 60cm×30cm，在此种植密度下，苦荞籽粒芦丁含量最高，达 1 887.1mg/100g，光合效率最强。而对于苦荞品种 KW53，最佳种植密度为 40cm×20cm，芦丁含量为 1 569.3mg/100g。KW44 和 KW53 达到最佳产量时的肥料分别为 N-P-K 肥和 N-K 肥。种植密度影响苦荞叶片光饱和点、光补偿点、CO_2 饱和点、CO_2 补偿点，因此，针对不同的苦荞品种合理的调整种植密度，对实现苦荞高产具有重要意义。

二、苦荞的氮代谢

氮是植物重要的营养元素，植物吸收的氮主要是无机态氮，即 NH_4^+ 和 NO_3^-，此外也可吸收某些可溶性的有机氮化物，尿素、氨基酸、酰胺等，但数量有限，低浓度的亚硝酸盐也能被植物吸收。各种形态氮吸收利用的形式是不同的，但进入植物体后，最终都要以同样的方式经过谷氨酸或谷氨酰胺的转氨作用形成不同的氨基酸，进而合成蛋白质。根系吸收的 NO_3^- 和 NH_4^+ 进入根细胞以后，可随蒸腾流由木质部导管运到植株地上部，运移到地上部的氮素除了参与生理代谢外，部分氮素又以氨基酸的形态通过韧皮部向根部转运。因此，植物对氮素的吸收与平衡能力是反映其生理状况的一个重要指标。

（一）氮素同化途径及其关键酶

硝态氮（NO_3^-）是作物吸收利用的最主要氮源，作物吸收并利用硝酸盐的第一步，是通过位于植物根系表皮和皮层细胞膜上的硝酸盐转运蛋白（Nitrate Transporters，NRT）吸收硝酸盐进入细胞质，是一个主动吸收且耗能的过程，能量由质膜 ATP 酶水解产生能量而维持的质子电化学势梯度提供，以［H］：硝酸盐为 2：1 的比例把硝酸盐共转运膜内，因此，硝酸盐的主动吸收是也是一个与质子共转运的过程。主动吸收转运进细胞质的硝酸盐有三种走向：①被根中相关代谢酶还原，形成氨基酸；②被转运至液泡中储备起来，备用；③被动流出细胞质外；④另一部分通过木质部转移到地上部分（图 2-7）。

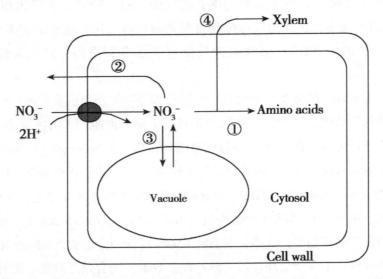

注：Xylem：木质部；Vacuole：液泡；Amino acids：氨基酸；Cytosol：细胞质基质；
Cell wall：细胞壁

图 2-7　硝酸盐在植物细胞内的转化模式图（Wang，et al，2012）

被动转运至细胞中的 NO_3^- 在硝酸还原酶（Nitrate reductace，NR）、亚硝酸还原酶（nitrite reductase，NiR）的作用下，被还原成 NH_4^+，然后在细胞质中进一步在谷氨酰胺合成酶 1（glutamine synthetase，GS1），在质体中则在 GS2 的作用下与谷氨酸结合，形成谷氨酰胺，然后在谷氨酸合成酶（glutamate-2-oxoglutarate amino-transferase，GOGAT）作用下与 α-酮戊二酸结合，生成谷氨酸。最后，在其他相关酶的作用下，进一步还原成氨和其他的氨基酸（图 2-8）。因此，这是植物氮素同化最为关键的步骤，同时也是植物体内氮代谢和碳代谢交汇和互相调控的重要枢纽之一。谷氨酰胺和谷氨酸是植物中许多下游含氮化合物合成的氮素原始供体。

研究表明，根据对土壤中 NO_3^- 浓度差异的适应，植物体逐渐进化出了两类 NO_3^- 吸收体系：一类是外界 NO_3^- 浓度较高时（>1 mM）起作用，被称为低亲和转运体系 LATS（Low-

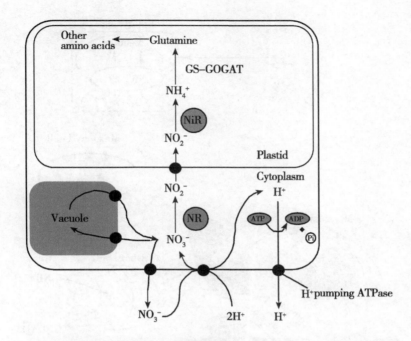

图 2-8　植物体内 NO_3^- 的同化吸收（Wang, et al, 2012）

affinity transport systems），即使外界浓度高于 50 mM，该转运体系仍然具有很强的吸收能力；另一类在外界 NO_3^- 浓度低时（<1 mM）起主要作用，被称为高亲和转运体系 HATS（High-affinity transport systems）。生理学研究表明，这两类 NO_3^- 转运体系均包含组成型和诱导型两种组成成分。这两种途径协同作用，保证了植物可以有效利用较广范围浓度的 NO_3^-，从而避免因 NO_3^- 过量或缺乏造成的不良生理影响。

目前，高等植物根吸收 NO_3^- 的分子基础已有广泛研究，已经在拟南芥、番茄、大麦、大豆、水稻和玉米等植物中分离得到 NO_3^- 转运蛋白基因。研究发现，高等植物的 NO_3^- 吸收、分配和贮存过程中存在 4 个密切相关的基因家族。除了两类 NO_3^- 转运蛋白家族 NRT1 和 NRT2 外，还有氯离子通道蛋白家族（Chloride channel, CLC）和慢阴离子通道蛋白结构（slow anion channel associated 1 homolog 3, SLAC1/SLAH）（图 2-9）。

氮素同化过程中的相关酶受到转录水平、翻译水平以及翻译后水平多种因素的调控。NR 是底物诱导酶，NR 活性与底物 NO_3^- 的浓度密切相关，NR 能被 NO_3^- 快速诱导，即使浓度低于 $10\mu M$。此外，NR 的 mRNA 水平受下游的氮同化产物、光合产物的反馈调节。研究发现，细胞中 NR 可能存在以下三种状态：自由的 NR（具有酶活性）、被磷酸化的 NR（pNR，具有酶活性）、14-3-3s 结合的磷酸化 NR（pNR：14-3-3s，无酶活性）。以上三种状态的 NR 依赖环境的改变发生快速而可逆的变化。在拟南芥中，编码 NR 的两个基因 NIA1 和 NIA2 已经被克隆出来了。基因缺失突变体的试验研究表明，当基因 NIA2（CHL3）

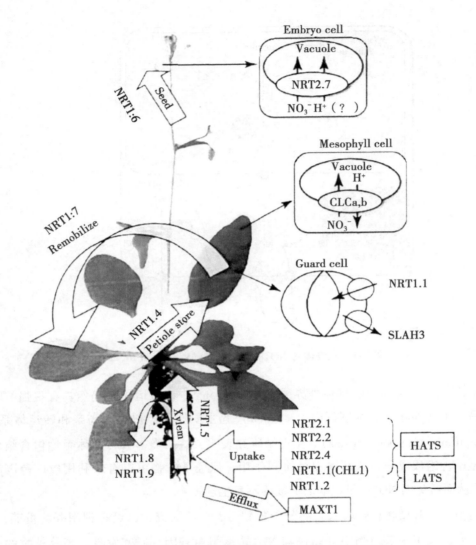

图 2-9 NO₃⁻吸收和分配各步中 *NRT1*、*NRT2*、*CLCa/b* 和

$SLAH3$ 的功能及作用部位（Wang，et al. 2012）

敲除后植物地上部组织会失去大部分的 NR 活性（90%），但植物仍能正常生长。而 *NIA*1 和 *NIA*2 双突变体植株的 NR 剩余活性仅为 10%，证明 *NIA*1 编码后所得的 NR 活性对植物 生长至关重要。拟南 *NiR* 基因受 NO₃⁻强烈诱导，呈现出与 NR 相似的转录表达调控特征， 这可能与植物为防止 NO₂⁻过度积累而对自身造成毒害有关。此外，NiR mRNA 的表达水平 还受到光敏色素、氨基酸、碳水化合物水平的调节。

质子偶联转运分子 NRT1/PTR 家族通过肽的摄取同化真核生物和细菌的氮元素。这个 家族的大部分成员在植物中已经进化到可转运硝态氮，甚至能够运送额外的次级代谢物和 激素。在模型植物拟南芥中，双亲和性转运分子 NRT1.1 能吸收一系列不同浓度的硝酸盐，根据一个关键的苏氨酸残基的磷酸化状态从低亲和性模式向高亲和性模式切换。以前的研究已经发现拟南芥 NRT1.1 作为双亲和性转运分子，它可能会在一个波动很大的一个浓度范围内转运硝酸盐。NRT1.1 的作用方式是通过磷酸化的关键残基—苏氨酸 101 控制。华盛顿大学的研究人员获得了未磷酸化的 NRT1.1 的晶体结构，在面向内的构象中发现了一个出人意料的同型二聚体。利用基于细胞的荧光共振能量转移技术，研究人员证实功能性的 NRT1.1 在细胞膜中二聚化，Thr 101 拟磷酸化突变通过将这一二聚体解偶联，使得这一蛋白转换为单相高亲和性转运蛋白。结合底物转运通道分析，研究结果证实这一磷酸化作用控制的二聚化开关使得 NRT1.1 能够以两种不同的亲和模式来吸收硝酸盐。英国牛津大学生物化学系的研究人员提出两种载脂蛋白和硝酸盐结合的拟南芥 NRT1.1 的晶体结构。这项研究结果表明，NRT1.1 磷酸化能够提高该结构的灵活性和转运速率。在与肽转运相比较，进一步揭示 NRT1/PTR 家族已经进化出不同含氮配体，同时还保持这个家族的营养转运中的保守耦合机制的关键。

高等植物中存在两种类型的 GS：GS1 定位于细胞质中，由一个多基因组成的基因家族编码而成；GS2 则定位于叶绿体中，由一个单独基因编码而成。在某些高等植物中，GS2 也在根或根瘤中的质体中表达。GS1 是种子发芽过程中的氨基酸转换和衰老叶片氮转运过程中的谷氨酰胺合成的关键酶。GS2 则参与了光呼吸氮循环中铵盐的再固定。随着生物技术的发展，*GS* 基因功能已经在很多转基因植物中得到验证。有报道说，通过将水稻 *GS2* 基因转入烟草可提高光呼吸进程。GS 在烟草中的超表达能促进植物生长。将大豆基因 *GS1* 转入油菜 (*Brassica napus*) 可使其多根毛的根系具有更丰富的 GS 多肽，活性提高了 3~6 倍，并含更少的铵盐。

GOGAT 有 NADH-GOGAT 和 Fd-GOGAT 两种类型，前者主要存在于高等植物的非光合细胞中，以 NADH 为电子供体；后者同时存在于高等植物光合细胞和非光合细胞中。这两种类型酶在组织发育中明显不同，Fd-GOGAT 既存在于根系中也存在于质体中，在根系中，尤其是根尖中，Fd-GOGAT 是主要的存在形式。拟南芥中有两个 Fd-GOGAT 基因被鉴定出来，分别是 *GLU*1 和 *GLU*2。*GLU*1 在根中表达较低，主要在叶片中表达；而 *GLU*2 在叶片中低水平表达，在根中有较高水平的表达。NADH-GOGAT 活性通常比 Fd-GOGAT 要低 2~25 倍，主要存在于非光合组织中，如根或根瘤，被 NH_4^+ 和 NO_3^- 诱导。这说明 NADH-GOGAT 主要在根和根瘤中的初级氮同化过程中发挥作用。此外，当植物细胞中 NH_4^+ 浓度较高时，NADH 提供电子，NH_4^+ 还可以由存在于叶绿体和线粒体中的谷氨酸脱氢酶还原为谷氨酸，但谷氨酸脱氢酶与 NH_4^+ 的亲和度较低。因此，植物吸收的氮素主要为 NO_3^-。

（二）影响硝酸盐吸收利用的因素

植物对氮素的利用涉及很多步骤，包括氮素的吸收、同化、转运，以及循环和分配等。研究中常用氮素利用效率（Nitrogen use efficiency，NUE），作为施肥等农业措施、耕作制度及作物生长适宜程度的综合生理、生态评价指标。NUE 被定义为土壤中获得的单位氮产生的干物质量。一般来说,高效利用氮素有两种机制:一是在较低有效养分条件下吸收较多的氮素;二是用较少的氮素生产较多的干物质或较高的产量,前者反应氮素吸收效率,后者则是氮素利用效率。

影响植物对土壤中硝酸盐吸收利用的因素有很多,氮素的吸收和同化与植物的很多生理过程(如光合作用、光呼吸等)、产量和品质关系密切,与植物种类、品种、基因型的差异也紧密相连。不同物种之间 NUE 有差异,同一物种的不同基因型之间也存在显著差异。自 Harvey(1939)首次报道了玉米不同品种间在吸收利用氮素方面存在差异之后,有关作物养分吸收利用基因型差异的研究陆续成为植物营养学研究的热点。作物品种间这种氮效率基因型差异,为作物品种改良,提高氮素利用率提供了基础。植物对不同形态氮素的吸收也存在差异,根据对硝态氮和铵态氮的偏好特性可将植物分为"喜硝植物"和"喜铵植物"。一些植物例如水稻、茶树以及大多数的针叶树种为典型的喜铵植物,这些植物优先吸收土壤中的铵态氮;而大多数蔬菜则被认为是喜硝植物,这些植物优先吸收土壤中的硝态氮。

(三) 氮素形态对苦荞氮代谢的影响

氮肥对提高作物产量和品质以及生产效率是极重要的,通过硝化作用阳离子 NH_4^+ 可转化为阴离子 NO_3^-,由于淋溶作用和反硝化作用,NO_3^- 很易损失掉。荞麦产量对氮素化肥的反应是随施氮量和氮的形态而变化的。研究表明,同样氮素水平,不同氮素形态下,荞麦生长及不同部位的黄酮含量发生变化。三种氮素形态处理中,硝态氮处理下荞麦长势最好。与硝态氮处理相比,经铵态氮处理,始花期、盛花期、成熟期叶片中芦丁与黄酮含量显著增加了 12% 与 17%、47% 与 32%、40% 与 18%;经铵态氮处理,始花期、盛花期和成熟期茎中芦丁含量显著增加了 10%、13% 和 37%,盛花期和成熟期茎中黄酮含量显著增加了 24% 和 19%;经硝铵态氮处理,盛花期叶片中芦丁和黄酮含量显著增加了 22% 和 21%。与硝铵态氮处理相比,经铵态氮处理,始花期、盛花期叶片中芦丁和黄酮含量显著增加了 14% 和 18%、20% 和 9.4%,茎中芦丁含量则皆显著增加了 7%,盛花期黄酮含量显著增加了 15%。但不同氮素形态下花和成熟籽粒中芦丁和黄酮含量差异不明显。氮素形态对荞麦芦丁和黄酮含量的影响具有时空效应。硝铵态氮处理下成熟期单个植株的芦丁和黄酮产量最高。

(四) 苦荞碳氮代谢的协调性

尽管有人认为碳和氮的转移是相互独立的,但碳氮代谢相互影响、相互制约。植株体内的氮几乎都以有机氮形式存在,有机氮的转化需要有机酸,而有机酸则是由光合产物蔗糖和淀粉等糖类转化而来。胚乳作为苦荞碳、氮吸收的主要器官,其主要成份淀粉和醇溶蛋白合成需要营养组织提供蔗糖和氨基酸作为主要的碳、氮基质。一般认为,籽粒中碳、氮的来源可通过叶片的碳同化、根系氮吸收及营养体碳、氮向籽粒转移而满足。生殖生长期间吸收的氮和营养生长期积累的部分氮都贡献给籽粒，在此期间，氮吸收的多寡依赖于从营养器官转移到根部的碳水化合物量的多少，而生殖生长期间碳水化合物对根的供给又依赖于用于籽粒发育所剩的光合产物。当植株 C 或 N 供应不足时，便会动用以前积累的同化物，但过多地动用叶和茎中的氮会削弱光合活性，从而限制碳水化合物对根、茎以及籽粒的供给。不同苦荞品种籽粒中，碳和氮的相对含量存在一定差异，同品种通过不同的栽培措施也可影响碳、氮的含量。开花前施氮，使地上部可溶性碳水化合物的含量减少，开花后施氮，氮的积累仍然有所增加，但并不能认为同化氮对能量和碳骨架的消耗而减少籽粒中碳水化合物的供应，因为后期施氮可使光合作用有所增强。C/N 值可以作为营养诊断的指标，其值的大小将受到源库关系的制约。籽粒作为一特殊的器官，其 C/N 略受库的影响。籽粒库（穗粒数和粒重）的大小影响植株对光合产物和植物体内的氮的利用效率，进入胚乳中的碳的运动必定受氮浓度影响，而氮的运动可能也略受碳浓度抑制。通常认为，营养体过量的氮素转移将导致叶片早衰及光合能力下降，而氮肥用量的增加却减少了玉米叶片碳水化合物的积累，在通常条件下很可能是氮而不是碳成为籽粒产量的限制因素，氮具有促进碳进入发育着的籽粒中的作用，在籽粒发育后期，运送到正在发育的籽粒中去的碳、氮可能受施氮量的影响，在缺氮情况下，籽粒干重较小，若供氮过多，使叶片 C/N 值过低，叶片氮代谢旺盛，光合产物的输出率降低，造成光合产物对光合器官的反馈抑制。因此，使用 C/N 作为一项指标，可反映出碳、氮各自库源的相对丰缺程度及其对苦荞生长发育的影响，从而为更好地调控苦荞生育进程提供理论依据。

三、苦荞的水分代谢

水分代谢是指植物对水分的吸收、运输、利用和散失的过程。水分对植物至关重要，它不仅是原生质的重要组成部分、植物体内生理生化反应的良好介质、参与植物光合、呼吸和有机物合成等重要代谢途径，而且有调节植物体温和生存环境的作用。水分不仅影响作物的生长指标，包括株高、叶面积指数等，而且影响作物的光合生理指标和水分生理指标，包括净光合速率、蒸腾速率和叶水势等。叶水势是反映植物体内水分状况的重要参数，代表植物水分运动的能量水平和组织水分亏缺。植物叶水势的高低表明植物从土壤或相邻细胞中吸收水分以确保正常生理活动的能力。水势越低，则吸水能力越强；水势越高，则吸水能力越弱。

（一）苦荞的需水量和生育过程中需水节律

作物需水量（Crop water requirement）从理论上说是指大面积生长的无病虫害作物，土壤水分和肥力适宜时，在给定的生长环境中能取得高产潜力的条件下，为满足植株蒸腾和土壤蒸发，组成植株体所需的水量。但在实际生长发育过程中由于组成植株体的水分只占总需水量中很微小的一部分（一般小于 1%），而且这一小部分的影响因素较复杂，难于准确计算，故人们均将此部分忽略不计。即认为作物需水量就等于植株蒸腾量（Transpiration）和棵间蒸发量（Evaporation）之和。所谓的"蒸发蒸腾量"（Evapotranspiration），气象学、水文学和地理学中称为"蒸散量"或"农田总蒸发量"，国内也有人称作"腾发量"。

对贵州不同节水模式下苦荞麦的需水规律进行研究，发现其需水量基本一致，均在返青—拔节期开始基本呈现出上升的趋势。从播种到拔节期内，苦荞麦幼苗生长缓慢，且气温较低，蒸腾、蒸发能力较弱，需水量和需水强度分别在 41.78～45.70mm/d 和 1.04～1.14mm/d 的范围内变化，进入拔节期，贵州地区温度开始升高，蒸腾蒸发速率逐渐增大，需水量和需水强度均表现出增大的趋势；之后随生育期的推进，需水量逐渐增大，但在节水模式下，苦荞麦的需水强度在进入拔节孕穗期后出现轻微的下降，这可能是由于成熟期植株的成熟和衰老使苦荞麦的蒸腾蒸发能力略有下降。

陈花等（2015）研究了外源硅对干旱胁迫下荞麦幼苗水分代谢的影响。以陕北靖边苦荞种子为试验材料，采用盆栽法，按土壤持水量为田间最大持水量的 60%，40%，20% 进行灌水处理，播种前向不同持水量的土壤中一次性分别施入浓度为 0，0.025，0.050，0.075，0.100mol/L 的硅肥，待幼苗长到两叶一心后，分别测定叶片过氧化氢酶活性、丙二醛、脯氨酸和叶绿素含量及根系活力，以研究硅肥对荞麦幼苗抗旱性影响。结果表明，随着施水量减少，荞麦叶片中 CAT 明显降低，叶绿素含量及根系活力也呈逐渐下降趋势，MDA 和脯氨酸含量明显升高。施硅肥后，随着硅肥浓度的增加，60%，40%，20% 干旱条件下荞麦的 CAT 活性、根系活力、叶绿素及脯氨酸含量均先增后降，MDA 含量先降后增。在同一水分胁迫下，0.050～0.075mol/L 硅肥处理下荞麦幼苗各项生理指标均显著优于对照组。因此，荞麦幼苗经适宜浓度硅肥处理有助于植物启动自身防御机制，提高荞麦幼苗叶片叶绿素的积累及根系活力，并且通过提高体内保护酶活性，将自身细胞过氧化损伤程度降到最低，促进荞麦幼苗的抗旱性。

（二）苦荞麦生育过程的水分循环

1. 苦荞麦根系的吸水途径

苦荞麦适宜生长在海拔 500～3 900m 的田边、路旁、山坡、河谷等地，耐干旱贫瘠，因此具有庞大的根系，在土壤中分布深而广，而且伸展迅速、分支众多，这种形态特性比地上部分更有优势。但根系各部分吸水能力是不同的，根尖是吸水的主要区域。根尖位于伸长区后的根毛区，因表皮细胞凸起而形成大量根毛，使吸水表面积增大数倍甚至数十倍，因此是根系吸水能力最强的区域。根毛区的面积处于一种动态平衡中，在根系的生长过程中，不断地消失同时不断的生成。

植物根系吸收水分的过程，就是根细胞表面的水分从根的表皮到皮层，再到达根中柱木质部导管的过程。水分在根系中的传输有 3 个不同的平行途径，即质外体、共和跨膜途径（图 2-10），后两者一般统称为细胞途径。Steudle 认为，在胁迫条件下，渗透压驱动水流，植物根系中以细胞途径为主；白登忠（2003）的研究显示，在水分胁迫下，番茄根中水分传输以质外体途径占优势。表明植物体内的水分传输在一定程度上可调控，且各种途径的作用大小可能因物种、根系活力和环境条件而异。另外，根系活跃吸收面积反映根系对水分的潜在和有效吸收能力，根系水力学导度反映根系运输水分的能力。

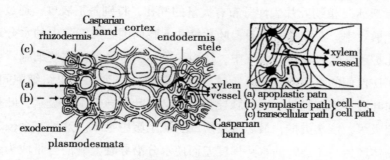

图2-10 水分在根系中的传输途径（白登忠，2003）

2. 苦荞麦根系的吸水方式与动力

根据吸水是否需要能量代谢，将苦荞麦根系的吸水分为主动吸水和被动吸水两种方式。

（1）主动吸水 主动吸水也称代谢性吸水，是仅由苦荞麦根系本身活跃的生理活动而引起的吸水，与苦荞麦地上部分的活动无关，因此也叫做根压吸水。根压是指由于苦荞麦根系生理活动而促使液流从根部上升的压力，根压是主动吸水的动力，一般苦荞麦的根压仅为0.1MPa左右，通常不是其根系吸水的主要方式，只有在蒸腾速率较低时才会产生。有几种现象可以表明根压的存在：伤流、吐水和提水现象。

目前大部分研究认为，根压的产生是木质部中离子积累的结果。而根细胞对离子的主动吸收并通过共质体运输，导致根皮层与中柱导管之间产生水势差，则是根压产生的根本原因。含有各种营养离子的土壤溶液通过根毛与根表皮细胞的间隙进入皮层质外体，并在其中迅速扩散，直到内皮层凯氏带的阻拦。通过这一过程，溶于土壤溶液中的营养离子通过皮层细胞膜上的离子载体和离子通道大量进入细胞共质体，并通过共质体运往木质部并在导管中积累，引起导管中溶质浓度增加，水势降低。这是一个主动运输过程，其直接影响是在皮层和中柱木质部细胞之间形成一定的水势差，产生了水分吸收的驱动力，并驱使皮层中的水分通过细胞质途径穿过凯氏带面进入木质部导管。促使导管溶液体积增加，静水压增大，并沿导管不断上升。这种使溶液上升的静水压就是根压。根压的存在是导致"伤流""吐水"和"提水"现象发生的根本原因。

这一理论得到了许多试验的支持。例如，在溶质势较高的稀溶液中，植物伤流的速度加快，当转入溶质势较低的溶液中时，伤流的速度减慢；当外界溶液浓度更高，水势更低时，植物伤流停止，甚至已流出的液体也会吸回。这些均表明，根系吸水的快慢与根皮层和中柱的水势差的大小有密切关系。对根系施用呼吸抑制剂，根系吸水降低也证明主动吸水的存在。因为皮层中较高的氧浓度有利于皮层细胞呼吸并为离子载体提供离子转运的能量，加快离子转运。而木质部中较低的氧浓度不利于薄壁细胞呼吸，使营养离子在共质体中的保留缺乏足够的能量而顺着浓度梯度进入木质部导管。

（2）被动吸水　植物叶片表面分布有大量的气孔，特别是下表皮，通过气孔蒸腾具有极高的水分耗散效率。在植物蒸腾时，叶片气孔下腔周围叶肉细胞中的水分以水蒸气的形式，经由气孔扩散到水势较低的大气中，从而导致其水势降低。这些细胞就会吸引周围细胞中的水分而使他们的水势依次降低，这样就引起了一系列相邻组织细胞间的水分运动，即叶肉细胞向叶脉导管细胞吸水，叶脉导管细胞又向叶柄导管细胞吸水，叶柄导管细胞再向茎导管细胞吸水，依次类推，最后根皮层细胞从土壤中吸水。这种完全依靠枝叶的蒸腾作用引起植物体产生一个连续的水势梯度差而使水分沿导管上升的力量成为蒸腾拉力。这一过程不需要能力代谢的参与，是一个纯物理过程，所以成为"被动吸水"。凡是能够进行蒸腾的枝叶均可通过死亡的根系吸水，甚至在切除根系后仍有吸水能力。将切取的鲜花插在有水的花瓶中，花期可维持几天到十几天，就能够说明被动吸水的存在。被动吸水完全由蒸腾拉力引起，所以受植物蒸腾强弱的直接影响。早春未长出叶片的植物或夜间蒸腾作用较弱时，被动吸水能力也较低，但在正常生长的植物中，被动吸水是植物吸水的主要方式，尤其是高大的树木。

3. 苦荞麦叶片的蒸腾作用

植物最大的功能是将水和 CO_2 等无机物转化为有机物。但在通过叶片气孔吸收大气 CO_2 的同时，又不可避免地通过气孔蒸腾散失大量的水分。植物以气体的方式，通过自身表面（主要是通过叶片气孔）将水分散失到体外大气中的现象，被称为植物的"蒸腾作用"。这是一个受叶片气孔调节的复杂的"蒸发"过程，是植物在长期进化过程中为了最大限度地吸收 CO_2，同时又能尽量减少水分散失而形成的一种重要代谢机制。叶片蒸腾失水造成的水势梯度是植物根系吸收和运输水分的主要驱动力，探讨叶片的水分特性与其蒸腾能力之间的相互关系有助于阐明植物的水分代谢机制。研究发现，水分亏缺条件下根系导水阻力增大，引起叶片水势、气孔导度及其蒸腾能力降低，但叶片水分利用率升高，表明植物叶片水分状况的改善与气孔运动对蒸腾作用的有效调控有关。气孔密度降低、蒸腾作用减弱有利于增加植物对盐胁迫的适应性。另外，CO_2 浓度升高能够通过降低气孔导度或调节水通道蛋白丰度来改善植株体内的水分状况，进而缓解干旱或盐胁迫对植物的伤害程度。一般来说，植物地上部分全部表面都能进行蒸腾，蒸腾有多种方式，木栓化的茎枝通过皮孔蒸腾、幼嫩的部位和叶片通过角质层和气孔蒸腾。

（1）皮孔蒸腾　皮孔是树木木栓化茎枝表面一些肉眼可见、不同颜色、不同形状的裂缝状的空隙或突起，是在位于表皮气孔下的木栓形成层形成时不产生木栓细胞而产生的大量排列疏松的薄壁细胞，也称为补充细胞或填充细胞，填充于木栓形成层和表皮组织之间，导致枝干的表面唇状破裂衍生而来。由于在皮孔下面存在一团排列疏散的薄壁细胞，因此具有一定的通透性。植物体内的水分通过皮孔散失到体外的过程被称为皮孔蒸腾。皮孔蒸腾是地上部分木栓化的表皮进行水分蒸散的一种特殊方式，一般蒸腾量很小，仅占植物总蒸腾量的 0.1% 左右。

（2）角质蒸腾　植物地上部表面都覆盖着一层角质膜，是由茎叶等表皮细胞原生质向外的一种分泌物，为蜡样薄膜，透水性极差。它沉积在表皮细胞壁与外界空气的接触面上，具有防止体内营养物质外渗和抵御病原微生物入侵的作用，也能够控制植物体内水分的散失。这是因为角质膜由角质、蜡质和纤维素构成，角质是透水的，而蜡质是不透水的，而且角质小块与蜡质小块之间有缝隙。当植物体内水分充足时表皮细胞膨胀，其表面积较大，角质小块与蜡质小块之间的缝隙较大，通过角质蒸腾散失的水分就多。而当植物体内水分不足时，表皮细胞因膨压减低而收缩，表面积变小，角质小块与蜡质小块之间的缝隙也随之变小，通过角质蒸腾散失的水分减少。通过角质膜缝隙耗散水分的现象，称为角质蒸腾。

（3）气孔蒸腾　气孔蒸腾是指植物通过叶面气孔散失水分的过程。气孔是位于植物叶表皮组织上的小孔，其大小、数目及分布因植物种类和生长环境而异。气孔一般很小，长度为 $7 \sim 38 \mu m$，宽为 $1 \sim 12 \mu m$，每个面积为 $10 \sim 400 \mu m^2$，其总面积占叶面积的 1% 左右，在每 mm^2 的叶面积上数目多达 $40 \sim 500$ 个，一般称为气孔频度，即单位叶面积上气孔的数目。气孔频度越高，蒸腾速率越快。气孔开放时，很容易进行气体交换，CO_2 顺着浓度梯度，通过开放的气孔由大气进入到叶肉细胞间隙，供细胞吸收用于光合作用制造有机物。植物气孔蒸腾过程分为两步，一是叶肉细胞中的水分通过气孔气腔周围的细胞壁表面向气腔蒸发，蒸发的快慢与气孔气腔周围细胞的特性有关，如细胞壁表面粗糙、有折皱等使表面积增大，质膜透性好，细胞充水度高等都能够增加气室的蒸汽压，有利于气孔蒸腾。二是气腔水蒸气通过气孔扩散到大气。这一步主要决定于气腔与大气之间的蒸汽压差。环境湿度小，气孔频度高，开度大，叶面绒毛少等，均有利于这一扩散过程。

4. 苦荞麦体内水分的运输

苦荞麦通过根系从土壤中吸收水分到通过气孔蒸腾将大量的水分散失到体外，经过了体内输导组织的长距离的运输。木质部中的导管和管胞是水分在体内运输的主要器官。导管细胞和管胞细胞是木质部细胞在成熟过程中，经过程序性细胞死亡而导致细胞质中所有组分丧失、仅由木质化的细胞壁所形成的中空结构。通常把一个导管细胞或管胞细胞称为管状分子，导管是由多个导管分子通过相邻分子末端的筛板堆叠在一起形成的管道，长度可从几厘米到数米。而管胞是长的纺锤形细胞，一般呈交替重叠纵向排列。两者都有纹孔，为次生壁缺失而初生壁较薄所形成的孔状结构。导管和管胞的孔道结构具有较低的输水阻力，为水分的长距离运输提供了一个高效途径。

水分在植物体内的运输途径是指水分进入根系至蒸腾部位的运输路线和过程，即土壤水分被根系表皮细胞和根毛吸收→根皮层细胞→中柱薄壁细胞→根导管（管胞）→茎导管→叶柄导管→叶脉导管→叶肉细胞→叶肉细胞间隙→气孔气腔→通过气孔逸出。在这一过程中，水分运输通过了两种途径，一种是经活细胞的短距离运输，包括水分进入根表皮至中柱薄壁细胞和靠近叶脉的叶肉细胞至气孔气腔两段。在这两段中，水分又经过了质外体和共质体两种不同方式的运输。质外体的运输包括水分从根表皮到内皮层之间、各种导管或管胞之间以及水分从叶肉细胞间隙的胞间自由空间至气腔的扩散运输。而共质体的运输则包括根皮层到中柱薄壁细胞，以及靠近叶脉的叶肉细胞到叶肉细胞间隙中通过原生质体的运输。这两段在植物体内的长度不过几毫米，但水分运输的阻力却很大，运输速度极慢。

水分在植物体内的运输速度主要取决于蒸腾拉力和根系吸水力的大小，因此凡是影响蒸腾作用和根系吸水的环境因素都会影响水分在植物体内的运输速度。较高的温度与较强的光照能够增加植物的体温，加快蒸腾而使水分运输的速度加快，较低的土壤含水量和较高的大气湿度会降低气孔蒸腾而使水分运输的速度减慢。例如，白天体内的水分的运输速度明显大于夜间。

本章参考文献

白登忠.2003.水分亏缺下番茄水分传输途径和根冠大小对蒸腾和 WUE 的调控 [D].杨凌：西北农林科技大学.

Bonner J，Varner J E.1984.植物生物科学 [M].北京：科学出版社.

常庆涛，刘荣甫，戴永发，等.2014.氮磷钾复合肥不同用量对春荞麦生长发育及产量的影响 [J].现代农业科技，43（1）：33-34.

陈花，王建军，王富刚，等.2015.外源硅对干旱胁迫下荞麦幼苗水分代谢的影响 [J].山西农业科学，43（11）：1 393-1 397.

陈丽芬，李凌飞，陈晔.2008.烯效唑拌种对苦荞生长的影响 [J].江西农业学报，20（9）：38-39.

戴庆林，任树华，刘基业，等.1988.半干旱地区荞麦吸肥规律的初步研究 [J].内蒙古农业科技，16（3）：11-13，18.

董蕾，李吉跃.2013.植物干旱胁迫下水分代谢、碳饥饿与死亡机理 [J].生态学报，33（18）：5 477-5 483.

段碧华，刘京宝，乌艳红，等.2013.中国主要杂粮作物栽培 [M].北京：中国农业科学技术出版社.

高晓丽，徐俊增，杨士红，等.2015.贵州地区主要作物需水规律与作物系数的研究 [J].中国农村水利水电（1）：11-19.

葛维德，赵阳，刘冠求.2009.播种期对苦荞主要农艺性状及产量的影响 [J].杂粮作物，29（1）：36-37.

龚春梅，宁蓬勃，王根轩，等.2009.C_3和C_4植物光合途径的适应性变化和进化 [J].植物生态学报，33（1）：206-221.

关春林，周怀平，解文艳，等.2016.苦荞麦生长发育规律与水分供需特征 [J].山西农业科学，44（4）：491-493.

韩承华，黄凯丰.2011.荞麦基因型间的耐铝性研究.安徽农业科学，39（5）：2 608-2 610.

郝晓玲，毕如田.1992.不同荞麦品种光反应差异及光时与植株生物量的数量关系 [J].山西农业大学学报，12（1）：1-3.

何天祥，王安虎，李大忠，等.2008.烯效唑对秋苦荞麦生长发育及产量的影响 [J].耕作与栽培，22（1）：45-45.

何天祥，王安虎，李大忠，等.2008.稀土肥料对秋苦荞麦生长发育及产量的影响 [J].杂粮作物，22（3）：61-65.

何天祥，王安虎，彭世逞，等.2009.稀土高效磷酸二氢钾喷施对荞麦生长发育及产量的影响 [J].杂粮作物，29（4）：287-288.

胡丽雪，刘学义，向达兵，等.2014.叶面喷施硼对苦荞麦生长、产量及黄酮类物质的影响 [J].作物杂志（1）：105-108.

胡丽雪，彭镰心，黄凯丰，等.2013.温度和光照对荞麦影响的研究进展 [J].成都大学学报（自然科学版），32（4）：320-324.

胡志桥，田霄鸿，张久东，等.2011.石羊河流域主要作物的需水量及需水规律的研究 [J].干旱地区农业研究，29（3）：1-6.

黄凯丰，彭慧蓉，郭肖，等.2013.2个苦荞品种成熟期内源激素的含量差异及其与产量和品质的关系 [J].江苏农业学报，29（1）：28-32.

吉牛拉惹.2008.不同光照强度对苦荞麦主要生物学性状的影响 [J].安徽农业科学，36（16）：6 638-6 639，6 641.

蒋俊芳，王敏浩.1986.荞麦花器外形结构和开花生物学特性的初步观察 [J].内蒙古大学学报（自然科学版），17（3）：501-502.

李春花，王艳青，卢文杰，等.2015.播期对苦荞品种主要农艺性状及产量的影响 [J].中国农学通报，31（18）：92-95.

李海平，李灵芝，任彩文，等.2009.温度、光照对苦荞麦种子萌发、幼苗产量及品质的影响 [J].西南师范大学学报（自然科学版），34（5）：158-161.

李海平，李灵芝.2008.微量元素锌对苦荞种子萌发及生理特性的影响 [J].西南大学学报（自然科学版），30（3）：81-84.

李海平，李灵芝.2010.硫酸锰浸种对苦荞种子活力及芽菜产量与品质的影响 [J].西北农业学报，19（2）：75-77.

李海平, 邢国明, 任彩文, 等 . 2009. 铜对苦荞萌发及其幼苗生理的影响 [J]. 山西农业大学学报 (自然科学版), 29 (5): 25-29.

李静, 肖诗明, 巩永发 . 2012. 凉山州有机苦荞麦生产技术要点 [J]. 江苏农业科学, 40 (9): 107-110.

李明财, 易现峰, 张晓爱, 等 . 2005. 青海高原高寒地区 C_4 植物名录 [J]. 西北植物学报, 25 (5): 1 046-1 050.

李佩华, 蔡光泽, 华劲松, 等 . 2007. 不同供氮水平对野生荞麦与栽培苦荞的表现型差异性比较 [J]. 西南农业学报, 20 (6): 1 255-1 261.

李钦元 . 1982. 高寒山区荞子高产栽培技术的探讨 [J]. 云南农业科技, 11 (4): 43-45.

李淑久, 张惠珍, 袁庆军, 等 . 1992. 四种荞麦生殖器官的形态学研究 [J]. 贵州农业科学, 20 (6): 32-36.

李淑久, 张惠珍, 袁庆军, 等 . 1992. 四种荞麦营养器官的形态学与解剖学比较研究 [J]. 贵州农业科学, 20 (5): 10-14.

李秀莲, 张耀文 . 1997. 苦荞品种温度生态特性的初步研究 [J]. 杂粮作物, 17 (5): 42-44.

李杨 . 2017. 亚硝酸盐诱导水稻胚性愈伤组织的作用及其分子机理 [D]. 武汉: 武汉大学 .

李月, 石桃雄, 黄凯丰, 等 . 2013. 苦荞生态因子及农艺性状与产量的相关分析 [J]. 西南农业学报, 32 (1): 35-41.

林汝法, 柴岩, 廖琴, 等 . 2002. 中国小杂粮 [M]. 北京: 中国农业科学技术出版社.

林汝法 . 1994. 中国荞麦 [M]. 北京: 中国农业出版社 .

林汝法 . 2013. 苦荞举要 [M]. 北京: 中国农业科学技术出版社 .

刘虎, 魏永富, 郭克贞 . 2013. 北疆干旱荒漠地区青贮玉米需水量与需水规律研究 [J]. 中国农学通报, 29 (33): 94-100.

刘拥海, 俞乐, 彭新湘 . 2007. 不同氮素形态培养下荞麦叶片中草酸积累的变化 [J]. 广西植物, 27 (4): 616-621

路之娟, 张楚 . 2018. 干旱胁迫对不同苦荞品种苗期生长和根系生理特征的影响 [J]. 西北植物学报, 38 (1): 112-120.

路之娟, 张永清, 张楚, 等 . 2017. 不同基因型苦荞苗期抗旱性综合评价及指标筛选 [J]. 中国农业科学, 50 (17): 3 311-3 322.

慕勤国 . 1994. 苦荞麦营养器官的解剖学研究 [J]. 西北植物学报, 14 (6): 138-140.

穆兰海, 陈彩锦, 常克勤 . 2012. 不同密度和施肥水平对苦荞麦产量及其结构的影响 [J]. 现代农业科技, 41 (1): 48-52.

穆兰海，赵永红，陈彩锦，等 . 2012. 分期播种对荞麦受精结实率及产量的影响 [J].
　科技信息，29（29）：459-460.

宁婷，郭忠升，等 . 2015. 半干旱黄土丘陵区撂荒坡地土壤水分循环特征 [J]. 生态
　学报，35（15）：5 168-5 174.

裴宏伟，沈彦俊，刘昌明，等 . 2015. 华北平原典型农田氮素与水分循环 [J]. 应用
　生态学报，26（1）：283-296.

秦成，裴红宾，吴晓薇，等 . 2015. 外源硒对铅污染下荞麦生长及生理特性的影响
　[J]. 中国生态农业学报，23（4）：447-453.

任建川，唐宇 . 1990. 苦荞籽粒发育过程中主要生化成分的变化 [J]. 荞麦动态（2）：
　14-17.

任书杰，于贵瑞 . 2011. 中国区域 478 种 C_3 植物叶片碳稳定性同位素组成与水分利用
　效率 [J]. 植物生态学报，35（2）：119-124.

石艳华，张永清，罗海婧 . 2013. 化学调节物质浸种对不同水分条件下苦荞生长及其
　生理特性的影响 [J]. 西北植物学报，33（1），123-131.

帅晓燕，陈尚钘，范国荣，等 . 2008. 不同浓度铁素营养液对苦荞芽菜品质党的影响
　[J]. 安徽农业科学，36（17）：7 190-7 197.

汤绍虎，罗充 . 2012. 植物生物学教程 [M]. 重庆：西南师范大学出版社 .

唐海萍，刘书润 . 2001. 内幕蒙古地区的 C_4 植物名录 [J]. 内蒙古大学学报（自然科
　学版），32（4）：431-438.

唐巧玉，周毅峰，李程，等 . 2004. 硒处理对荞麦早期生长发育的影响 [J]. 湖北民
　族学院学报（自然科学版），22（2）：5-7.

唐宇，任建川 . 1987. 营养元素和植物生长调节物质对苦荞麦受精结实效应的研究
　[J]. 植物生理学通讯，37（3）18-20.

唐宇，赵钢 . 1988. 光温条件对苦荞麦受精作用的影响 [J]. 植物生理学通讯，38
　（4）：23-25.

田秀英，李会合，王正银 . 2009. 施硒对苦荞 N、P、K 营养元素和土壤有效养分含量
　的影响 [J]. 水土保持学报，23（3）：114-117.

万丽英 . 2008. 播种密度对高海拔地区苦荞产量与品质的影响 [J]. 作物研究，22
　（1）：42-44.

汪灿，胡丹，杨浩，等 . 2013. 苦荞主要农艺性状与产量关系的多重分析 [J]. 作物
　杂志（6）：18-22.

王安虎，夏明忠，蔡光泽，等 . 2008. 栽培苦荞麦的起源及其近缘种亲缘分析 [J].
　西南农业学报，21（2）：282-285.

王安虎 . 2009. 不同光照强度对苦荞主要生理特性的影响 [J]. 安徽农业科学，37

（21）：9 920-9 921.

王宁，郑怡，王芳妹，等 . 2011. 铝毒胁迫下磷对荞麦根系铝形态和分布的影响 [J].
　　水土保持学报，25（5）：168-171.

王文佳，冯浩 . 2012. 基于 CROPWAT-DSSAT 关中地区冬小麦需水规律及灌溉制度研
　　究 [J]. 中国生态农业学报，20（6）：795-802.

吴燕，衣杰 . 2004. 不同播期对荞麦产量因素的影响 [J]. 杂粮作物，24（2）：124-125.

夏明忠，华劲松，戴红燕，等 . 2006. 光照、温度和水分对野生荞麦光合速率的影响
　　[J]. 西昌学院学报（自然科学版），20（2）：1-3.

夏清，彭聪，宋超，等 . 2015. 苦荞发芽过程中游离氨基酸含量的变化 [J]. 西北农
　　林科技大学学报（自然科学版）（3）：199-204.

向达兵，李静，范昱，等 . 2014. 种植密度对苦荞麦抗倒伏特性及产量的影响 [J].
　　中国农学通报，30（6）：242-247.

向达兵，赵江林，胡丽雪，等 . 2013. 施氮量对苦荞麦生长发育、产量及品质的影响
　　[J]. 广东农业科学，40（14）：57-59.

肖俊夫，刘战东，陈玉民，等 . 2008. 中国玉米需水量与需水规律研究 [J]. 玉米科
　　学，16（4）：21-25.

徐宝才，丁霄霖 . 2003. 温、湿度对贮藏苦荞品质的影响 [J]. 中国粮油学报，18
　　（5）：31-35.

徐芹，贾赵东，刘金根 . 2006. 施用多效唑对苦荞生长发育及产量的影响研究 [J].
　　耕作与栽培，26（4）：22-25.

杨利艳，杨武德 . 2005. 多效唑对荞麦生长、生理及产量影响的研究 [J]. 山西农业
　　大学学报（自然科学版），25（4）：328-330.

杨坪，夏明忠，蔡光泽 . 2011. 野生荞麦的生长发育与光合生理研究 [J]. 西昌学院
　　学报（自然科学版），25（4）：1-5.

杨武德，郝晓玲，杨玉 . 2002. 荞麦光合产物分配规律及其与结实率关系的研究 [J].
　　中国农业科学，35（8）：934-938.

叶子飘，杨小龙，康华靖 . 2016. C_3 和 C_4 植物光能利用效率和水分利用效率的比较研
　　究 [J]. 浙江农业学报，28（11）：1 867-1 873.

殷培蕾，李静，邓园园，等 . 2015. 光照对苦荞芽多酚类物质及抗氧化活性的影响
　　[J]. 成都大学学报（自然科学版），34（3）：209-213.

尤莉，王国勤 . 2002. 内蒙古荞麦生长的优势气候条件 [J]. 内蒙古气象，26（3）：
　　27-29.

袁丽环，王甜，王文科 . 2012. 活性炭对苦荞幼苗根系和叶片生理特性的影响 [J].
　　西北植物学报，32（5）：956-962.

张楚，张永清，路之娟，等 . 2017. 低氮胁迫对不同苦荞品种苗期生长和根系生理特征的影响 [J]. 西北植物学报，37（7）：1 331-1 339.

张继澎 2006. 植物生理学 [M]. 北京：高等教育出版社 .

张树伟，王霞，马燕斌，等 . 2016. 植物光呼吸途径及其支路研究进展 [J]. 山西农业大学学报（自然科学版），36（12）：885-889.

张玉霞，陈庆富 . 2002. 六个不同类型荞麦花花粉粒形态的电镜观察比较研究 [J]. 广西植物，22（3）：232-236.

赵钢，陕方 . 2008. 中国苦荞 [M]. 北京：科技出版社 .

赵钢，唐宇，王安虎 . 2003. 多效唑对苦荞产量的影响 [J]. 荞麦动态（1）：10-11.

赵钢，唐宇 . 1990. 苦荞开花习性和受精率的初步研究 [J]. 荞麦动态（1）：7-11.

赵萍，杨明君，郭忠贤，等 . 2011. 播种期对苦荞籽粒产量的影响 [J]. 湖南农机，38（1）：181-82.

赵佐成，周明德，罗定泽，等 . 2000. 中国荞麦属果实形态特征 [J]. 植物分类学报，38（5）：486-489.

周乃健，郝晓玲，王建平，等 . 1997. 光时和温度对荞麦生长发育的影响 [J]. 山西农业科学，25（1）：19-23.

周忠泽，赵佐成，汪旭莹，等 . 2003. 中国荞麦属花粉形态及花被片和果实微形态特征的研究 [J]. 植物分类学报，41（1）：63-78.

朱美红，蔡妙珍，吴韶辉，等 . 2009. 磷对铝胁迫下荞麦元素吸收与运输的影响 [J]. 水土保持学报，23（2）：184-187.

Aye T A, Kwang K J, Li X, et al. 2013. Correction：metabolomic analysis and phenylpropanoid biosynthesis in hairy root culture of tartary buckwheat cultivars [J]. Plos One，8（9）：65 349.

Azoulay-Shemer T, Bagheri A, Wang C, et al. 2016. Starch biosynthesis in guard cells but not in mesophyll cells is involved in CO_2-induced stomatal closing [J]. Plant Physiology，171（2）：788-798.

Bermúdez M Á, Galmés J, Moreno I, et al. 2012. Photosynthetic adaptation to length of day is dependent on S-sulfocysteine synthase activity in the thylakoid lumen [J]. Plant Signaling & Behavior，160（1）：274-88.

Bi Y M, Wang R L, Tong Z, et al. 2007. Global transcription profiling reveals differential responses to chronic nitrogen stress and putative nitrogen regulatory components in*Arabidopsis* [J]. Bmc Genomics，8（1）：281.

Gago J, Daloso D, Figueroa C M, et al. 2016. Relationships of leaf net photosynthesis, stomatal conductance, and mesophyll conductance to primary plant metabolism：a multispecies meta-analysis approach [J]. Plant Physiology, 171 (1): 265-279.

Germ M, Breznik B, Dolinar N, et al. 2013. The combined effect of water limitation and UV-B radiation on common and tartary buckwheat [J]. Cereal Research Communications, 41 (1): 97-105.

Hachiya T, Sakakibara H. 2017. Interactions between nitrate and ammonium in their uptake, allocation, assimilation and signaling in plants [J]. Journal of Experimental Botany, 68 (10): 2 501-2 512.

Jezek M, Blatt M R. 2017. The membrane transport system of the guard cell and its integration for stomatal dynamics [J]. Plant Physiology, 174 (2): 487-519.

Jin Chant, wang K. 2007. Effects of planting density and fertilization on yield and rutin content in tartary buckwheat [J]. Journal of the Korean Society of International Agriculture , 329-333.

Julius B T, Slewinski T L, Frank B R, et al. 2018. Maize carbohydrate partitioning defective1 impacts carbohydrate distribution, callose accumulation, and phloem function [J]. Journal of Experimental Botany (203): 1-15.

Kajfež-Bogataj L, Hočevar A. 1989. Modelling of net photosynthetic productivity for buckwheat (*Fagopyrum esculentum*) moench [J]. Agricultural & Forest Meteorology, 44 (3): 233-244.

Migge A, Carrayol E, Hirel B, et al. 2000. Leaf-specific overexpression of plastidic glutamine synthetase stimulates the growth of transgenic tobacco seedlings [J]. Planta, 210 (2): 252-260.

Sun J, Bankston J R, Payandeh J, et al. 2014. Crystal structure of the plant dual-affinity nitrate transporter nrt1. 1 [J]. Nature, 507 (7490): 73-77.

Tadina N, Germ M, Kreft I, et al. 2007. Effects of water deficit and selenium on common buckwheat (*Fagopyrum esculentum*, moench.) plants [J]. Photosynthetica, 45 (3): 472-476.

Tamoi M, Shigeoka S. 2015. Diversity of regulatory mechanisms of photosynthetic carbon metabolism in plants and algae [J]. Biosci Biotechnol Biochem, 79 (6): 870-876.

Tsai C L, Dweikat I, Tsai C Y. 1990. Effects of source supply and sink demand on the carbon and nitrogen ratio in maize kernels [J]. Maydica, 35 (4): 391-397.

Vilcāns M, Gaile Z, Treija S, et al. 2013. Influence of sowing type, time and seeding rates on the buckwheat (*Fagopyrum esculentum*) yield quality [J]. research for Rural Development: International Scientific Conference Proceedings (1): 29-34.

Wang Y Y, Hsu P K , Tsay Y F. 2012. Uptake, allocation and signaling of nitrate [J].

Trends in Plant Science, 17 (8): 458-467.

Wilson A T, Calvin M. 1995. The photosynthetic cycle CO_2 dependent transients [J]. Journal of the American Chemical Society, 77 (22): 5 948-5 957.

Xiang D B, Peng L X, Zhao J L, et al. 2013. Effect of drought stress on yield, chlorophyll contents and photosynthesis in tartary buckwheat (*Fagopyrum tataricum*) [J]. Journal of Food Agriculture & Environment, 11 (3): 1 358-1 363.

Yao P F, Li C L, Zhao X R, et al. 2017. Overexpression of a tartary buckwheat gene, *FtbHLH₃*, enhances drought/oxidative stress tolerance in transgenic arabidopsis [J]. Frontiers in Plant Science, 8: 625.

Zhao W, Yang X, Yu H, et al. 2015. Rna-seq-based transcriptome profiling of early nitrogen deficiency response in cucumber seedlings provides new insight into the putative nitrogen regulatory network [J]. Plant & Cell Physiology, 56 (3): 455.

第三章 苦荞实用栽培技术

第一节 常规栽培技术

一、选地整地

（一）土壤类型、质地、肥力水平

苦荞对土壤条件要求不严格，沙壤土、轻壤土、酸性土、微碱性土及新垦地等均可种植即使是不适于其他禾谷类作物生长的瘠薄地、新垦地也可以种植。苦荞生育期短，生长快，施肥应以基肥为主，一般施有机肥 7 500~15 000kg/hm^2，尿素或磷酸二铵 75kg/hm^2，播种时再增施一些草木灰、过磷酸钙等含 P、K 多的肥料作种肥。

苦荞根系弱、子叶大，顶土能力差，种植在黏重或易板结的土壤上不易出苗。重黏土或者黏土、结构紧密，通气性差，排水不良，遇雨或灌溉时土壤微粒急剧膨胀，水分不能下渗，气体不能交换。一旦水分蒸发，土壤迅速干涸，形成坚硬的表层，耕作比较困难，同时也不利于出苗和根系发育。沙质土壤结构松散，保水保肥能力差，养分含量低，也不宜苦荞麦生育。壤土和黄绵土具有较强的保水保肥能力，排水良好，含 P、含 K 较高，适宜苦荞麦生长，增产潜力也大，只要耕作适时，精耕细作，配合其他栽培措施，是可以获得苦荞高产的。

苦荞对酸性土壤有较强的忍耐力，在一般酸性土壤上种植都能获得较高的产量。酸性较强的土壤，荞麦生长受到抑制，经改良后方可种植。

苦荞喜湿润，但忌过湿与积水，在多雨季节及低洼易积水之地，特别是稻田种植，更应注意作畦开沟排水。

（二）整地技术

1. 深耕

深耕是各地苦荞种植中的一项重要措施和经验。农谚云："深耕一寸，胜过上粪"，深耕对苦荞有明显的增产效果。深耕能熟化土壤，加厚熟土层，提高土壤肥力，既利于蓄水保墒和防止土壤水分蒸发，又利于苦荞发芽、出苗，生长发育，同时可减轻病、虫、杂草

对苦荞的为害。

深耕能破除犁底层，改善土壤物理结构，使耕层的土壤容重降低，空隙度增加，同时改善土壤中的水、肥、气、热状况，提高土壤肥力，使苦荞根层活动范围扩大，能够吸收土壤中更多的水分和养分。一般深耕由 20cm 增至 33cm 时耕层土壤容重降低 $0.2g/cm^3$，孔隙度由 38% 提高到 46%。由于土壤疏松，孔隙度增加，熟土层加厚，0~25cm 土壤含水量增加 10%~12.7%。同时促进土壤养分转化，提高土壤硝态 N 和 P 素的含量。深耕可以使 5~30cm 内的土层硝态 N 提高 2.77~8.01mg/kg 土，P 素提高 1.44~2.13mg/kg 土。故苦荞地提倡深耕。

深耕改土效果明显，但深度要适宜。在旱地不论种何种作物，均以深耕 20cm 的产量最高。苦荞地深耕一般以 20~25cm 为宜，不宜超过 30cm。

深耕又分春深耕、伏深耕和秋冬深耕，其中以伏深耕效果最好。伏深耕晒垡时间长，接纳雨水多，有利于土壤有机质的分解积累和地力的恢复。秋深耕的效果不及伏耕。春深耕效果最差，因春季风大，气温回升快，易造成土壤水分损失，同时耕后临近播种，没有充分的时间使土壤熟化和养分的分解与积累，土壤的理化性状改善也较差。所以，春深耕地种的苦荞不如秋深耕的地生长发育的好，产量也不如秋深耕的地高。

伏深耕尽管效果好，但苦荞伏耕地较少。一般以秋、春深耕为主。进行秋、春深耕时，力争早耕。深耕时间越早，接纳雨水就越多，土壤含水量就相应越高，而且熟化时间长，土壤养分的含量相应也高。

2. 耙耱

耙与耱是两种不同的整地工具和整地方法，习惯合称耙耱。耙耱都有破碎圪垃、疏松表土、平隙、保墒的作用，也有镇压的效果。黏土地耕翻后要耙，沙壤土耕后要耱。

黏土地耕后不耙，地表和耕层中形成圪垃较多，间隙大、水分既易流失又易蒸发，保水能力差。此种条件下播种往往因深浅不一、下籽不匀、覆土不严，造成出苗不整齐。严重时，因圪垃而无法播种。因此，黏土地翻耕后要及时耙耱，破碎圪垃，使土壤上虚下实，蓄水保墒。

秋耕地应在封冻前耙耱，破碎地表圪垃，填平裂缝和大间隙，使地表形成覆盖层，减少蒸发。耙耱保墒作用非常明显，经耙耱，0~10cm 土层的土壤含水量比未进行耙耱的土壤含水量提高 3.6%，甚至更多。

耙耱在北方春荞麦区的春耕整地中尤为重要。春季气温高，风大，气候干燥，土壤水分蒸发快，耕后如不进行耙耱或不及时耙耱，会造成严重跑墒。据内蒙古农业科学院调查，春耕后及时耙耱的地块水分损失较少，地表 10cm 土层的土壤含水量比未进行耙耱的地块高 3.5%，较耕后 8h 耙耱的地块高 1.6%。但 10cm 以下的土壤含水量差异则不明显。

北方夏荞麦区的耕作是在小麦收获后进行，往往由于时间紧，麦茬多，灭茬不彻底，圪垃大而降低播种质量，造成缺苗断垄。故应在麦收后先用圆盘耙及时耙地灭茬，然后再深耕和耙糖。有灌溉条件的地方应在麦收前保浇"送老水"，收后及早浅耕灭茬，有利于耙糖整地。

西南春秋荞麦区一般在春季进行碎土整地，在碎土的基础上再进行耙糖，有助于提高整地质量，保证荞麦全苗壮苗。

3. 镇压

镇压可以减少土壤大孔隙，增加毛管孔隙，促进毛管水分上升。同时还可在地面形成一层干土覆盖层，防止土壤水分的蒸发，达到蓄水保墒，保证播种质量的目的。镇压分为封冻镇压、顶凌镇压，分别在封冻和解冻之前进行，播种前后镇压在播种前后进行。镇压宜在沙壤土上进行。

（三）选地整地标准

选地整地时间和标准因地因播种季节而异。在春播地区，一般提倡秋整地。秋播地区在播前整地。这方面有很多的报道。

贾银连（2004）、黄桂莲等（2011）指出山西高寒山区苦荞的选地标准是：选择地力中等、通气良好的沙质壤土，播前一年进行秋深耕的地块（耕深20cm以上）。前茬以豆类和马铃薯为最佳，谷黍、莜麦茬也可以，最忌在下湿的滩湾地种植，最好是在坡梁地上种植。整地标准是：苦荞根系弱，子叶大，顶土力差，不易全苗。要求精细整地利于出苗，整地质量差，易造成缺苗断垄，影响产量。曹英花（2010）指出山西省右玉县苦荞的整地标准是：苦荞整地，应于前茬作物收获后进行深耕。通过深耕增加熟土层，提高土壤肥力，有利于蓄水保墒和防止土壤水分蒸发，减轻病、虫对苦荞的为害。前作收获后抓紧深耕，耕深以20~25cm为宜，以利用晚秋余热使植物秸秆、根叶及早腐烂，促进土壤熟化，第二次整地应在播种前10~15d春季进行。

王丽红等（2009）指出云南省会泽县苦荞的选地与整地标准是：选择环境良好，前茬为马铃薯、绿肥或谷物类茬，忌连作。苦荞根系弱，子叶大，顶土能力差。因此，播前要深耕灭茬，精细整地，切忌浅耕或免耕，要耕细耙平，清除前茬残留物或杂草，做到表土疏松，墒面平整，有利于播种和出苗，并注意开沟排水，为确保全苗齐苗创造良好的环境条件。结合整地施足基肥，在多雨季节和地势地湿的地块，要注意开沟排水。熊斌和普春（2014）指出云南昭通市苦荞的选地标准为：苦荞耐酸怕碱，且根系不发达，要求土质疏松、耕层深厚、有利于根系的生长发育的非碱性土壤。碱性较强的土壤，会使苦荞生长受到抑制。昭通高寒山区多为灰泡土，俗称夜潮土，适宜苦荞的出苗，但P肥含量偏低，需补充较多的P肥。苦荞忌涝，最好选择保水性强，透水性好的中壤土为好。整地标准为：深耕一般以20~25cm为宜，且不能一次耕得过深，以免当季生土层偏厚，导致产量偏低。应在3~5年逐年加深耕层3~5cm，且不断打破犁底层。在地势低洼易积水之地，应开沟提厢种植，有利排水和减轻积水对苦荞生长发育的影响。

阮培均等（2009）指出贵州省喀斯特山区秋播苦荞选地整地标准是：苦荞忌连作，前茬（作）作物最好是马铃薯、大豆、玉米或小麦。深耕20cm，使土壤充分熟化，提高土壤肥力，既有利于土壤蓄水保墒和防止土壤水分蒸发，又有利于苦荞发芽、出苗、生长发育，同时可减轻杂草、病虫害对苦荞的为害。杜绝免耕，要精细整地，清除前作残留物和杂草，做到土壤疏松细碎、无大土块，并注意开沟排水。毛春和杨敬东（2010）指出，贵州省黔西北高寒山区春播苦荞选地播种是：苦荞忌连作，前茬作物以豆类、马铃薯为好，其次是玉米、燕麦。苦荞对土壤要求较严，其根系弱，子叶大，顶土能力差，种植在黏重或易板结的土壤上出苗困难，应选择在有机质丰富、结构疏松、养分充足、保水能力强、通气性良好的土壤种植。整地标准是：前茬作物收获后，要及时浅耕灭茬，年前深耕20~25cm，使土壤充分熟化，提高土壤肥力，促进苦荞发芽出苗、生长发育以及减轻病虫为害。在播种前3~4d，再次对地块进行耕耙，减少杂草，使土壤达到平、净、细。马裕群等（2016）指出贵州省苦荞整地标准为：苦荞种植田要深耕细耙，精细整地，达到土壤细碎平整，土松、草净，上虚下实，含水量适宜，为争取全苗、壮苗创造一个良好的土壤环境条件。深耕对苦荞有明显的增产效果。深耕深度一般以20cm为宜。深耕一般分春、伏和秋冬深耕三种，伏深耕与秋深耕均应在封冻前耙平，春深耕应边耕边耙平，防止跑墒。播种前再进行精细整地，清除杂草，提高整地质量，保证荞麦全苗壮苗。

刘福长等（2012）指出陕南地区种植苦荞的选地整地标准为：选择地力中等、通气性好的沙质壤土，播前进行深耕（耕深20cm以上）。前茬作物以豆类、薯类或空闲地为最佳。忌在潮湿的滩地低洼地种植。荞麦是须根系作物，根系弱，子叶大，顶土能力差，不易出苗，播种前需进行整地。整地可使土壤松软有利于根系的扩展，一般选用根作层较浅，质地较轻，排灌条件较好，肥力较好地块利于全苗。若整地质量差，易造成缺苗断垄影响产量。姬小军和马生碧（2017）指出陕北地区种植苦荞的选地整地标准为：要选择土壤层深厚，有机质含量丰富的前茬作物不是苦荞的土地作为种植地。苦荞对土壤要求不高，但忌连作，连续多年在同一个地块种植会严重影响到苦荞产量和品质。前茬作物可以是豆类、马铃薯、玉米、小麦等作物。选地结束后就要及时进行整地。前茬作物收获后要及时浅耕灭茬，然后深耕土地，深耕深度一般维持在20~25cm，做到上虚下实。

二、选用优良品种

（一）良种标准

高产，优质，抗逆，适应范围广。

（二）合理选用良种

选用优良品种是获得理想产量的基础。品种是实施栽培技术的载体。生产上使用的好品种首先是通过审定。中国各地都有苦荞种植，各生产区的气候条件、耕作制度、生产中存在问题不同，对苦荞品种选用标准也不相同。一般以高产、稳产、优质、抗逆性强、适宜当地种植为选用依据。目前全国苦荞主栽品种较多，各地不同。主要有西荞1号、宁荞

2 号、榆 6-21、黑丰 1 号、黔黑荞 1 号、黔苦 2 号、黔苦 3 号、黔苦 4 号、米荞 1 号、晋荞麦 2 号、黔苦 5 号、川荞 1 号、川荞 2 号、西荞 2 号、西荞 3 号、西荞 4 号、黔苦荞 6 号、云荞 1 号、云荞 2 号、西农 9920、西农 9940、酉荞 1 号、昭苦 1 号、昭苦 2 号、九江苦荞、黔苦 7 号、迪苦 1 号、六苦荞 4 号等。

可按产区选用品种。

1. 北方春荞麦区

本区主要范围包括黑龙江、吉林、内蒙古中西部、辽宁西部、河北、山西、陕西北部、宁夏宁南山区，是荞麦主产区，以甜荞种植为主，也有部分苦荞种植。栽培种植制度是一年一熟制，以选择耐寒性强、耐旱、耐瘠、生育期 90d 以下的中熟或中熟偏早品种为主。

在山西高寒山区的山区、半山区，选用耐寒性强，生育期短的西荞 1 号等中早熟品种；在中、低山区选用"晋荞 6 号、榆荞 6 号"等增产潜力大，丰产性好的中熟或中晚熟品种（黄桂莲等，2011）。晋荞麦 2 号在北方苦荞区生育日数 93d，略晚于统一对照九江苦荞。抗倒伏，田间生长势强，生长整齐，结实集中，落粒性中等，适应性强，高产稳产性好，平均产量 143.5kg/亩（李秀莲等，2011）。

2. 北方夏荞麦区

本区以黄河流域沿岸含新疆维吾尔族自治区、甘肃、陕西中南部、山西中南部、河北和山东中部地区。栽培种植制度为两年三熟为主，部分地区一年二熟，山区一年一熟。荞麦多数采取夏播（现很少种植），苦荞春播于高山瘠地。以选择耐旱、耐瘠、早霜前成熟、生育期 70d 左右的早熟种或中早熟种为宜。

在陕西，优良品种榆 6-21 生育期 89d，属中熟品种，不易落粒，抗病、抗旱、抗寒、适应性强，平均单产 147.5kg/亩；优良品种西农 9920，生育期为 88d，适宜在内蒙古、河北、甘肃、宁夏等春播区以及湖南、江苏等秋播区种植，籽粒不易落，抗病、耐旱、耐寒，具有较强的适应性，平均单产 148.1kg/亩；优良品种西农 9940，生育期为 92~94d，适宜在内蒙古达拉特旗，宁夏盐池、同心，甘肃平凉等地种植，籽粒不易落，抗病、耐旱、耐寒，具有较强的适应性，平均单产 150.4kg/亩。

3. 南方秋、冬荞麦区

本区以淮河为界，为淮河以南的广大地区。栽培种植制度为一年两熟到一年三熟制。本区荞麦种植本来就少，零星种植，近年来越发少种。选择品种要求早熟、高产、抗倒伏。

4. 西南春、秋荞麦区

本区以喜马拉雅山东麓 2 000~3 000m 的西南高地为主，包括云南、贵州、四川、西藏、广西西北部及两湖武陵山区等地区，是苦荞的主产区，也有少量甜荞种植，种植面积约占全国苦荞面积的 80%。栽培种植制度大部为一年一熟制，少部为一年二熟制，苦荞春播，也有夏秋播。以选择耐寒、耐瘠、抗倒、抗病的早、中、晚熟品种为宜。

在贵州，优良品种黔苦荞5号生育期92d，属中熟品种，不易落粒，抗病、抗旱、抗寒、适应性强，平均单产134.1kg/亩（毛春等，2011）；优良品种黔苦荞6号，生育期为93d，适宜在海拔650~2300m贵州贵阳、威宁、沿河、毕节等地区种植，籽粒不易落，抗病、耐旱、耐寒，具有较强的适应性，平均单产210kg/亩（毛春等，2012）；优良品种黔苦7号，生育期为75~80d，属早熟品种，籽粒不易落粒，抗病、抗旱、抗寒，适应性强，平均单产207kg/亩。海拔1200m以下地区，主要采用秋播，播种时间为8月上、中旬；海拔1200~2200m地区，春、夏、秋季均可播种；海拔2300~3500m地区，主要采用春播，播种时间为4月中旬至5月上旬（毛春等，2015）。优良品种六苦荞4号全生育期82d，平均单产125kg/亩，适应性广，春播、夏秋播均适宜；对常见病虫害的抗性较强，抗倒伏性较强。在贵州省内不同海拔区域（除贵阳外）均适宜种植，表现出高产、优质、抗性强和适应性广等特点（张清明等，2016）。

三、播种

苦荞种子的寿命属中命种子。黄道源等（1991）观察，苦荞种子随着贮存时间的延长蛋白酶逐渐变性，胚乳营养有所减少，萌发质量也会下降。83-56品种的发芽率，当年种子为94%，贮存2年种子降至43%，贮存4年种子仅18%，与当年种子相比已降低76%；出苗率，当年种子为93%，贮存1年种子仅39%，贮存2年种子仅14%；苗干重，贮存2年种子下降25%，贮存3年种子下降50%（表3-1）。

苦荞种子贮存2年、甚至1年即已失去种子价值，故播种用种应选用新种子和饱满种子。

表3-1　苦荞种子贮存年限对萌发的影响（黄道源等，1991）

贮存年限	发芽势（%）	发芽率（%）	出苗率	苗干重（mg/株）
当年	88	94	93	8
1	70	87	39	7
2	27	43	14	6
3	16	26	5	4
4	3	18	0	~

苦荞结实期很长，收获种子成熟程度很不一致。种子的成熟程度也影响种子的发芽率和出芽率。黄道源等（1991）观察，随着种子成熟程度的提高，发芽率、出苗率和幼苗重都有所增加，83-56品种褐色硬粒就比青色硬粒的发芽率高9%、出苗率高42%，苗干重高79mg/株（表3-2）。因此，播种用种必须选用籽粒成熟、饱满的新种子，这是苦荞全

苗、壮苗的重要措施。

表 3-2 苦荞种子成熟度对萌发的影响（黄道源等，1991）

成熟状况	发芽势（%）	发芽率（%）	出苗率	苗干重（mg/株）
褐色硬实	89	95	88	364
黄色硬实	86	89	70	321
青色硬实	79	86	46	255

（一）种子处理

播种前处理种子，是苦荞栽培中的重要措施，对于提高苦荞种子质量，全苗壮苗以及丰产作用很大。种子处理一般包括晒种和选种以及其他处理方法。

1. 晒种

晒种可改善种子透气性和透水性；促进种子后熟，提高酶的活力，增加种子的生活力和发芽力，提高种子发芽势和发芽率。晒种还可借助阳光中的紫外线杀死一部分附着于种子表面的病菌，减轻某些病害发生。

在播种前 7~10d，选择晴朗的天气，将苦荞种子薄薄地摊在向阳干燥的地面或席片、塑料布上，10—16 时连续翻晒 2~3d。晒种要不时翻动，晒匀，然后收装待种。

山西省左云县（贾银连，2004；贾银连，2014）苦荞种子贮藏后比当年新种子发芽率低，播种前 1~10d 进行晒种，连续晒 2~3d，之后选种。山西省右玉县（曹英花，2010）晒种宜选择播前 7~10d 的晴朗天气，将荞麦种子薄薄地摊在向阳干燥的地面或席子上，在 10—16 时连续晒 2~3d。云南省会泽县（王丽红等，2009）晒种是播种前 4~5d，选择晴朗的天气连续晒 1~2d 即可。云南省昭通市（熊斌，2014）晒种方法是预算好播期后，选择播种前 3~10d 的晴朗天气，将选好的苦荞种子薄薄地摊在地上或草席上，晒 1~2d。云南省迪庆州高海拔地区（张桂芳，2017）苦荞晒种是选择播种前 7~10d 的晴朗天气，将种子均匀地摊在地上或席上晾晒，气温较高时晒 1d 即可。贵州省喀斯特山区苦荞播前晒种 2~3d，可提高酶的活力，增强种子的生活力和发芽率；还可借助阳光中的紫外线杀死一部分附着于种子表面的病菌，减轻某些病害的发生（阮培均等，2009）。陕南地区（刘福长等，2012）播种前 10d 要进行晒种，连续晒 2~3d 后进行筛选。

2. 清选

即清选种子。以剔除空秕籽粒、破粒、草籽和杂质，选用大而饱满整齐一致的种子，以提高种子的发芽率和发芽势为目的。大而饱满的种子，胚乳所含养料丰富，胚在萌发时能得到较多的营养，生活力强，生根多而迅速，出苗快、幼苗健壮，有提高产量的作用。苦荞清选种子的方法有风选、筛选（机选）和水选。

（1）风选和筛选（机选） 生产中一般进行风选和筛选。风选可借用风（扇）车的风力，把轻重不同的种子分开，除去混在种子里的茎屑、花梗、碎叶、空秕籽粒和杂物，留下大而饱满洁净的种子。筛选是利用种子清选机，选择适当筛孔的筛子筛去小籽、秕籽粒和杂物。机选时，一定注意防止种子机械混杂。

（2）水选 利用不同比重的溶液进行选种的方法，包括清水、泥水和盐水选种等。即把种子放入清水、30%的黄泥水或5%盐水或化肥水中不断搅拌，待大部分杂物和秕粒浮在水面时捞去，然后把沉在水面下的饱满种子捞出，在清水中淘洗（或不淘洗）干净、晾干作种用，这种方法在生产中可广泛采用。

经风选、筛选之后的苦荞种子再水选，种子千粒重、发芽势和发芽率都会有明显提高，出苗齐全，生长势强，早出苗1~2d。

山西省左云县（贾银连，2004）选种时要去小、去秕和去杂。杨明君等（2010）指出在山西省干旱地区苦荞籽实成熟延续时间长，成熟度很不一致，往往有1/3的籽实成熟不饱满，播种后常出现弱苗小苗，造成减产。选用大而饱满的种子播种，可提高产量。据试验，清选后的种子比不清选的增产7.2%。清选种子的方法一般可用清水选种，将种子倒进清水缸里，弃掉漂浮的瘪籽，将沉在水底的饱满种子捞出晾干，准备播种。

甘肃省环县（赵发俊，2007）选种要求种子饱满，经风选、水选，剔出空粒、秕粒、草籽和杂质。

阮培均等（2009）指出在贵州省喀斯特山区应选择成熟饱满、色泽正常一致、无病虫害、无黄莤、无空壳和杂质籽粒作种子。

李静等（2011）指出四川省凉山州苦荞选种标准为：籽粒饱满、无病虫、无霉变、种形大小均匀一致的新种，选种的方法有风选、水选、筛选、机选和粒选等。

熊斌和普春（2014）、张万龙（2017）指出云南地区苦荞选种标准为：采用风选、水选、筛选等方法，选取饱满、整齐一致的种子。大而饱满的种子含养分多，发芽率高、发芽势强、生根快、出苗快，幼苗健壮。

3. 浸种或拌种

（1）浸种（闷种） 温汤浸种也有提高种子发芽力的作用，用35℃温水浸15min效果良好；用40℃温水浸种10min，能提前成熟。播种前用0.12%~0.5%硼砂溶液或5%~10%草木灰浸出液浸种、15%发酵鸡粪浸出液浸种，均能获得良好的结果。草木灰浸出液、鸡粪浸出液闷种效果也很好。种子经过浸种、闷种的要摊开晾干。其他微量元素溶液，例如钼酸铵（0.005%）、高锰酸钾（0.1%）、硼砂（0.03%）、硫酸镁（0.05%）等浸种也有促进幼苗生长和提高产量的作用。

（2）药剂拌种 用药剂拌种，是防治地下害虫和苦荞病害极其有效措施。药剂拌种是在晒种、选种之后，用药种类、浓度、比例依药剂说明而定，药剂拌种最好在播种前1d进行，药剂种子拌匀后堆放3~4h再摊开晾干。

山西省左云县（贾银连，2004；贾银连，2014）的做法是为了提高种子发芽率，用

40℃温水浸种 10min。播前用 0.1%~0.5%的硼酸溶液浸种，或用 5%~10%草木灰浸出液浸种，也能获得良好效果。为了防治地下害虫，可用种子量 0.1%的辛硫磷或 0.3%的拌种双拌种。山西省右玉县（曹英花，2010）的做法是用 35℃温水浸 15min 效果良好。播种前用 0.1%~0.5%的硼酸溶液或 5%~10%的草木灰浸出液浸种，或药剂拌种能获得良好的增产效果。

甘肃省环县（赵发俊，2007）的做法是晒种后用 4g/kg 的磷酸二氢钾溶液，或用 1~5 g/kg 的硼酸溶液，或用 50~100g/kg 草木灰浸出液浸种，也可用 35~40℃温水浸种 10~15 分钟，或用 0.05g/kg 钼酸铵、1g/kg 高锰酸钾、0.5g/kg 硫酸镁等微量元素溶液浸种。

云南省会泽县（王丽红等，2009）的做法是晒种后用 40℃的温水浸种 10~15min，先把漂在上面的秕粒捞掉，再把沉在下面的饱粒捞出晾干即可。拌种方法：一是取 3~5kg 草木灰在水中浸泡 1~2d，在播前一天用草木灰液喷撒种子，10kg 种子洒草木灰液 10kg；并把草木灰残渣混在种子中拌匀，经 3~4h 后种子不结块，即可播种，能提高产量。二是用 40%五氯硝基苯粉 500g 拌种 50kg，可防治立枯病、轮纹病和白霉病。云南省昭通市（熊斌和普春，2014）浸种做法是：用 35~40℃温水浸 10~15min 效果良好，能提早出苗；加用其他微量元素溶液如钼酸铵（0.01%）、高锰酸钾（0.3%）、磷酸二氢钾（0.5%）、尿素（0.5%）浸种 12h 还可促进苦荞幼苗的生长和产量的提高。拌种做法是：用 40%多菌灵胶悬剂对水，配成浓度为 0.3%的药液，在常温下浸种 12h，防治褐斑病；用种子重量 0.3%~0.5%辛硫磷拌种，防治蝼蛄、蛴螬和金针虫等地下害虫。

云南省迪庆州高海拔地区（张桂芳，2017）浸种方法是 35℃温水 15min 效果最好；拌种方法是主要采用肥料和农药（50kg 种子用 100g70%福美双拌种，或用 25%多菌灵 100~200g 拌种），利于培育壮苗，防止病虫害。

贵州省喀斯特山区（阮培均等，2009）的做法是用 35~40℃温水浸种 10~15min，可提早出苗成熟。在晒种和选种之后，用种子量 1%的五氯硝基苯粉剂拌种，可防治立枯病、轮纹病、褐斑病和白霉病。也可用种子重量 0.3%~0.5%的 20%甲基异柳磷乳油或 0.5%甲拌磷乳油拌种，将种子拌匀后堆放 3~4h 再摊开晾干，即可播种，可防治蝼蛄、蛴螬、金针虫等地下害虫。毛春和杨敬东（2010）、马裕群等（2016）指出贵州省黔西北高寒山区春播苦荞播种前晒种后，用肥拌种，用打碎的羊粪、鸡粪、草木灰等对水与种子一起搅拌，或用过磷酸钙、复合肥等与稀人粪尿混合搅拌，种子滚肥 2mm 左右即可，当天拌种当天播完。

四川省凉山州（李静等，2011）的做法是：选择播种前 5~7d 的晴天，连续晒 1~3d。晒种时不断翻动，以使种子晒匀，然后收装待种。温汤浸种有提高种子发芽力的作用。用 35℃温水浸种 15min 或用 40℃温水浸种 10min，能提早 4d 成熟；播种前浸种可选择 5%~10%草木灰浸出液或 0.1%~0.5%硼酸溶液，增产效果良好。药剂拌种是防治地下害虫和荞麦病害极有效的措施。用种子量 0.3%~0.5%的退菌特拌种可防治褐斑病；用种子重量

0.3%~0.5%的吡虫啉拌种可防治蝼蛄、蛴螬和金针虫等地下害虫；用 40%五氯硝基苯粉 0.5kg 拌种 50kg，可防治立枯病、轮纹病和白霉病等病害。

浙西山区（吴彩凤和余英凤，2011）的做法是：选用高质量成熟饱满的新种子，用 35~40℃温水浸 10~15min 效果良好，能提早成熟。用其他微量元素溶液如钼酸铵（0.005%）、高锰酸钾（0.1%）、硼砂（0.03%）、硫酸镁（0.05%）、溴化钾（3%）浸种，也可促进荞麦幼苗的生长和产量的提高。

陕南地区（刘福长等，2012）播前用 40℃温水浸种 10min 或用 5%~10%草木灰浸出液浸种提高种籽发芽率；或播前用 0.5%~1%的硼酸溶液浸种也能取得良好效果。为防止地下害虫为害可用种籽量的 0.1%的辛硫磷拌种。陕北地区（姬小军，2017）播前将种子放置于 55~60℃的温水中浸种 10~15min 然后选择使用 0.005%钼酸铵、0.1%高锰酸钾、0.03%硼砂或者 0.05%硫酸镁或者 3%的溴化钾浸种消毒，对于提高出苗率，促进幼苗生长有着很大的帮助。

（二）适期播种

苦荞喜温暖湿润气候，怕酷暑、干燥，尤怕霜冻，只要温度、水分、光照合适就能良好的生长发育。苦荞在中国种植地区广阔，播种期很不一致，主要有春播、夏播和秋播，即俗称的春荞、夏荞、秋荞。苦荞种植地区都有早霜来临，晚霜结束后的不同无霜期是适宜播种期。

播种期是否适时，对苦荞主要经济性状和产量有很大影响。播种早、晚都会影响苦荞的产量。只有适时播种，才能克服不利因素，充分利用有利条件，发挥栽培技术措施的作用，获得苦荞丰产。

选择适宜的播种期，应根据各地的气候条件、种植制度和品种的生育期来确定，更应遵循"春荞霜后种、花果期避高温、秋荞霜前熟"的原则；春荞播种期应选择晚霜结束或结束前数天播种，晚霜后出苗；秋荞、冬荞选择早霜来临前成熟、收获。

秋荞播种期选择在早霜来临前 3 个月，即处暑前后，最迟到 8 月底，以白露节齐苗为宜。

具体来说，苦荞的适播期：北方春荞麦区及一年一作的高寒山区，多春播，播种不能太早，也不能太晚，既要避开晚霜为害，也要避开早霜为害，最适宜的播期以 5 月中旬左右，考虑把花蕾期与多雨润湿气候相结合为好。

南方秋、冬苦荞区气候复杂，苦荞播种期差别很大。南方春荞宜在清明前后，四川凉山州高寒山区春荞适宜播种期为 4 月上中旬，早于或晚于此时播种产量下降。秋荞最佳播期在处暑前后，凉山低海拔地区在 7 月播种秋荞，云南、贵州的秋荞主要在 1 700m 以下的低海拔地区种植，一般 8 月上中旬播种，重庆石柱、丰都一带的农谚为"处暑种荞，白露见苗"，一般在 8 月下旬播种。武陵山区的湘西、湖北恩施等地秋荞一般在 8 月下旬至 9 月上旬播种；云南省西南部平坝地区以及广西一些地方的冬荞，一般在 10 月下旬至 11 月上旬播种。

西南春、秋荞麦区，在海拔 1 700~3 000m 的高寒山区，苦荞适宜播种期为 4 月中下旬至 5 月上旬，海拔高度不同播种期也不同，确定播种期仍然是"春荞霜后种，秋荞霜前收"。

1. 播种日期范围

播种日期范围因地而异。例如山西省北部和甘肃省夏播日期在 5 月中下旬至 6 月上旬，选择播期应注意在开花期避开高温以利于授粉（贾银连，2004；赵发俊，2007；曹英花，2010）。

云南省的春荞一般于霜后播，即 4 月上旬或中下旬至 5 月上旬，秋荞于霜前播，8 月中旬至下旬播种。云南省冷凉山区一般遵循"春荞霜后播，秋荞霜前收"的原则来适时播种。秋荞一般于 8 月左右播种，当地温达到 10~15℃时播种春荞。开花授粉期间喜高温多湿天气，气温 18~22℃，田间空气湿度 80%~90% 为宜，特别是雨后出太阳对授粉结实非常有利。因此，应根据当地历年气候情况和茬口，合理安排播种期。海拔 2 500m 以上的高寒冷凉春荞区，应在 4 月底至 5 月中旬播种，海拔 1 900~2 300m 的秋荞区在 7 月底至 8 月初在前茬收后及时抢墒播种。海拔高度不同，播种期也有差异。播种应选择在终霜期后 4~5d 的冷尾暖头进行，会泽县的终霜期一般在 4 月下旬至 5 月上旬，此时播种可在 7 月下旬至 8 月下旬的霜期到来前收获，秋荞一般应在 7—8 月播种（王丽红等，2009；张桂芳，2017）。

贵州黔西北高寒山区如威宁一带海拔 1 800~3 500m 地区，以春播为主，为避免晚霜，一般于 4 月中下旬进行播种；海拔 1 200~1 800m 地区，春、夏、秋季均可播种；海拔 1 200m 以下地区，以秋播为主，一般在 8 月中上旬播种（毛春等，2010；马裕群等，2016）。喀斯特山区如毕节一带于 8 月上旬（立秋前后）播种。有的地区于 8 月中下旬播种。阮培均等（2009）指出贵州喀斯特山区秋荞一般在立秋前后播种，最迟处暑播完，海拔较高的地方尽可能早播，低山河谷地适当推迟播种。如与前作套作，播种过早，共生期长，争水争肥，遮阴严重，苦荞生长受抑制，幼苗纤细、嫩弱，易受病虫为害，产量不高；播种过迟，易受早霜为害，开花期气温偏低，有效积温不够，易影响授粉受精、灌浆结实，空壳率高，产量低、质量差。

四川凉山州地区的苦荞种植分春播和秋播，春播苦荞适宜种植在海拔 2 500 m 以上的高寒山区，适宜播期为 4 月上中旬至 5 月上旬；秋播苦荞则种植在海拔 1 500~2 000m 的二半山平坝地区，适宜播期为 8 月上中旬。同一季节播种因海拔高度不同，播种期也有差异，确定播种期的原则是"春荞霜后种，秋荞霜前收"（李静等，2011）。

浙西山区（吴彩凤，2011）春荞适宜播期在 3 月 15—25 日，秋荞适宜播期为 8 月 10—20 日。湘西苦荞 8 月中旬前后播种保证苗齐、苗壮提早成熟上市，是湘西苦荞最理想的种植时间，宜早田间播种，地表 5cm 的地温稳定在 16℃ 以上时即可播种。湘西地区最好春季在 4 月初播种春荞，大田秋荞在 8 月底播完。过晚可导致寒冷开花期冷害不实（张林丰等，2014）。

陕西秦岭以南的一年两熟区，一年四季都可种植苦荞，可因地选择播期。海拔在800m以下区域一年两熟都能正常收获，一般春播在3月中下旬为宜，秋播8月上旬为宜。总之选择春播应避开花期的高温，以利授粉，秋播应避开霜冻，以利成熟（刘福长等，2012）。陕北地区苦荞一般情况下6月中、下旬播种（姬小军，2017）。

2. 播期对苦荞生育期和产量的影响

葛维德等（2009）在辽宁沈阳地区研究了7个播种期（5月30日、6月9日、6月19日、6月29日、7月9日、7月19日、7月29日）对苦荞主要农艺性状及产量有明显影响。结果表明随着播种期的推迟，荞麦株高和株粒重明显增加，千粒重呈上升趋势，但到一定程度后又呈下降趋势，呈曲线相关。不同播期的荞麦生长发育所处的环境条件不同，特别是温度的变化，使荞麦各阶段生长发育表现出规律性变化，苦荞的生育期也随着温度的变化呈曲线相关。随着播期的推迟产量明显增加。7月中下旬播种产量最高。沈阳地区的荞麦适宜播种期在7月中下旬，这期间播种，可以有效地利用当地光、热、水等资源，促进荞麦生长发育，有利于产量的提高。

赵萍等（2011）研究了山西省大同4个不同播期（5月25日、6月4日、6月14日和6月25日）对苦荞籽实产量的影响。结果表明播期对苦荞籽实产量及其构成因素的影响明显，随着播期的推迟，籽粒产量明显下降；播期对苦荞物候期有显著影响，随着播期的推迟，各物候期日数均表现减少；适当提早播种期，有利于生殖生长期的延长，促进苦荞多结实；播种期对苦荞主要经济性状的影响为株高随播期推迟而增高，一级分枝、花簇数、单株粒数和单株粒重则随着播期推迟而减少。主茎节数和千粒重较稳定，影响不明显。在山西省大同地区苦荞适宜播种期应为5月下旬至6月上旬，可有效利用当地的水、热、光等资源，提高苦荞单位面积产量，促进当地苦荞生产。

陈益菊（2012）在陕西省安康地区设置4个播期（3月18日、3月23日、3月30日和4月6日），每个播期下三个不同的密度：33cm×15cm、33cm×20cm、33cm×25cm，共12个处理，研究播期和密度对苦荞产量的影响。结果表明，从播期看，排列在前三名的是播期为3月23日的3个处理，其次是播期为3月18日的3个处理，再次是播期3月30日的处理，最差的是播期4月6日的处理。因此在陕南地区苦荞以3月23日播种为最佳。

李春花等（2015）在云南省昆明周围夏播的优质高产栽培的最佳播期，以3个品种（云荞1号、迪苦一号和晋苦6号）为供试材料，研究了4个播期（6月25日、7月5日、7月15日、7月25日）对其生育期、农艺性状及产量性状的影响。结果表明，随着播期的迟延，3个苦荞品种的生育期均明显缩短，而株高、主茎节数、一级分枝数随着播期的迟延，没有规律性的减少或增加，而株粒数、千粒重、株粒重及产量都随着播期的推后均有降低的趋势。并且3个品种在产量上分别与早播（6月25日）比，7月5日减产69.4%～74.8%，7月15日减产61.4%～93.3%，7月25日减产88.3%～94.7%。

云南省夏播苦荞的优质与高产相结合的最佳播期是 6 月 25 日，使产量达到最高水平。阿海石布等（2016）在四川省凉山州以川荞 1 号作供试品种，设置播种期分别为 7 月 25 日、8 月 5 日、8 月 15 日、8 月 25 日、9 月 5 日，9 月 15 日，9 月 25 日共 7 个播种期，结果表明不同播种期产量水平表现很不一致，最高单产 143.2kg/亩，最低单产 99kg/亩。不同播种期整体产量水平表现为低一高一低的趋势，以 8 月 25 日至 9 月 5 日期间播种的产量最高。8 月 25 日、9 月 5 日播种的较 7 月 30 日、8 月 10 日播种的，平均每亩增产 21.2kg，增产率达 17%。

（三）播种技术

1. 播种方式

播种方式与苦荞获得苗全、苗壮、苗匀关系很大。中国苦荞种植地域广阔，播种方法也各不相同。一般有条播、撒播、点播等方式。

（1）条播 条播下籽均匀，深浅易于掌握，有利于合理密植。条播能使苦荞地上茎叶和地下根系在田间均匀分布，有利于通风透光，能充分利用养分，使个体和群体都能得到良好的发育；条播还便于中耕除草和田间管理。

条播主要是用机器和畜力牵引播种机、耧播或犁播。常用拖拉机匹配中、小型播种机或畜力三腿耧、双腿耧，行距 25～27cm 或 33～40cm。优点是深浅一致、落籽均匀、出苗整齐。在春旱严重、墒情较差时，甚至可探墒播种，不误农时，保证全苗。可实现大、小垄种植。也可实现种肥和种子同时播种。

条播的另一种形式是犁播，即"犁开沟手溜籽"：犁开沟一步（1.67m）7 犁（行距 25～27cm），播幅 10cm 左右，按播量均匀溜籽。犁播犁幅宽，茎粗抗倒，但犁底不平、覆土不匀、易失墒。

高寒冷凉地区春荞采取点播或条播，在半山区和坝槽地区秋荞可抢墒撒播。点播、条播均是开沟或人工挖穴（开沟），把种子和种肥一起点入沟或穴内，顺势耙平覆土盖严种子。

陕南地区（刘福长等，2012）播种方法有撒播、点播和条播三种。由于山区土地较分散，播种期间气温多在 15℃以上，传统的播种方式采用撒播，其缺点是撒得不均匀，出苗不整齐，不利于田间通风透光和除草。点播和条播下种较均匀，深浅易掌握，利于合理密植和田间管理。陕北地区（姬小军，2017）采用条播，这种播种方式能够保证播种均匀一致，落籽均匀，出苗整齐。在干旱严重时期，条播可以很好地保持田间墒情，保证出全苗，同时也方便进行田间管理。

（2）点播 是苦荞播种的又一种形式。点播方法很多。主要的是"犁开沟人抓籽"即播种前把有机肥打碎过筛成细粪，与种子拌均匀，按一定穴距抓放，这种方法实质是条、穴播结合、粪籽混合的一种方式。犁沟距一般为 26～33cm，穴距 33～40cm，75 000～90 000穴/hm²，每穴 10～15 粒籽。穴内密度大，单株营养面积小，穴距大，营养面积利用不均匀，由于人工"抓籽"不易控制，密度偏高是其缺点。点播也有采取镢、锄开穴、人工点籽的原始万式，这种方式除播种量不易控制外，穴数也不易掌握，还比较费工，仅在高山坡地小面积上采用。点播时应注意播种深度，特别是黏土地，更不能太深。

（3）撒播　西南春秋荞麦区的云南、贵州、四川和湖南等地广为使用。一般是畜力牵引犁开沟，人顺犁沟撒种子。还有一种是开厢播：整好地后按一定距离安排开沟。开厢原则：一般地 5m×10m，低洼易积水地 3m×6m，缓坡沥水地 10m×20m。由于撒播无株行距之分，密度难以控制，田间群体结构不合理，稠的苗一堆，稀的少见苗。有的稠处株数是稀处几倍，造成稀处苗株高大，稠处苗多矮弱。加之通风透光不良，田间管理困难，一般产量较低。贾银连（2004，2014）指出山西省大同左云县主要是传统的撒播，其缺点是撒播子不均匀，出苗不整齐，不利于通风透光和除草。

苦荞播种方法，一般说来，撒播因撒籽不匀，出苗不齐，通风透光不良，田间管理不便，产量不高；点播太费工；条播播种质量高，有利于合理密植和群体与个体的协调发育，使苦荞产量得以提高，是值得推广的一种播种方式。

2. 播种量

播种量对苦荞产量有着重要影响。播量大，出苗稠，个体发育不良，单株生产潜力不能充分发挥，单株生产力低，群体产量不能提高。反之，播量小，苗稀，个体发育良好，单株生产力得到充分发挥，单株生产力高，但由于株数的限制，单位面积内群体产量也不会高，因此，苦荞播种量应根据土壤地力，品种，种子发芽率，播种期，播种方式，和群体密度来确定。可参考的是。苦荞每千克出苗，$3×10^4$ 株左右，在一般情况下，苦荞播种量为 $45\sim60kg/hm^2$。

3. 播种深度

苦荞是带子叶出土的，全苗较困难，播种不宜太深，深了难以出苗，浅了土壤易风干，而难全苗，可见播种深度直接影响出苗率和整齐度，是全苗的关键。

掌握播种深度，一要看土壤墒情，墒情好种浅些，墒情差种深些；二要看播种季节，春荞宜深些，夏荞宜浅些；三看土质，沙土地可稍深，黏土地则应稍浅些；四看播种地区，干旱多风地区，播后要重视覆土，还要视墒情适当镇压或撒土杂肥盖籽，在土质黏重而易板结地区要浅播，若播后遇雨，要耱破板结层；五看品种类型，来源地不同的品种，对播种深度也要有差异，南种宜浅些，北种可稍深，暖地品种浅，寒地种宜稍深。

播种深度直接影响出苗率和整齐度，是全苗的关键。播深一要看土壤墒情，二要看播种季节，墒情好较浅些，墒情差深些（不超过 6cm），早播应深些，晚播应浅些，一般以 4cm 为宜。赵发俊（2007）指出甘肃省环县苦荞播深一般以 3~4cm 为宜，底墒不足时，播深应为 5~6cm。王丽红等（2009）指出云南省冷凉山区苦荞出土能力较弱，不宜深播，视种植区土壤类型而定，以 3~4cm 为宜，沙壤土略深，黏壤土则略浅，覆土厚薄一致。

夏播宜浅，以不露种盖严即可，墒情差宜深些，墒情好宜浅些。应选择晴天播种，以保持播后墒面土层疏松，利于出苗，若播后遇暴雨，会直接影响出苗率，进而影响产量。阮培均等（2009）指出贵州省喀斯特山区秋荞播种不能太深，下种后用细土覆盖，厚度3~5cm。毛春和杨敬东（2010）指出苦荞是子叶出土作物，出苗比较困难，因此在贵州省黔西北高寒山区春播苦荞播种不宜太深，一般为3~5cm，且深浅要一致。马裕群等（2016）指出贵州苦荞播种深度以3~4cm为宜。浙西山区（吴彩凤和余英凤，2011）苦荞播种不宜太深，一般以3~4cm为宜，春荞宜深些，秋荞稍浅些。播种深度以4~6cm为宜。向达兵等（2014）为探索西南丘陵山区苦荞机械播种的可行性和提高机械播种质量的农艺措施，研究了播深（2cm、4cm、6cm）和覆土（不覆土为对照）对苦荞幼苗性状的影响。结果表明，播种深度对苦荞幼苗性状影响最大，4cm播深有利于培育苦荞壮苗，播深2cm时表现为出苗率差、基本苗和成苗率低，茎粗小，根系活力、单株叶面积减少干物质量及叶绿素含量下降，而播深6cm时地中茎过长导致出苗率下降，株高、干物质量、单株叶面积、茎粗和叶绿素含量均降低；覆土有利于提高苦荞的出苗率和根系活力，干物质量增加，地中茎适度增长，幼苗素质较不覆土高。苦荞幼苗各性状主成分分析表明，各播深处理条件下苦荞幼苗性状差异较大，覆土加剧了各处理间的分异程度。综合可知，采用4cm播深和覆土最有利于提高苦荞幼苗的素质。

（四）合理密植

苦荞产量是由单位面积株数和株粒重组成的。合理密植就是充分有效地利用光、水、气、热和养分，协调群体和个体之间的矛盾，在群体最大限度发展的前提下，保证个体健壮地生长发育，使单位面积上的株、粒和重最大限度地提高而获得高产。

个体的数量、配置、生长发育状况和动态变化决定了苦荞群体的结构和特性，决定了群体内部的环境条件。群体内部环境条件的变化直接影响了苦荞的个体发育。

苦荞个体发育变化差异很大。当生长发育条件优越，个体得以充分发育时，植株可达2m以上，受生长条件影响而主茎一级分枝达十几个到几十个，不仅有二级分枝，而且还有三级分枝，甚至四级分枝，单株花序几百个，小花达千朵，株粒重几十克。反之，当生育条件不利时，个体萎蔫很小，仅结几粒干秕子实，以延续生命。

合理的群体结构是苦荞丰产的基础。是获得苦荞理想产量的重要措施之一。一般来说，苦荞产量肥沃地主要靠分枝，瘠薄地主要靠主茎。肥沃地留苗要稀，瘠薄地留苗要稠，中等肥力的地块留苗密度居中。依各地自然条件和生产条件以及品种类型的差异和产量目标，各有适宜的播种量。例如贵州省不同地区，播种量3~3.5kg/亩或4~4.5kg/亩。云南省一些地区大、中、小粒品种的播种量分别为6kg/亩、5kg/亩、4kg/亩。山西省左云县、甘肃省环县播种量为3~4kg/亩（贾银连，2004；赵发俊，2007；贾银连，2014），保苗8万~12万株/亩。山西省右玉县播量控制在1.5~2kg/亩为宜（曹英花，2010）。山西省寿阳县苦荞播种量应控制在5kg/亩，留苗密度为6万株/亩（刘国强等，2011）。云南省冷凉山区肥地每亩基本苗控制在 8 万株左右，中等地每亩基本苗 9 万~10 万株，瘦地每亩基本苗在 11 万~12 万株，根据土坡的肥力状况，肥地宜少播，瘦地宜多播密植（王丽红等，2009）。阮培均等（2009）指出贵州喀斯特山区黔黑荞 1 号、黔苦 2 号播量为 3~3.5kg/亩，黔苦 3 号、黔苦 4 号播量为 2.5~3kg/亩。在威宁县黔苦 3 号播种量为 4.5~5.5kg/亩，留苗 10 万~13 万株/亩，最多不超过 15 万株/亩。马裕群等（2016）指出贵州地区苦荞播种量应根据土壤肥力、品种类型、种子发芽率、播种方式和群体密度确定。条播每亩播种量为 4~5kg，每亩留苗 10~13 万株，最多不超过 15 万株。李静等（2011）指出四川省凉山州的春、秋荞麦区在中等肥力的土壤上，苦荞留苗密度以 12 万株/亩为宜，一般苦荞 0.5kg 种子可出苗 1.5 万株左右，因此苦荞播种量控制在 4~6kg/亩为宜。浙西山区（吴彩凤，2011）在中等肥力土壤，苦荞每亩播种量 3.0~3.5kg，条播种植每亩保苗 7.5 万株。陕南地区（刘福长等，2012）播量每亩 3~4kg 为宜，播种深度应根据土壤墒情而定，播种时节墒情好的较浅些，一般以 4cm 为宜。陕北地区（姬小军，2017）播量每亩 2.5~3.0kg，基本苗每亩 5 万~6 万株。湘西苦荞的播种方法有三种，以撒播和点播为主，条播为辅。但是条播有利于提高播种质量，合理密植，提高产量。一般农作有撒播习惯，撒播不匀，出苗不齐，通风透光不良，田间管理不方便，因而产量不高。点播虽然质量高，但费工费力不利于推广。不管那种方式都要控制种量，每亩量多不超过 6kg，以每亩 0.5kg，出苗 1.5 万株左右计算（张林丰等，2014）。

各地因土壤、气候条件不同，苦荞的种植密度或播种量对苦荞产量和品质存在较大差异。万丽英（2008）在海拔 1 920m 的贵州水城，以苦荞六苦 2 号为材料，研究了 5 种播种密度对苦荞产量及籽粒主要品质的影响。结果表明播种密度对苦荞产量及主要品质影响显著。在每公顷播种 75 万~120 万株，随着密度的增加产量逐渐增加，超过此限则成相反的趋势；在每公顷播种 75 万~105 万株，籽粒黄酮含量随着密度的增加而增加，超过 105 万株，呈下降趋势；蛋白质含量随密度的增加而增加；脂肪含量则随着密度的增加而降低。在高海拔地区苦荞六苦 2 号的最佳播种密度为 105 万~120 万株/hm²。赵萍等（2011）在山西省大同研究了以早中晚熟三个品种，三种不同播种量和三种不同施肥量正交处理对苦荞产量的影响。结果表明播种量间籽粒产量达显著水平，每亩播种 6 万株显著高于 4 万株和 8 万株，每亩播种 4 万株和 8 万株间差异不显著。播种量 4 万株/亩、6 万株/亩和 8 万株/亩的产量分别为 1 120.2kg/hm²、1 339.8kg/hm² 和 1 124.2kg/hm²。陈益菊（2012）在陕西省安康地区设置 4 个播期（3 月 18 日、3 月 23 日、3 月 30 日和 4 月 6 日），每个播期下三个不同的密度：33cm×15cm、33cm×20cm、33cm×25cm，共 12 个处理，研究播期和密度对苦荞产量的影响。结果表明，从密度看，大部分都是第一个密度（33cm×15cm）好，特殊的第二播期是第二密度（33cm×20cm）好。另外，密度与肥力有极大的关系，肥力高，密度可以适当低些，肥力低，密度可以适当高些。在此试验肥力情况下，以 33cm×15cm 为最合适。朱体超等（2014）在重庆采用二次回归正交旋转组合设计试验，研究种植密度（43.2 万、52.5 万、75.0 万、97.5 万、106.8 万株/hm²）、复合肥施用量（281.8 kg/hm²、375.0kg/hm²、600.0kg/hm²、825.0kg/hm²、918.2kg/hm²）对苦荞产量的影响。结果表明，当种植密度≤81.86 万株/hm²时，产量随着种植密度增大而逐渐提高，反之，产量逐渐降低。低密度情况下，分枝数较多，单株粒重较高，但群体产量较低；密度过高时，单株粒重太低，造成显著减产。该试验条件下，适宜种植密度区间为 84.50 万～102.97 万株/hm²，种植密度对倒伏影响较小。李春花等（2015）在云南省昆明周围以云荞1号为材料，采用 4 个不同密度（70 万株/hm²、95 万株/hm²、120 万株/hm²、145 万株/hm²），研究了苦荞晚播条件下，密度对苦荞产量及产量构成性状的影响。结果表明：晚播条件下种植密度对株高、一级分枝数、主茎节数等植物学性状没有显著影响，但对产量有显著差异；在 145 万株/hm²种植密度下产量最高，达 2424.17kg/hm²。晚播的云荞1号在云南秋播区最适宜的播种密度是 145 万株/hm²。

（五）种植规格和模式

云南省冷凉山区采用点播时，行距 30～35cm，穴距 20cm 左右；采用条播时，播幅 10～12cm，行距 30cm。间作、套种视实际种植情况而定（王丽红等，2009）。李昌远等（2012）指出在云南凉山地区苦荞播幅为 10～12cm，行距 25cm。张明先（2013）、熊斌和普春（2014）指出该冷凉区苦荞条播的方法是：整平土地后，拉绳划线，180cm 下线，以130cm 开墒，预留走道（或沟）50cm。墒内用牛或马开 7 条播种沟，顺沟放种，每隔 18～19cm 放种 8～10 粒，小行距为 20～22cm，确保出苗 6～7 苗，条播行向以南北行向为好，但在实际工作中，看情况而定。播种后应立即盖塘。张桂芳（2017）指出该冷凉山区苦荞播种方式适宜采用人工条播、牛后条播、人工塘播、撒播，行距 25～30cm，株距30～40cm。

贵州喀斯特山区（阮培均等，2009；毛春等，2010）以条播为优，其播幅+播距为 33cm。

山西省右玉县是条播，行距 33.33cm（曹英花，2010）。山西省寿阳县条播苦荞行距35～40cm（刘国强等，2011）。黄桂连等（2011）指出山西省高寒山区种植苦荞必须深翻地、碎土，使土壤深厚疏松。若开厢匀播：厢宽 150～200cm，厢沟深 20cm，宽 33cm，播种均匀，每亩播饱满种子 5～6kg；若是点播：以 167～200cm 开厢，行距 27～30cm，窝距17～20cm，每窝下种 8～10 粒，待出苗后留苗 5～7 株；若是条播：以 167～200cm 开厢，播幅 13～17cm，空行 17～20cm，每亩播饱满种子 4.5～5.5kg。贾银连和陈伟（2014）指出山西省旱地苦荞行距 33～40cm 或 25～27cm，如果采用宽窄行种植效果更好。陕南地区（刘福长等，2012）点播和条播苦荞行距 27～30cm。

（六）种植类型

种植类型一般有垄作和平作。

徐芦等（2014）以苦荞西农 9920 为试验材料，在大田条件下，研究了膜垄、土垄较常规种植（不起垄覆膜）对荞麦生长及产量的影响。发现膜垄栽培模式分别比土垄与常规种植产量高 7.2% 和 36.0%，说明膜垄栽培模式有显著增产效果。垄沟相间具有增加土壤含水量的作用，可以大大提高降水利用率，同时能够合理利用干旱地区有限的降雨，最终可以提高单位面积产量。覆膜起到减少土壤水分无效损耗、水分高效利用的效果。从干物质累积效果来看，顺序是膜垄>土垄>常规种植。徐芦等（2014）还以苦荞西农 9920 为试验材料，在大田条件下，研究了垄作和常规种植（不起垄）栽培模式对荞麦生长及产量的影响。结果表明，起垄沟植是一种高效利用降水的耕作方法。沟垄微型集雨使 2 个面上的降雨集中到 1 个面上，沟中的水分产生叠加，同时垄具有抑制蒸发作用。垄沟相间具有增加土壤含水量的作用，可以大大提高降水利用率，同时能够合理利用干旱地区有限的降雨，提高单位面积产量。因此，起垄沟植对于干旱地区农业的增产、增效有着重要意义。另外，在干物质的积累方面，各处理都出现了较大变化，但均符合"慢、快、慢"的"S"形生长曲线。苗期到蕾期，由于生长中心在根上、光合营养器官与蕾花生殖器官的分化形成上，此时叶面积较小，生产的有机物质较少，从生理上分析，属于"源"器官为主的生长阶段，干物质积累速度缓慢。从花期到果期，光合器官全面建成，生长中心逐步从茎叶转到籽粒灌浆上，这时叶面积较大，光合作用强，干物质积累呈现较快增长。从成熟期到收获期，气温下降，叶片脱落加快，叶面积也减小，叶片光合作用减弱，除了籽粒的干物质增加较快外，其他地上部器官的物质积累均呈现下降趋势，所以地上部物质的积累出现了平缓增长。在干物质积累量和农艺性状上，都表现出起垄栽培以及垄宽×垄间距 30cm×30cm 种植方式高于其他处理的趋势。从总体效果来看，各处理的最佳组合为起垄栽培且垄宽×垄间距为 30cm×30cm 的种植方式。

四、田间管理

苦荞的生产是从确定生产地开始，经过翻耕、耙糖、施用肥料、种子落地过程实现"三分种"后，等待的就是田间管理的"七分管"。苦荞的田间管理是从播种后开始的，涵盖着出苗后收获前的整个生育过程，是苦荞生产的重要环节。田间管理的任务是，采用科学的管理技术，保证苦荞好收成。

（一）保证全苗

全苗是苦荞生产的基础，也是苦荞苗期管理的关键。保证苦荞全苗壮苗，除播种前做好整地保墒、施用肥料、防治地下害虫的工作外，出苗前后的不良气候，也容易发生缺苗断垄现象。因此，保苗措施要及时。

苦荞遇干旱时播种要及时镇压，破碎土坷垃，减少土壤孔隙度，使土壤耕作层上虚下实，密接种子，以利于地下水上升和种子的发芽出苗。播种后镇压能提高出苗率，提高产量。据调查，在干旱条件下苦荞播种后及时镇压，可提高产量 12%～17%。镇压的方法是：土壤耕作层含水量低时，边耕边砘或用石磙压。播种后遇雨或地表积水造成板结，可用糖破除，疏松地表，以利出苗。

苦荞是带叶出苗的。苦荞子叶大，出土能力弱，地面板结将影响出苗。农谚有："苦荞不涸汤（板结），就拿布袋装。"苦荞田只要不板结，就易于出苗、全苗。苦荞出苗后若因大雨地表板结，造成缺苗断垄，严重时减产30%~40%。所以，要注意破除地表板结，在雨后地面稍干时浅耙，以不损伤幼苗为度。在刚播种的地块可用砘子滚压破除地表板结，保证出苗。

苦荞抗旱能力较弱，但生育阶段却需水较多，水分缺乏会导致严重减产。播种时如遇干旱缺水，会影响发芽，造成出苗率低且不整齐，甚至幼苗死亡。为确保苗齐、苗全，有条件的地方可在播种前进行灌溉，干旱不太严重的情况下，可以播前浸种，让种子吸足水分，或"粪肥包种"，再播种、盖种，这样易于全苗。苦荞喜阴湿不喜水，水分过多不利于苦荞生育，特别是苗期。低洼地、陡坡地苦荞播种前应做好田间的排水工作。一是开水路，在苦荞播种后根据坡度，按地面径流的大小、出水方向和远近顺其自然开出排水沟，沟深30~40cm，沟宽50cm左右，水沟由高逐渐向低。二是开厢种植法，在平坦、连片地块强调开厢播种技术，以便于排水。开厢原则，一般地5~10m，低洼易积水地3~6m，缓坡滤水地10~20m。

（二）查苗补苗

1. 补苗时期

云南省冷凉山区苦荞播后若遇暴雨地表会板结，造成严重缺苗。在播后10d左右，要进行田间观察出苗率。一旦30%以上缺塘或平均每塘出苗在5株以下，就要及时补种，确保全苗。30%以上缺塘或平均每塘出苗在5株以下，就要及时补种，确保全苗（王丽红等，2009）。张明先（2013）也指出该区域苦荞当幼苗长到2~4片真叶时，要及时间苗定苗，间苗的方法是除弱留强，每塘留健壮苗6~7株。

贵州喀斯特山区（阮培均等，2009）苦荞出苗长到3片真叶时，要及时定苗，其原则是去弱留壮、去杂留真、去病留健。毛春等（2011）提出黔苦荞5号种植时应及时匀苗定植，当幼苗长至2叶1心时，拔除多余的弱苗。陕北地区（姬小军，2017）苦荞生长到3片真叶后要及时定苗处理。

2. 补苗方法

同田取密补稀。按预定密度，保持一定株距。

黄桂莲等（2011）指出山西省高寒山区苦荞当苗3~4片真叶期，对苗过密的地块和地段进行匀苗、间苗，去弱留壮，去密留稀。保证每平方米有苗200株左右。

3. 间苗定苗

中耕除草的同时进行疏苗和间苗，去掉弱苗、多余苗，减少幼苗的拥挤，提高苦荞植株的整齐度和壮苗率。

（三）中耕除草

苦荞播种后一般 5~7d 发芽。在出苗前后，若地面板结，可以用轻耙耙地，破除板结，疏松土壤，减少蒸发，消灭杂草，同时也增加了土壤的通气性，促进微生物活动，从而利于苦荞生长。

中耕除草的次数和时间根据地区、土壤、苗情及杂草多少而定。春苦荞需 2~3 次，夏、秋苦荞需除 1~2 次。一般在幼苗展开第 1 片真叶后结合间疏苗进行第 1 次中耕。在气温低、湿度大、田间杂草多、生长慢的苦荞生产区，中耕除提高土壤温度外，主要是铲除田间杂草和疏苗。而出苗后一直处于高温多雨的苦荞生产区，田间杂草生长较快，中耕以除草为目的。第 1 次中耕后 10~15d，视气候、土壤和杂草情况再进行第 2 次中耕，土壤湿度大、杂草又多的苦荞地可再次进行。在苦荞封垄前，结合培土进行最后一次中耕，中耕深度 3~5cm。苦荞中后期生育迅速，若已封垄，杂草在苦荞植株群体遮蔽下死亡，可不必再中耕。

贾银连（2004）、杨明君等（2010）、贾银连和陈伟（2014）认为在山西省苦荞中耕有疏松土壤、增加土壤通气性、蓄水保墒、提高地温、促进幼苗生长的作用，也有除草增肥之效。第 1 次中耕在第 1 片真叶展开后结合间苗进行，去弱苗、多余苗，减少幼苗拥挤。第 2 次中耕在封垄前结合除草，进行培土施肥，利于苦荞根系生长，减轻后期倒伏，提高根系吸收水分、养分的能力，从而增产。

王丽红等（2009）强调，在云南省冷凉山区苦荞长出 2~3 片真叶时结合追肥进行中耕除草，可达到松土、培土、除草的目的，如果出苗过密，应疏苗，间去多余的弱苗。分枝前若长势较弱，可结合追肥进行第 2 次中耕除草，若长势较旺，不需追肥，就不需进行中耕，只需人工拔除杂草即可。中耕除草一般考虑结合间苗定苗完成，后期拔杂草。进行中耕除草可增加土壤的通透性，蓄水保墒，提高土壤温度，促进幼苗生长。中耕可进行 1~2 次，但必须在开花前完成，以免损伤植株。熊斌（2014）也指出冷凉区第 1 次中耕除草在幼苗高 6~7cm 时结合间苗和追肥进行，此时苗小，宜浅锄。第 2 次中耕除草在苦荞封垄前，结合培土进行，中耕深度 3~5cm。此次中耕主要是耕翻走道内被踩实的土壤，在走道内提土对苦荞培土，同时也形成一条排涝沟。而对苗间的杂草则主要用手拔除。

阮培均等（2009）提出，贵州喀斯特山区苦荞定苗后，随即进行第 1 次中耕除草。在苦荞开花前，结合第 2 次中耕除草，看苗长势巧施追肥。毛春和杨敬东（2010）根据贵州省黔西北高寒山区春播苦荞种植实际，认为第 1 次除草在幼苗 2~3 片真叶时结合间苗、匀苗进行，要求深锄 5~8cm，达到盖肥、松土、锄草的目的。第 2 次在 5~7 片真叶现蕾前进行，深度 3~5cm，以除草为主，结合追肥培土进行。杨顺祥（2015）强调，贵州山区苦荞一般在苗高 6~8cm 时进行第一次中耕，结合中耕进行间苗，疏去较密的细弱幼苗，每窝留苗 5~7 株；第二次中耕除草时要进行培土，以促进植株不定根的生长发育。

吴彩凤和余英凤（2011）认为，浙西山区苦荞中耕除草次数和时间应根据土壤、苗情及杂草多少而定，第一次在幼苗高 6~7cm 时结合间苗疏苗进行，第二次在荞麦封垄前结合追肥培土进行，中耕深度 3~5cm。

刘福长等（2012）介绍，陕南地区苦荞中耕除草一次能提高土壤含水量 0.12% ~ 0.38%，中耕除草两次能提高土壤含水量 1.23%，能明显促进苦荞的个体发育。中耕除草 1~2 次比不中耕除草的苦荞单株分枝数要增加 0.49~1.06 个，粒数增加 16.81~26.08 粒，粒重增加 0.49%~0.8%，增产 38.46%。中耕除草次数和时间应根据不同地区土壤苗情及杂草多少而定。第一次中耕除草在幼苗高 6~7cm 时结合间苗疏苗进行；第二次在苦荞封垄前结合追肥培土进行，深度一般以 3cm 为宜。姬小军（2017）认为，陕北地区苦荞中耕除草有利于疏松土壤，增加土壤的通透性和蓄水保墒能力，提高地表温度，促进幼苗健康生长。中耕除草时间和除草次数要结合土壤墒情，幼苗生长情况和杂草生长情况综合确定，一般情况下第一次中耕除草在幼苗生长到 6~7cm 时进行，结合间苗和疏苗进行，第二次中耕在苦荞封垄前结合追肥进行中耕培土，中耕深度维持在 2~5cm 之间，促进苦荞根系生长。

（四）科学施肥

1. 苦荞对养分的需求

苦荞在生长发育过程中，需要吸收的营养元素有 C、H、O 这 3 种非矿质元素和 N、P、K、S、Ca、Mg、Na、Cu、Fe、Mn、Zn、Mo 和 B 等矿质元素。C、H、O 3 种元素约占荞麦干重的 95%，主要从空气和水中吸收，一般不感缺乏；而 N、P、K、Ca、Mg、S、Na 为大量元素，其含量占 4.5% 左右；还有 Cu、Zn、Mn、Mo 和 B 等元素需要量少，为微量元素。大量元素和微量元素主要是靠根系从土壤中吸收，量虽不多，但在苦荞生长发育中起重要作用，不能相互代替，缺少、过多或配合失当，都会导致苦荞生长异常，正常生育受到影响，造成程度不同的减产。

苦荞生育期短，适应性广，在瘠薄地上种植，也能获得一定的产量。但要获高产，必须供给充足肥料。苦荞吸收 N、P、K 的比例和数量与土壤质地、栽培条件、气候特点及收获时间等因素有关，但对于干旱瘠薄地、高寒山地，增施肥料，特别是增施 N、P 肥是苦荞丰产的基础。

（1）氮素　N 是构成蛋白质、核酸、磷脂等物质的主要元素，参与细胞原生质、细胞核的形成，能显著地促进绿色体形成，对苦荞生长发育、生理过程影响很大，是"生命元素"。N 素主要以铵态氮（NH_4^+）、硝态氮（NH_2^-）及水分子有机态氮，如尿素形式被吸收。

苦荞各生育阶段吸收 N 的数量和速度不同。出苗现蕾期，N 的吸收非常缓慢，现蕾以后 N 的吸收量明显增多，从现蕾至始花期吸收量约为出苗至现蕾期的 3 倍，进入灌浆至成熟期 N 吸收量明显加快。苦荞对 N 素的吸收率也随生育日数的增加而逐步提高。N 素在苦荞干物质形成中的比例呈两头低中间高的"抛物线形"趋势。

（2）磷素　P 是形成细胞核和原生质、核酸和磷脂等重要物质不可缺少的成分，磷酸在有机体能量代谢中占重要地位，能促进 N 素代谢和碳水化合物的积累，增加籽粒饱满度，提高产量，是苦荞必需的营养元素。以磷酸根离子（HPO_4^{2-}）、（$H_2PO_4^-$）形式被吸收。

苦荞吸收 P 素的数量和速度各生育期是不同的。在出苗至现蕾期日吸收 P 素比 N 素还要慢，到现蕾期随着地上部的生长，P 吸收量逐渐增加。进入灌浆期，P 的吸收明显加快，各生育阶 P 的吸收率随着生育日数的增加而增加。

（3）钾素 K 是多种酶的活化剂，对代谢过程起调节作用，促进体内碳水化合物的合成和运转，改善品质，促进茎秆粗壮、机械组织坚韧，增强抗倒伏能力、抗寒能力和抗逆力以及病害侵袭。钾是以离子（K^+）形式被吸收。

苦荞体内含 K 量较高为其特点，吸收 K 素的能力大于禾谷类作物，比大麦高 8.5 倍。荞麦各生育阶段对 K 的吸收量占干物质重的比例最大，高于同期吸收的 N 素和 P 素。苦荞对 K 素的吸收主要在始花期以后，到成熟期达最大值，是随着生育进程而增加的。

苦荞吸收 N、P、K 素的基本规律是一致的，即前期少，中后期多，随着生物学产量的增加而增加。同时吸收 N、P、K 的比例相对稳定，整个生育期基本保持为 1∶0.36～0.45∶1.76。

（4）微量元素 微量元素在植物体内有的作为酶的组分，有的是活化剂，有的参与叶绿素的组成，在光合作用、呼吸作用以及复杂的物质代谢过程中都具有极其重要的作用。

研究表明，某些微量元素的作用十分明显，尤其在微量元素缺乏的土壤中施用，增产效果明显。苦荞施用 Zn、Mn、B 肥时，对株高、节数、叶片数、分枝数和叶面积都有明显作用，而且使苗期生长速度快。Zn、Mn、Cu 和 B 素对苦荞的开花数、结实率、产量都有较明显的提高。Zn、Mn 增产效果最好。

苦荞生长发育需要的微量元素主要来自土壤和有机肥。土壤中微量元素含量的多少与成土母质、土壤类型和土壤生态条件有关。地区和土壤类型不同，微量元素种类及数量也不同。因此，并不是所有地区和土壤施用微肥都能使苦荞增产。苦荞微肥的施用，应先了解当地土壤微量元素的含量及其盈缺情况，通过试验确定微肥的种类、数量和方法。

2. 基肥种类和施用时期及方法

苦荞生育期短、生长迅速，施肥应掌握以"基肥为主、种肥为辅、追肥进补""有机肥为主，无机肥为辅""氮磷配合""基肥氮磷配合一次施入，追肥掌握时机种类数量"的原则。施用量应根据地力基础、产量指标、肥料质量、种植密度、品种和当地气候特点以及栽培技术水平等因素灵活掌握。

基肥是在苦荞播种之前，结合耕翻整地施入土壤深层的基础肥料，也谓底肥。充足的优质基肥是苦荞高产的基础。基肥的作用有三个：一是结合耕翻整地创造深厚、肥沃的土壤熟土层；二是促进根系发育，扩大根系吸收范围；三是多数基肥为"全肥"（养分全面）、"稳劲"（持续时间长）的有机肥，利于苦荞稳健生育。

　　基肥一般以有机肥为主，也可配合施用无机肥。基肥是苦荞的主要肥料，一般应占总施肥量的 50%~60%，甚至更多。施足底肥是苦荞丰产的基础，特别是在供应 N 素营养能力不高的瘠薄地上，早施一些 N 肥对于满足始花期前后苦荞对 N 素营养的需求是十分必要的。但当前苦荞生产基肥普遍不足，大部分偏远山区很少施用基肥，有很大一部分苦荞田种植苦荞不施基肥。

　　中国苦荞生产有机基肥有粪肥、厩肥和土杂肥。粪肥以人粪尿为主，是一种养分比较全面的有机肥，不仅含有较多的 N、P、K 和 Ca、Mg 等常量元素，也含有 Cu、Fe、Zn 和 B 素等微量元素及可被利用的有机质。粪肥是基肥的主要来源，易分解，肥效快，当年增产效果比厩肥、土杂肥好；厩肥是牲畜粪尿和褥草和垫圈土混合沤制后的有机肥料，养分完全、有机质丰富，也是基肥的主要来源。厩肥因家畜种类、垫圈土、沤制方法不同，所含养分有较大的差别，增产效果亦各不相同。土杂肥养分和有机质含量较低，不如粪肥和厩肥，但在粪肥和厩肥不足时也是苦荞的主要肥源。

　　苦荞苗期生育缓慢，吸收 N 素的高峰期相对偏晚，也较平稳，故苦荞田基肥秋施、春施和播前施也合时宜。秋施为前作收获后，结合秋深耕施基肥，可促进肥料熟化分解，有蓄水、增肥效果；早春施肥为弥补秋收繁忙无暇顾及秋耕，于早春结合土壤返浆期耕地施入；播前施肥结合土壤耕作整地时施入肥料，应注意防止肥堆"烧苗"而引起缺苗。

　　苦荞种植地多在高寒山区的旱薄地上、轮荒地上，或以填闲作物种植，农家有机肥一般满足不了苦荞基肥的需要。科学实验和生产实践表明，若结合一些无机肥料作基肥，对提高产量大有好处。有研究表明，施过磷酸钙 300~450kg/hm^2 或尿素 45~75kg/hm^2，对苦荞产量有良好的效果（表 3-3 和表 3-4）。

表 3-3　过磷酸钙对苦荞经济性状和产量的影响（林汝法，2013）

（单位：kg/hm^2）

经济性状和产量	249	300	375	450	501
有效分枝数	2.84	3.12	3.33	3.31	3.14
株粒数（粒）	151.33	150.79	155.71	167.53	179.24
株粒重（g）	3.00	3.28	3.39	2.96	2.75
产量（kg/hm^2）	2 771.55	2 868.45	2 930.70	2 886.45	2 801.70

表 3-4　尿素对苦荞经济性状和产量的影响（林汝法，2013）　（单位：kg/hm^2）

经济性状和产量	50	75	112.5	150	175
有效分枝数	4.02	3.71	3.33	3.08	2.07
株粒数（粒）	177.33	169.19	155.71	140.82	130.11

（续表）

经济性状和产量	50	75	112.5	150	175
株粒重（g）	2.39	3.04	3.39	2.96	2.25
产量（kg/hm²）	2 974.05	2 991.9	2 930.70	2 757.75	2 583.90

李红梅等（2004）进行了苦荞用不同配比的有机肥—无机肥的基肥施用试验，即①对照不施肥；②全施有机肥 7 500kg/hm²，折纯 N120kg/hm²，P_2O_5 120kg/hm²；③全施无机肥其中尿素 260kg/hm²，过磷酸钙 1 000kg/hm²，折纯 N120kg/hm²，P_2O_5 120kg/hm²；④施有机肥半量 3 750kg/hm²，施无机肥半量，其中，尿素 130kg/hm²，过磷酸钙 500 kg/hm²，折纯 N120kg/hm²，P_2O_5 120kg/hm²。

播种前作基肥全部施入。

试验如表 3-5 和表 3-6 所示。

表 3-5 不同施肥处理对苦荞生长发育的影响（李红梅等，2004）

施肥处理	10/07/03		26/07/03		07/08/03		06/09/03	
	株高（cm）	株高（cm）	单株重（g）	株高（cm）	单株重（g）	株高（cm）	单株重（g）	
不施肥	16.0	48.9	0.268	83.4	3.38	121.2	7.21	
有机肥	29.9	70.5	0.537	104.4	5.60	138.8	9.83	
无机肥	26.5	72.0	0.391	106.2	5.62	144.5	9.80	
有机肥+无机肥	21.8	61.4	0.482	97.3	6.13	132.7	8.82	

试验表明：施用基肥对苦荞的生长发育有明显的促进作用，对植物学性状的影响在现蕾期前不明显，从始花期开始花序发生明显差异。基肥对株高、分枝数、花序数、植株干重等植物学性状均有明显的促进作用。比较基肥种类：有机肥>有机肥和无机肥各半量>无机肥。

施用基肥对苦荞经济学性状的影响是增加了株粒数、千粒重和产量。施肥比不施肥的增产 20.6%～29.3%。施用有机肥和无机肥组合、有机肥的比无机肥的效果更显著。施用基肥对提高千粒重作用徽弱，对籽粒皮壳率影响不大。

目前用作基肥的无机肥料有过磷酸钙、钙镁磷肥、磷酸二铵、硝酸铵和尿素。过磷酸钙、钙镁磷肥作基肥最好与有机肥混合沤制后施用。磷酸二铵、硝酸铵和尿素作基肥可结合深耕或早春耕作时施用，也可播种前施用，以提高肥料利用率。

表 3-6 不同施肥处理对苦荞主要产量性状的影响（李红梅等，2004）

施肥处理	株数 ($10^6/km^2$)	株粒数	株粒重	千粒重	皮壳重	产量	增减产 （%）
不施肥	1.227	139.9	2.66	18.92	21.55	1 952	—
有机肥	1.136	237.9	4.50	19.20	21.34	2 520	+29.1
无机肥	1.089	204.9	3.90	19.11	20.92	2 355	+20.6
有机肥+无机肥	1.149	195.0	3.75	18.49	20.79	2 524	+29.3

贾银连（2004）介绍，山西省大同市左云县苦荞在早春浅耕时将有机肥一次性施入，每亩施腐熟的有机肥 1 000kg，并结合施入 5kgN 肥、7.5kg 过磷酸钙，堆沤后施入效果更佳，浅耕后顶凌耙耱，使土地平整，又能起到保墒作用。在播种时亩施硝酸磷肥 7~8kg。黄桂莲等（2011）认为山西省高寒山区苦荞底肥一般每亩用农家肥 750~1 000kg，过磷酸钙 15~30kg，草木灰 25kg。赵发俊（2007）介绍，甘肃省环县苦荞播前结合耕地基施腐熟农家肥 1.5~2t/亩、草木灰 0.7~1t/亩、尿素 4~5kg/亩或硝酸铵 5~7kg/亩、过磷酸钙 10~15kg/亩或复合磷肥 6~9kg/亩。

王丽红等（2009）介绍，云南省会泽县苦荞应以基肥和种肥为主，多施腐熟的土杂肥，N、P、K 配合施用。一般每亩施 1~1.5t 土杂肥作基肥，播种时用普通过磷酸钙 20kg、草木灰 80kg、尿素 5kg 和腐熟精细有机肥 200~250kg 拌种施用。张明先（2013）也介绍，云南省冷凉山区苦荞亩施农家优质肥 500~800kg、尿素 6~7kg、普通过磷酸钙 40kg，硫酸钾 5~8kg 用作底肥，尿素不能与种子接触，要有一定的距离。

阮培均等（2009）介绍，贵州喀斯特山区秋播苦荞播种时，施腐熟有机肥 0.8~1 t/亩、纯 N 2.1~2.7kg/亩、P_2O_5 12~15kg/亩、K_2O 4~4.5kg/亩作基肥。毛春和杨敬东（2010）介绍，贵州省黔西北高寒山区春播苦荞播种时，用腐熟农家肥 0.8~1t/亩、纯 N 1.2~1.5kg/亩、P_2O_5 11.5~14.5kg/亩、K_2O 4~4.5kg/亩作底肥。

吴彩凤和余英凤（2011）认为，浙西山区苦荞基肥一般以有机肥为主，可亩施沼液 2 000~2 500kg，也可配合施用无机肥。基肥可结合秋深耕或早春耕作时施，也可在播前深施，以提高肥料利用率。种肥：亩施 30kgP 肥作种肥，一般用过磷酸钙、钙镁磷肥或磷酸二铵，可与种子搅拌混合使用。

刘福长等（2012）介绍，陕南地区苦荞在早春浅根时将有机肥一次施入，每亩施腐熟的有机肥 1 000 kg，并结合施入 N 肥 0.3kg，过磷酸钙 8kg，浅耕后即时耙磨保持土地平整无土块，同时能起到保墒效果。姬小军和马生碧（2017）介绍，陕北地区苦荞基肥一般以有机肥为主，可以每亩施入沼液 2 000~25 000kg，也可以配合施入无机肥，一般在播种前深施。苦荞吸收 N、P、K 比例和数量与土壤类型、栽培条件、气候特点以及收获时间有着密切的联系，但是对于干旱和贫瘠地区要适当增施肥料，特别是要增施 N 肥，P 肥，这是苦荞获得高产的基础。

3. 种肥种类和施用时期及方法

种肥是在播种时将肥料施于种子周围的一项措施，包括播前以籽粒滚肥、播种时溜肥及"种子包衣"等。种肥能弥补基肥的不足，以满足苦荞生育初期对养分的需要，并能促进根系发育。施用种肥对解决中国苦荞生产通常基肥用肥不多或不施用基肥的苗期缺肥症极为重要，是苦荞生产的一种传统施肥形式。

传统的种肥是粪肥，这是解决肥料不足而采用的一种集中施肥的方法，包括"粪籽""肥耧"等。云南、贵州、山西等地群众用打碎的羊粪、鸡粪、草木灰、坑土灰等与种子搅拌一起作种肥，增产效果非常显著。还有的地方用稀人粪尿拌种，同样有增产作用。西南地区农民在播种前用草木灰、骨灰和灰粪混合拌种，或作盖种肥，苦荞出苗迅速，根苗健壮。以优质厩肥及牛粪、马粪混合捣碎后拌上钙镁磷肥作种肥，增产效果也明显。有关报道认为，在云南省永胜县的试验，用尿素 75kg/hm² 作种肥，增产 1 432.5kg/hm²，用过磷酸钙 225kg/hm² 作种肥，增产 607.5kg/hm²。通过试验、示范和推广，无机肥料作种肥已作为苦荞高产的重要措施。

中国大部分地区土壤缺 P 素，而且 N、P 比例失调，P 素已成为苦荞增产的限制因素。有关调查表明，1950—1985 年四川凉山彝族自治州苦荞通过推广磷矿粉拌种或"施磷增氮"技术后，产量平均提高 5 倍多。盐源县 1981 年对 4 000 hm² 苦荞调查，施用过磷酸钙的产量 1 327.5kg/hm²，比不施磷的田块增产 12.5%。

苦荞是喜磷作物，施 P 增产已成为苦荞生产的共识。常用作种肥的无机肥料有过磷酸钙、钙镁磷肥、磷酸二铵和尿素。种肥的用量因地而异。有的用量为磷酸二铵 45 ~ 75kg/hm²、尿素 45kg/hm²、过磷酸钙 225kg/hm²；也有磷酸二铵 60 ~ 75kg/hm²，尿素 60kg/hm²，过磷酸钙 150~225kg/hm² 的用量；还有磷酸二铵 105kg/hm²、尿素 120kg/hm²、过磷酸钙 450kg/hm² 的用量。四川凉山，云南永胜、宁蒗，贵州威宁等地的种肥用量为钙镁磷肥 150~225kg/hm² 或磷矿粉 45~225kg/hm²，也有用磷灰石来获得苦荞高产的事例。

过磷酸钙、钙镁磷肥或磷酸二铵，一般可与苦荞种子搅拌混合施用，但磷酸二铵用量超过 25kg/hm² 有"烧芽"之虞。尿素、硝酸铵作种肥一般不能与种子直接接触，施用时应予注意。

4. 追肥种类和施用时期及方法

追肥是在苦荞生长发育过程中为弥补基肥和种肥的不足，增补肥料的一项措施。苦荞在不同的生育阶段，对营养元素的吸收 Cu 积累不同。现蕾开花后需要大量的营养元素，然而此时土壤养分供应能力却很低，因此及时补充一定数量的营养元素，对苦荞茎叶的生长，花蕾的分化发育，籽粒的形成具有重要意义。

开花期是苦荞需要养分最多的时期，花期追肥有防早衰、提高产量的作用。据有关报道在云南永胜的试验，苦荞开花期追施尿素 75kg/hm²，比未追肥的 2 062.5kg/hm² 产量增产

65.4%。始花期用 P、K 肥料根外追肥，也有一定的增产作用。开花期喷施尿素 12.75 kg/hm²，比未喷施的增产 16.32%；喷施磷酸二氢钾 67.5kg/hm²，增产 19.42%；喷施过磷酸钙 112.5 kg/hm²，增产 10.76%。

此外，用 B、Mn、Zn、Mo、Cu 等微量元素肥料作根外追肥，也有增产效果。根外追肥应选择晴天进行，注意浓度和比例。

苦荞追肥一般用尿素等速效 N 肥。用量不宜过多。以 75kg/hm² 为宜，追肥选择阴雨天进行。

贾银连（2004）介绍，山西省大同市左云县苦荞追肥方法为：中耕时结合追施 N 肥 10~15kg/亩，以增加分枝。在开花现蕾期追施 P 肥或根外喷 P 利于增加花蕾数量，促进籽粒形成，增加籽粒饱满，提高产量。黄桂莲等（2011）介绍山西省高寒山区苦荞苗弱时，在 3~4 片真叶期，每亩施尿素 2.5~5kg 提苗。初花期，每亩可用磷酸二氢钾 0.15~0.20kg，尿素 0.5~1kg 对水 60~75kg 根外追肥，保证后期养分供应充足，减少落蕾落花，提高结实率。

赵发俊（2007）介绍，甘肃省环县苦荞追肥方法为：始花期至末花期用 4g/kg 的磷酸二氢钾与 20g/kg 的尿素按 5∶1 的比例配制的混合液叶面喷施，或用草木灰浸出液叶面喷施，每隔 7~10d 喷 1 次，连喷 1~2 次。

王丽红等（2009）介绍，云南省会泽县苦荞一般不追肥，若苗期长势较弱，可选择阴雨天追施 5~8kg 尿素或 10~20kg 碳酸氢铵。张明先（2013）也介绍，云南省冷凉山区苦荞间苗后要及时施肥，以 N 素肥料为主，亩施 10~12kg 尿素。

阮培均等（2009）介绍，贵州喀斯特山区秋播苦荞在开花前，追施纯 N1.4~1.8 kg/亩。在苦荞开花结籽期，选晴天 17—18 时，用磷酸二氢钾、尿素各 0.35kg/亩，对水 75kg 根外追肥 2~3 次。毛春和杨敬东（2010）介绍，贵州省黔西北高寒山区春播苦荞在开花前，结合中耕除草，看苗长势巧追肥，追施纯 N1~1.5kg/亩。在苦荞开花结籽期，选晴天 17—18 时，用磷酸二氢钾、尿素各 350g/亩，对水 75kg/亩根外追肥 1~2 次。

吴彩凤（2011）介绍浙西山区苦荞追肥情况为：荞麦吸收 N、P、K 的比例和数量与土壤质地、栽培条件、气候特点及收获时间有关，但对于干旱瘠薄地和高寒山地，增施肥料，特别是增施 N、P 肥是荞麦丰产的基础。追肥一般宜用尿素等速效 N 肥，用量不宜过多，每亩以 5~8kg 为宜。用 B、Mn、Zn、Mo、Cu 等微量元素肥料作根外追肥，有增产效果。

姬小军（2017）认为，陕北地区苦荞追肥一般选择使用速效 N 肥如尿素为主，要控制好施入量，一般每亩施入 5~8kg 比较合适。此外在苦荞根外追施适量的微量元素肥料对提高苦荞产量具有很大帮助。

5. 氮、磷、钾的施用

关于 N、P、K 不同配比对苦荞产量、品质及水肥利用率的影响也有很多的研究报道。

　　李佩华等（2007）通过研究金荞麦、齿翅野荞麦与栽培苦荞西荞 1 号各自对 N 肥的响应度、需肥的生理特征特性基因型差异，发现过量增施 N 肥（9kg/亩以上）的增产效果并不明显，甚至可能会降低产量。N 肥表观利用率在 10%~18% 之间，随施 N 量的增加而降低。施用过量的 N 肥，不利于 N、P 向籽粒转运，致使籽粒产量降低，这可能与 N、P 的交互作用有关。N、P、K 配合施用，对栽培荞、野生荞都具有较好的作用效果。合理的 N、P、K 配比有利于作物对养分的吸收和生物量的累积，从而利于最终产量的形成。

　　毛春等（2008）采用 4 因子 5 水平二次回归正交旋转组合设计，在黔西北温凉气候区对苦荞黔黑荞 1 号进行了春播试验，建立了黔黑荞 1 号产量与播种量、施 N 量、施 P_2O_5 量、施 K_2O 量的数学模型；经过优化组合频数分析，得出产量高于 3 000kg/hm^2 的栽培方案：播种量 35.94~42.39kg/hm^2，施 N 量 30.83~38.17kg/hm^2，施 P_2O_5 量 174.23~215.77kg/hm^2，施 K_2O 量 58.88~68.30kg/hm^2。

　　王孝华等（2008）利用四元二次回归旋转组合设计方法，在秋播条件下研究苦荞黔苦 3 号籽粒产量与播种量及 N、P、K 肥施用量之间的关系。通过试验，建立了籽粒产量与播种量、N、P、K 肥施用量的回归数学模型；经计算机模拟试验和优化选择，提出了秋播苦荞黔苦 3 号籽粒产量≥2 500kg/hm^2 的综合农艺措施为：播种量 33.41~41.76kg/hm^2、施 N 量 39.60~53.01kg/hm^2、施 P_2O_5 量 175.50~214.50kg/hm^2、施 K_2O 量 57.96~68.72kg/hm^2。

　　阮培均等（2008）采用四因子五水平二次回归正交旋转组合设计方法，研究黔苦 3 号苦荞春播籽粒产量与其播种量及 N、P、K 肥施用量间的关系，探索高产栽培优化方案。通过试验，建立了黔苦 3 号籽粒产量与主要农艺措施的数学模型；经对模型解析和模拟寻优分析，提出了黔苦 3 号籽粒产量高于 2 550kg/hm^2 的优化栽培技术方案：播种量 63.63~70.38kg/hm^2，施 N 量 30.62~38.38kg/hm^2，施 P_2O_5 量 173.06~216.94kg/hm^2，施 K_2O 量 60.11~69.12kg/hm^2；各因子对籽粒产量影响的程度大小为播种量、施 K_2O 量、施 P_2O_5 量、施 N 量。

　　阮培均等（2008）以同样的方法提出秋播黔苦 4 号籽粒产量 2 550kg/hm^2 以上的优化栽培技术方案：播种量 35.14~44.36kg/hm^2，施 N 量 52.56~67.44kg/hm^2，施 P_2O_5 量 168.48~221.52kg/hm^2，施 K_2O 量 53.52~64.08kg/hm^2。试验 4 因素对苦荞籽粒产量影响的大小顺序为播种量>施 K_2O 量>施 N 量>施 P_2O_5 量。

　　程国尧等（2009）以同样的方法提出春播黔苦 4 号籽粒产量 2 700kg/hm^2 以上的优化栽培技术方案：播种量 30.84~36.66kg/hm^2，施 N 量 22.22~29.53kg/hm^2，施 P_2O_5 量 171.11~218.89kg/hm^2，施 K_2O 量 46.07~58.93kg/hm^2。

　　赵萍等（2011）在山西省大同市研究了以早、中、晚熟三个品种，三种不同播种量和三种不同施肥量正交处理对苦荞产量的影响。结果表明施肥量间籽粒产量达显著水平，每亩施酸磷二铵 10kg 极显著高于 20kg，显著高于不施肥；每亩施酸磷二铵 20kg 与不施肥差异不显著。不施肥、亩施磷酸二铵 10kg 和亩施磷酸二铵 20kg 的籽粒产量分别为 1 140.2kg/hm²、1 348.8kg/hm² 和 1 095.2kg/hm²。因此，施肥适当，有利于苦荞生长发育和籽粒产量的增加，反之，则对苦荞生长发育有极大的影响。

赵卫敏等（2012）在贵州省六盘水采用正交试验方法，对苦荞在不同施肥水平下的栽培模式进行了试验。结果表明，苦荞要获得高产的最佳施肥水平为用 P 肥（16% 过磷酸钙）25kg/亩作底肥，尿素 5kg/亩开花前作追肥，不施复合肥。各肥料中，复合肥对苦荞产量的影响较大，在中等肥力的土壤上种植苦荞，以不施用复合肥的产量较高，随着施肥量的增加，产量逐渐降低。因此，在中等肥力的土壤上种植苦荞不宜施用复合肥。

汪灿等（2014）采用二次回归正交旋转组合设计，研究播种量、尿素、过磷酸钙、硫酸钾 4 因素对秋播酉苦 1 号籽粒产量的影响。结果表明各因素对酉苦 1 号籽粒产量的影响效应大小为播种量>硫酸钾>尿素>过磷酸钙；不同因素间互作表现为尿素硫酸钾互作>播种量过磷酸钙互作>播种量尿素互作>播种量硫酸钾互作>过磷酸钙硫酸钾互作>尿素过磷酸钙互作。要获得超过 1 850 kg/hm² 的产量，其优化农艺措施组合为：播种量 74.4～80.4kg/hm²、尿素 58.2～102.2kg/hm²、过磷酸钙 524.0～632.6kg/hm²、硫酸钾 313.0～403.9kg/hm²。

宋毓雪等（2014）采用 "3414" 完全施肥方案以黔苦 6 号为试验对象，研究 N、P 和 K 不同水平下的产量和品质。结果表明，单株粒重和亩产量在 $N_2P_2K_1$ 处理最高，千粒重在 $N_2P_1K_1$ 处理最高；总淀粉含量在 $N_2P_1K_2$ 处理最高，在 $N_0P_0K_0$ 处理最低；直链淀粉含量在 $N_0P_0K_0$ 处理最高、$N_2P_0K_2$ 处理时最低；支链淀粉在 $N_1P_2K_1$ 处理最高；黄酮含量在 $N_0P_2K_2$ 处理最高，支链淀粉和黄酮含量在 $N_0P_0K_0$ 处理最低。综合产量和品质的研究结果，认为 $N_2P_2K_1$ 水平处理在 14 个处理中最好，而通过三元二次肥料效应函数和一元二次肥料效应函数，得到的施肥信息其施肥量及产量为：N 为 75.62kg/hm²；P 为 24 kg/hm²；K 为 17.21kg/hm²；产量为 1 539.95 kg/hm²。宋毓雪等（2014）还以威苦 1 号为试验材料，研究不同肥料处理对其植株性状、淀粉含量、充实度及产量的影响。结果表明，P 肥和 P 肥中度，K 肥偏高时，苦荞主茎分枝数最多；P 磷肥，N 肥和 K 肥中度时，主茎节数最多；N 肥偏轻，P 肥和 K 肥中度时，株高最高、千粒重最大；N、P、K 肥均中度时，单株粒数最多、最重；不施肥时，苦荞总淀粉含量最高；不施 N 肥，P、K 肥中度时，直链淀粉含量最高；P 肥中度、N、K 肥偏轻时，支链淀粉含量最高；N、P 肥中度，不施 K 肥时，荞麦充实度最高 N、K 肥中度、P 肥偏高时，荞麦产量最高。苦荞充实度与总淀粉、产量，产量与总淀粉间均存在极显著的正相关关系。

朱体超等（2014）在重庆采用二次回归正交旋转组合设计试验，研究种植密度（43.2万、52.5 万、75.0 万、97.5 万、106.8 万株/hm²）、复合肥施用量（281.8、375.0、600.0、825.0、918.2kg/hm²）对苦荞产量的影响。结果表明，施肥对苦荞产量具有显著影响，当施肥量≤537.43kg/hm²时，对产量的影响呈正效应，反之呈负效应。施肥量过低，株高、分枝数和单株粒重较低，但倒伏面积很小；施肥量过高时，倒伏严重，单株粒重下降，造成显著减产。施肥量的适宜区间为320.33～505.05kg/hm²（N、P_2O_5和K_2O各含15%的复合肥）。另外，种植密度与施肥的互作效应显著，表现出协同促进作用，但存在一个合理范围：种植密度75.0万～97.5万株/hm²，施肥量375～600kg/hm²。苦荞生产上宜适当增大种植密度，降低施肥量。要获得高于2 100kg/hm²的产量，两因子的合理取值区间为：种植密度84.50万～102.97万株/hm²，施肥量320.33～505.05kg/hm²。

赵鑫等（2016）在晋中地区研究了不同N、P配比对苦荞农艺性状、干物质、籽粒产量及水肥利用率的影响。结果表明，在施用有机肥的基础上，通过增施N、P肥能有效地改善苦荞的农艺性状，提高干物重、籽粒产量和水分利用率，且这些参数基本上呈现出随N肥施用量增大而增大的趋势；对于P肥，在低N水平下，随着施P量的提升，产量增幅明显，且N肥利用率提高明显，表明P肥对N肥利用有促进作用，而在中N和高N水平下，产量和水分利用率随施P量的提升呈现出先增加后减少的趋势。综合比较，单施有机肥在当季的荞麦生产中没有取得较好的增产效果，而在高N中P处理下效果最好，不仅产量最高（2 350.5kg/hm²），而且水分利用效率也最高（0.814kg/hm²）。

郭忠贤等（2017）在山西省大同市以晋荞麦6号为研究对象，在等N等P条件下，研究了不同施肥方案对苦荞麦产量和品质的影响。结果表明，产量以有机肥和化肥各半量处理最高，达3 866.7kg/hm²，比对照增产39.5%；有机肥处理下苦荞麦的蛋白质含量、总黄酮含量最多。通过灰色关联分析表明，苦荞麦农艺性状中单株粒质量对产量的影响最大，其次是单株粒数和千粒质量。

6. 生物菌肥的利用

微生物菌肥可以提高土壤有机质含量，改善土壤团粒结构，防止土壤板结，激发土壤活力，保水保肥，解P解K，提高肥料利用率，也可抑制土壤中真菌及植物根部病虫害等，达到减少化肥施用量和提高化肥施用效益的作用。

苦荞的合理施肥技术是苦荞生产中增加产量和改善品质的重要措施。新型微生物菌剂（肥）可作为一项行之有效的苦荞优质高产标准化生产栽培中生态培肥措施。

史清亮等（2003，2004，2005，2006）研究接种不同微生物菌剂对苦荞植物学性状、茎叶产量和黄酮含量、生物学产量与黄酮含量、籽粒产量与黄酮含量的影响。

（1）植物学性状　接种不同微生物菌剂对苦荞植物学性状具有一定的促生助长作用，但不同菌剂有其差异性。其中，以磷细菌为主的5号菌剂，以AMF菌根真菌为主的6号菌剂和7号复合菌剂的早期接种效果明显。与灭菌草炭比较，壮苗指数增加了12.1%～18.2%，株重提高了17.6%～29.4%，叶绿素含量增加了0.8%～21.8%。

（2）茎叶产量和黄酮含量　接种不同微生物菌剂对苦荞茎叶量和黄酮含量也有很好的影响。试验结果表明：茎叶产量和茎叶黄酮含量，无论是用灭菌草炭还是接种微生物菌剂均比空白对照有明显提高，其中，茎叶产量增加 4.47% ~ 70.1%，而黄酮含量成倍增加；茎叶产量，接种不同微生物菌剂的比灭菌草炭全都增加，增加幅度为 11.4% ~ 62.9%。茎叶黄酮含量有一半菌剂高于灭菌草炭，其中，茎叶黄酮含量提高 11.0% ~ 35.0%，茎叶黄酮含量总量提高 40.1% ~ 108.3%，均以芽孢杆菌为主的 3 号菌剂、以磷细菌为主的 5 号菌剂和以 AMF 菌根真菌为主的 6 号菌剂为好。

（3）生物学产量和黄酮含量　接种不同微生物菌剂的生物学产量与灭菌草炭相比全部增产，增产 13.0% ~ 66.0%。茎叶黄酮含量有 1/4 的菌剂高于灭菌草炭，提高 17.3% ~ 20.0%，茎叶黄酮总量有 3/4 的菌剂高于灭菌草炭，提高 3.3% ~ 24.8%。

（4）籽粒产量和黄酮含量　籽粒产量，接种不同微生物菌剂与灭菌草炭比较，全部增产，增产 16.7% ~ 86.7%，以 AMF 菌根真菌为主的 6 号菌剂，以磷细菌为主的 5 号菌剂较高。籽实黄酮含量 1/4 的菌剂高于灭菌草炭，提高幅度为 6.0% ~ 15.0%，籽粒黄酮总量有半数的菌剂高于灭菌草炭，提高幅度达 10.9% ~ 120.3%，以 AMF 菌根真菌为主的 6 号菌剂，以硅酸盐细菌为主的 4 号菌剂为佳。

史清亮等（2003，2004，2005，2006）一系列研究结果表明：施用不同的微生物菌剂具有不同的施用效果：以改善 P 素供应状况为主的菌剂，自苗期开始就表现出一定的接种效果；而以固 N 和防病作用为主的菌剂，则后期效果为好。苦荞作为菌根植物，接种以改善 P 素状况为主的微生物肥料，可提高植株对 P 及其他养分的吸收，从而提高产量及黄酮的含量，并具有改善土壤微生态环境，增加后效的作用。

向达兵等（2016）以苦荞品种西荞 1 号为材料，在四川省金堂县设置了 7 个处理，即 A_1：深三尺（松土生根冷压原菌，由滋百农公司提供，含冷压原菌 > 2 亿/g，有机质 ≥ 50%，可溶生物菌蛋白 ≥ 25.2%，微量元素 ≥ 2%）；A_2：水溶腐殖酸；A_3：复合肥（N：P：K = 15：15：15）；A_4：深三尺：腐殖酸（1：1）；A_5：深三尺：复合肥（1：1）；A_6：腐殖酸：复合肥（1：1）；CK：不施肥。深三尺、水溶腐殖酸和复合肥的用量分别为 30kg/hm²、300kg/hm² 和 900kg/hm²，全作底肥施用。研究不同的肥料类型对苦荞生长发育、产量及构成方面的影响。结果表明，与不施肥相比，各处理均能显著增加苦荞株高和第一节间长，以 A_4 处理的第一节间长最长，为 2.1cm，显著高于其他处理（A_2 除外）。除 A_3 外，其他施肥处理均能显著增加苦荞的茎粗，但各施肥处理间差异不显著。不同的肥料处理对苦荞主茎节数没有明显的影响。除 A_1 和 A_3 处理外，其他施肥处理均能显著增加苦荞的总干物重，但苦荞干物质在各器官的积累量存在明显的差异。各施肥处理均能显著增加苦荞的产量，以 A_4 处理最高，为 2 508.4kg/hm²，显著高于 A_5、A_6 和 CK 处理。不同的肥料处理对单株粒数、有效株数和产量有明显的影响，但对千粒重影响不显著。

常庆涛等（2016）在江苏省泰州市以榆荞 4 号为供试荞麦品种，进行荞麦生物菌肥试验。设置 5 个处理，即 A_1（清水拌种 + 氮 90kg/hm²）、A_2（菌肥拌种、喷施 + 氮 67.5 kg/hm²）、A_3（菌肥拌种、喷施 + 氮 45.0kg/hm²）、A_4（菌肥拌种、喷施 + 氮 22.5kg/hm²）、

A$_5$（菌肥拌种、喷施），其中生物菌肥由北京六合神州生物工程技术有限公司提供。结果表明，A$_3$ 处理下荞麦产量最高，为 1 256.7kg/hm^2，A$_3$、A$_2$、A$_4$、A$_5$ 处理比 A$_1$ 处理增产。在施 N 量 0~90kg/hm^2 范围内，生物菌肥拌种和喷施荞麦物候期差异不明显，但是生物菌肥拌种和喷施可以替代一定数量的 N 肥，可以有效促进荞麦植株的生长，取得较高的单株粒数、单株粒质量、千粒质量，增产达极显著水平。

李长亮等（2017）研究了不同浓度的益珍农（是一种微生物促进剂，可以诱导有利于土壤微环境的细菌繁殖生长，提高化肥利用率，从而起到改变土壤微环境拌种对苦荞的影响。结果表明，益珍农溶液对作物生长的影响是一个长期性的过程，在苦荞栽培中的使用量 2L/亩即可，且需配合施用适量的化肥，对促进化肥吸收，改良土壤结构、维持农业可持续发展方面具有一定潜在的影响力。

刘纲等（2017）在四川省凉山州以川荞 2 号为材料，研究在不同 N 素梯度下，施用生物菌肥（中合牌）后对苦荞经济性状、生育状况和产量的影响。结果表明，"菌肥"拌种+亩施尿素 9.63kg（参照施 N 量的 75%）+过磷酸钙 25kg+硫酸钾 5.77kg 的施肥处理表现较好。适当减少 N 肥施用量，配加菌肥施用既可以减少荞麦倒伏确保有较好的产量表现，同时菌肥对环境土壤具有改良作用。N 肥在施肥中也不可缺少，当尿素亩施用量降到 3.21kg 或者不施尿素时，产量表现较差。从产量看，菌肥拌种+亩施尿素 9.63kg（参照施 N 量的 75%）+过磷酸钙 25.00kg+硫酸钾 5.77kg 的产量表现比较好，位居第 1，与 100% 施 N 但不施菌肥处理相比略有增产，但不显著。施 N 量降低过多的处理，比如参照施 N 量的 25% 或不施 N 氮肥，其产量大幅降低。

7. 微量元素肥料的应用

微量元素在植物体内复杂的物质代谢过程中具有极其重要的作用。苦荞对微量元素的需求是不可缺少的，某些微量元素土壤丰缺指标临界值高于其他谷类作物。在微量元素缺乏的土壤施用时，增产效果明显。这里主要介绍 Se 肥对苦荞产量、营养与保健品质的影响。

田秀英和王正银（2008）采用盆栽试验研究了土壤施 Se 对苦荞生长、产量及营养与品质的影响。结果表明，适量施 Se（0.5mg/kg）能促进苦荞生长，显著提高株高、地上部干重和总干重。施 Se 量≤1.0mg/kg 时，苦荞产量是不施 Se 处理的 1.42~2.32 倍，株穗数和株粒数为不施 Se 处理的近 2 倍，结实率提高 0.6%~6.2%，百粒重提高 1.90%~5.85%，黄酮和芦丁含量分别提高 3.7%~7.5% 和 30.9%~59.6%，以施 Se0.5mg/kg 处理效果最佳，显著提高产量和各品质性状。施硒量>1.0mg/kg 各处理显著抑制苦荞植株生长，使株高、干重、产量显著下降，黄酮和芦丁含量分别降低 4.4%~6.3% 和 1.06%~19.20%。苦荞籽粒中 N、P、K、Zn、Ca、Mn、粗蛋白、粗脂肪、必需氨基酸、非必需氨基酸含量和氨基酸总量，除施 Se0.5mg/kg 处理外，均随施 Se 量的增加而提高。土壤施 Se 显著提高了苦荞籽粒的 Se 含量，但不同程度地降低了淀粉含量。适量施 Se 对苦荞具有明显的增产和改善营养与保健品质的作用。田秀英等（2009）采用盆栽试验研究土壤施 Se 对不同生长期苦养 N、P、K 营养元素和土壤有效养分含量的影响。结果表明，除 80d 的 Se0.5 处理外，施 Se 增加了苦养茎的 N 含量，茎的 P 含量在 60d 时除 Se0.5 处理外均显著降，40d 和 80d 时均显著增加，施 Se 均降低苦养全生育期茎的 K 含量。40d 时，叶的 N、P 含量降低，K 含量在施 Se≤1.5mg/kg 范围升高 0.46%~0.8%；60d 时，叶的 N、P 含量在低浓度 Se 时降低，高浓度 Se 时升高，K 含量除 Se0.5 处理外均显著降低；80d 时叶的 N、P 含量除 Se2.0 处理外均降低，施 Se 各处理叶的 K 含量显著降低。花的 N 含量除 Se0.5 处理外均高于不施 Se 处理，P 含量均不同程度降低，K 含量显著提高。除 Se0.5 处理外，籽粒的 N、P、K 均有所提高。施 Se 对速效 N 的影响因 Se 水平和苦养生育期各异，土壤有效 P、K 含量均随外源 Se 浓度的增加而增高。田秀英和李会合（2010）采用盆栽实验研究苦养籽粒蛋白质营养评价对 Se 的响应。结果表明，不施 Se 时，苦养籽粒必需氨基酸与氨基酸总量比值（E/T）和必需氨基酸与非必需氨基酸比值（E/N）分别为 34.4% 和 52.2%，与 WHO/FAO 提出的 E/T 约 40%，E/N 约 60% 相接近，苦养蛋白质为优质蛋白。在所测定的必需氨基酸中，含硫氨基酸（蛋氨酸+胱氨酸）含量和各评分值均最低，是第一限制性氨基酸。除施 Se 量 0.5mg/kg 土壤处理外，施 Se 使苏氨酸和赖氨酸含量有不同程度升高，蛋氨酸+胱氨酸随外源 Se 质量分数的增加而降低；施 Se 量≥1.0mg/kg 时，苦养籽粒的粗蛋白（CP）、必需氨基酸、非必需氨基酸和氨基酸总量随施 Se 量的增加而增加；施 Se 量 1.5~2.0mg/kg 土壤时，除含硫氨基酸（蛋氨酸+胱氨酸）外其余各必需氨基酸的含量和各评价指标均优于不施 Se 的处理。

8. 水肥耦合及其作用

李红梅等（2006）通过品种和施肥对苦养产量和水肥利用效率影响的研究表明，选用优良品种是提高苦养麦产量的首要措施。"黑丰 1 号"和"黔威 2 号"2 个苦养麦品种产量显著高于"寿阳灰苦养"，以"黑丰 1 号"最优。肥料对苦养麦的生长发育有显著促进作用。施用有机肥、化肥后，苦养麦的株粒数增加十分显著，导致 3 个施肥处理的苦养麦产量显著高于不施肥处理，以施有机肥和化肥各半量处理最优。苦养麦生育期耗水量主要同品种生育期长短有关，生育期耗水量大小排序为晚熟品种"寿阳灰苦养"≥中晚熟品种"黑丰 1 号"≥中早熟品种"黔威 2 号"；其次，苦养麦生育期耗水量也受到施肥的影响，全施化肥处理耗水量较多，全施有机肥处理耗水量较少。"黔威 2 号"和"黑丰 1 号"2 个优良品种的水分利用效率比"寿阳灰苦养"高 2.898~3.014kg/（hm^2·mm）。施肥可大幅度提高苦养麦籽粒产量，从而提高了苦养麦水分利用效率。不施肥处理苦养水分利用效率为 3.822~7.307kg/（hm^2·mm），平均值为 5.922kg/（hm^2·mm），而全施有机肥、全施化肥以及施半量有机肥加施半量化肥等 3 个施肥处理苦养的水分利用效率平均值分别为 7.810kg/（hm^2·mm）、7.011kg/（hm^2·mm）、7.720kg/（hm^2·mm），施肥与不施肥间相差 1.089~1.888kg/（hm^2·mm）。另外，在等 N 等 P 量条件下，全施有机肥处理的 N

肥和 P 肥当季利用率最高，分别为 28.59%、12.65%；全施化肥处理的 N 肥和 P 肥当季利用率最低，分别为 22.77%、10.98%。

谭茂玲等（2015）在成都采用 4 因素 5 水平二次通用旋转组合设计，通过盆栽水肥耦合试验，研究水肥耦合对苦荞产量的影响。结果表明：N、P、K 及水分单因素效应对苦荞产量的影响均呈抛物线趋势，影响顺序为，灌水量>N 肥>K 肥>P 肥；水肥对苦荞产量的影响存在耦合效应，影响最大且达到显著水平的是水氮耦合，其他耦合如氮磷耦合、氮钾耦合、磷钾耦合、水磷耦合和水钾耦合对产量影响效果均不显著；实际水肥耦合配比为 N 肥 476kg/hm^2、P 肥 333kg/hm^2、K 肥 279kg/hm^2、灌水量 4 608L/hm^2，可获得最优水肥耦合模型的苦荞产量。在水肥耦合试验中，灌水量与施肥量是依据土壤的水肥状况而定的，只有合理的水肥耦合配比，才能发挥出最佳的耦合效应，获得作物高产，实现水肥资源的高效利用。

（五）节水灌溉

苦荞生育在关键需水期，若天然降水不足，需视水源情况进行节水补充灌溉。

刘福长（2011）指出，苦荞是典型的不耐旱作物，在生育过程中抗旱能力较弱、需水量较大，开花灌浆期需水量最大。在陕南秦巴山区苦荞多种植在旱坡地，缺乏灌溉条件，苦荞生长依赖于自然降水。夏播苦荞有灌溉条件的地方，苦荞开花灌浆期若遇干旱应及时灌水满足苦荞的灌浆需水要求，提高苦荞产量。

姬小军（2017）指出在陕北地区苦荞耐干旱能力较强，但是在生育过程中抗旱能力较差，需要较多的水分供给，其中以开花灌浆期的需水量最高，因此，在苦荞开花灌浆期如果遇到连续干旱，应该及时灌溉，满足苦荞的需水要求，提高苦荞产量。

（六）防病治虫除草

具体见第四章。

五、适期收获

苦荞属无限花序，从开花到成熟经 25~45d，因品种而异。其特点是成熟很不一致，早花先实、晚花迟实，基部籽实已完全成熟，顶部仍在开花。苦荞最适宜的收获期是当全株 2/3 籽粒成熟，即籽粒变黑色、褐色或银灰色，即呈现本品种籽实固有颜色时。早收大部分籽粒未成熟，晚收会造成大量籽粒脱落。一般减产 10%~30%，影响产量。

苦荞最佳的收获期在早霜来临前。农谚云"苦荞遇霜，籽粒落光"。苦荞在收获时遭遇霜害，造成籽粒脱落，影响产量。2006 年 9 月 8 日山西省大同市左云地区遭遇历史罕见早霜，数百公顷苦荞几近绝收，损失惨重。为减少损失，苦荞应在霜前收获。

云南、贵州、四川等红土高原苦荞产区，收获季节多雨潮湿，收获苦荞时，将苦荞植株捆成"荞捆"，把下部茎秆朝外摊开，前后左右每隔三五步整齐有序地把"荞捆"直立在苦荞田中，经日晒风吹，促熟籽粒后熟和干燥。北方黄土高原苦荞产区收获季节已远离雨季、秋高气爽，阳光充足空气也干燥，苦荞收割后的植株多放倒，花果部位朝里根朝外堆码，这样促使未成熟籽粒后熟，起到增产增收作用。堆码的苦荞植株要防止腐烂、鼠害，要翻腾，以免影响种子品质和商品价值。

苦荞收获一日之内宜在湿度大的清晨到上午 11 时以前，或于阴天进行，割下的植株应就近码放，晴天脱粒、扬净，充分干燥后装袋贮存。

苦荞籽粒入库的含水量应不超过 15%，以 13% 最好。低温、低氧条件贮备尤佳，做到不发热、不生虫、无霉烂、无污染、无变质。

不同研究者对各地苦荞适时收获的方法进行了报道。贾银连（2014）介绍山西省苦荞适时收获的方法为：苦荞属无限生长型作物，从开花到成熟需 25～45d，其特点是成熟度不一致，早花先实，晚花迟实，基部籽实已成熟，顶部仍在开花，最适宜的收获期是当全株有 2/3 籽粒成熟，即籽粒变褐色或银灰色，呈现本品种固有颜色时。一般晚收要减产1～3成。苦荞在霜前收获最好。将收割的植株花果部朝里，根朝外堆码，这样可促使未成熟的种子后熟，起到增产增收作用，在清晨或阴天收割最好。杨明君等（2010）强调，在山西省苦荞收回后，宜将收割的植株竖堆保持 3～4d，使之后熟。但要避免堆垛引起垛内发热，使种子霉烂。苦荞收获宜在清晨，此时空气湿度大，籽粒不易碰落。

王丽红等（2009）介绍云南省冷凉区苦荞适时收获与贮藏的方法为：苦荞花期较长，落粒性强，植株上下籽粒成熟差异在 10～15d，因此，不能等全株成熟时收割。苦荞开花结实成熟不一致，成熟籽粒易脱落，最佳收获期是以全株有 2/3 籽实成熟，即籽实变成褐色或银灰色，呈现该品种固有颜色时为最适宜。收获时间最好在早晨露水未干时进行，并注意轻割轻放，以减少落粒。苦荞含有较高的脂肪和蛋白质，对高温的抗性较弱，遇高温会造成蛋白质变质，品质变劣，生活力、发芽力下降，故苦荞不宜长时间贮藏。贮藏时，要求仓库具有良好的防潮、隔热性能和具有良好的通风性能、密闭性能。苦荞收获后要及时脱粒晾晒、降低籽粒含水量，含水量13%以下及时入库。李昌远等（2012）介绍，在云南省凉山地区苦荞适时收割的方法是：根据品种的生育期，适时收获，过早、过晚收获都会严重影响产量，当全株有 2/3 籽粒成熟呈褐色或银灰色时，为最佳收获期。为了减少落粒损失，避开在烈日下收割，在清晨收割，空气湿度大，不易落粒；割下的植株晒 3～4d，后采用人工或机械脱粒，放在太阳下晒干，当籽粒水分含量为 12% 以下后，贮藏在清洁干燥的粮仓内，经有机食品检验、认证，然后根据有机食品的加工方法，进一步深加工为各类苦荞食品，包装出售。

阮培均等（2009）认为贵州喀斯特山区秋播苦荞适时收获的方法是：当苦荞呈现本品种固有色泽，全植株分枝上 70% 籽粒成熟，为最佳收获期。于 10 时前露水未干时或 16 时后收割，扎成小捆，在田间站立或拉运到晒场堆放 5～7d，待后熟后进行脱粒，以做到丰产丰收。曹英花（2010）介绍，苦荞比一般禾谷类作物含有较高脂肪和蛋白质，对高温的抗性较弱，遇高温会造成蛋白质变性，品质变劣，生活力、发芽力下降，故苦荞不宜长时间贮存。苦荞贮存时，对仓房的要求较高，既要求仓房具有良好的防潮、隔热性能，又要求仓房具有良好的通风性能和良好的密闭性能。此外，苦荞收获后要及时脱粒晾晒、降低籽粒含水量，一般苦荞籽粒的含水量降至13%以下才可入库贮存。毛春和杨敬东（2010）指出，贵州省黔西北高寒山区春播苦荞适时收获的方法为：当田间有2/3籽粒呈现该品种种子颜色就应抢抓天气及时收获。为防止籽粒掉落影响产量，收割应选择清晨或阴天进行，收割后宜在田间捆成把站立3~5d，使其后熟后再脱粒。脱粒时，应选择晴天晾晒，同时除去杂质、秕粒。

刘福长等（2012）介绍陕南地区苦荞适时收获的方法为：成熟的种子易脱落，当苦荞全株籽粒有3/4出现黑褐色或黄褐色时，就可选晴天露水干时适时收获，避免落粒和鼠兽为害。收割时应轻割轻放，适时晒干脱粒，减少落粒损失。

第二节　特色栽培技术

苦荞生育期短，适应性强，生长迅速，是较为理想的填闲补种和重要的蜜源作物，也是理想的间作、套作和轮作作物。由于各地自然生态和农业生产条件不同，苦荞的种植方式也不同。近年来，中国在农业供给侧结构性改革的大背景下，苦荞成为实施"调结构、转方式、促升级"战略的重要替代作物，也是改善膳食结构、促进营养健康的重要口粮品种，苦荞开始成为种植作物的新贵作物，苦荞的一些特殊栽培技术也得到了进一步的推广应用。

一、夏播垄膜栽培

在中国北方干旱、半干旱、水资源匮乏地区，充分利用水资源，有效提高水分利用率是实现旱区农业可持续发展的关键。起垄覆膜栽培技术具有集雨保墒的特点，是一种高效的农业增产增收栽培技术。苦荞夏播垄膜栽培技术能高效利用降水，提高水分吸收效果。在麦收后，及时灭茬深耕20cm，同时，结合整地进行施肥。夏播苦荞宜选用生育期较短的品种。一般在7月中下旬适时播种，起垄覆膜沟播，垄宽×垄间距为30cm×30cm。徐芦等（2014）研究地膜覆盖对荞麦生长及产量的影响，结果表明，起垄覆膜的种植方式有明显的集流节水保墒作用，有助于荞麦对水分的吸收，能够显著提高产量，但不应长期连续使用。地膜覆盖特别是连续覆盖，有时会使土壤水分和养分过分耗竭，后期严重脱水、脱肥，导致收获指数和产量下降；同时，地膜覆盖的增产作用在一定程度上是以耗竭土壤肥力，特别是土壤有机物质为代价。因此，在进行地膜覆盖栽培时，可以在植株生长后期适时揭膜，以延缓叶片衰老进程，促进籽粒灌浆。但如果地膜覆盖技术应用不当，长期连续覆膜必然恶化土壤生态条件，则难以实现持续高产。

二、间套作和轮作

(一) 间套作

在主要作物与特色作物存在争地矛盾的地区或季节,间套作是有效的解决方式之一,且总体效益显著。苦荞生育期比较短、生长迅速,植株比较矮小,是比较理想的间套作作物。间套作种植方式能建立合理的田间配置,作物相间成行,有利于改善作物的通风透光条件,最大限度地提高自然资源利用率,充分发挥边际优势的增产效应,具有明显的增产增效作用。合理的苦荞间套作有利于调节土壤肥力,提高作物的产量和品质,造成不同作物根际土壤微生物群体结构的不同,可在一定程度上用来控制作物病害,发挥良好的生态效益。林汝法(2013)认为苦荞间作套作比单作有的增产20%~30%。

1. 间作

间作是指在同一田块上同一生长期内,分行或分带相间种植两种或两种以上作物的种植方式。苦荞是适于间作的理想作物,全国各地均有间作苦荞的传统种植习惯。

(1) 苦荞间作糜黍模式 林汝法(2013)总结了苦荞间作糜黍模式,该模式主要应用在北方一年一作地区,当地群众在小春作物收获后复种糜黍,糜黍出苗后又在畦埂和边沿上播种苦荞,既不影响糜黍生长,又能利用畦埂边沿获得一定的苦荞收成。

(2) 苦荞与中药材间作模式 苦荞可与多种中药材进行间作,经济效益可观。如,苦荞与中药材续断间作模式,亩产值可达到6 000~7 500元,较单一种植续断或苦荞模式亩增收2 000~2 500元。该模式适宜于海拔1 700~2 700m的冷凉地区,亩施基肥为腐熟农家肥1 000~2 000kg,P肥5~15kg,N肥5~7kg。苦荞与续断种子均在3月播种,苦荞与续断按1:1进行种植,即一行苦荞一行续断,可进行条播或穴播,条播播幅为20cm,苦荞穴播的行株距为20cm×20cm,断续穴播的行株距为20cm×25cm,播种深度为3~4cm。苦荞亩用种量为3~4kg,续断亩用种量为0.8~1kg。8月苦荞成熟收割时,续断苗高20~30cm,要避免割伤续断幼苗。续断的采收为次年的10月下旬至11月中旬。

(3) 林下苦荞间作模式 全国各地在调整优化种植业结构时,发展特色经果林种植,为了在有限的土地上创造最大效益,促农增收。很多地方实施林下经济,在特色经果林内,间作矮秆作物,以达到高矮搭配,长短结合,以短养长的目的。如云南省丽江市的林果间间种苦荞模式。和立宣等(2016)总结了该模式适宜在海拔2 100~3 000m的丽江市宁蒗县及其他高海拔区域的幼龄果园推广应用,间作昭苦1号、昭苦2号、迪苦1号等苦荞品种。种植技术:2—3月开春后亩施1 000~1 500kg农家肥后翻犁整地,按果树空行区离果树行0.5m左右平整墒面,亩施普钙20~30kg、硫酸钾和尿素各5kg作基肥。按(3~5)cm×(25~30)cm株行距点播,播种深度3~4cm,保证亩播6万~9万基本苗。7—8月当苦荞全株2/3籽粒成熟,籽粒变为褐、浅灰色时及时收获。此种模式可合理利用土地,增加土地利用率,在果树没有开始挂果的阶段,农民可以通过矮秆作物获得直接效益，起到以短养长的产业发展目的。

（4）苦荞间作茶树模式　苦荞可在一定程度上抑制茶园杂草的孳生，减少土壤水分蒸腾，且苦荞秸秆、落叶还能增加土壤有机质，起到抗旱、防霜、防冻、培肥地力等作用。播种前对所选茶园，结合定形修剪、除草、施肥进行一次全面中耕，以达到疏松土壤、去除杂草、培肥土壤的目的。苦荞采用秋播，在9—10月播种，苦荞播种时做到不毁茶园、不占茶带、不伤茶苗，从茶苗行间居中播种。采用人工开浅沟条播或穴播，穴播株距20~25cm，播种深度为5~10cm；播种后，浅土覆盖，覆土2cm为宜。苦荞适时收割后，将苦荞秸秆均匀覆盖在茶行间，上用少量泥土散压，可起到增温、保湿、防霜、防冻、防草和培肥土壤等作用，有利于茶苗安全越冬及下年春茶发育生长。

2. 套作

苦荞套作是指在前季作物生长后期的株、行或畦间种植或移栽后季作物的种植方式。苦荞是适于套作的理想作物，苦荞套作方式主要应用在生育期较长的低纬度地区，例如云南、四川、贵州、重庆等地。苦荞常与玉米、马铃薯、烤烟等作物套作。

例如秋播苦荞套作马铃薯模式，贵州省毕节市的威宁、纳雍等地区，有秋播苦荞和马铃薯套作的传统特色种植方式。马铃薯生育后期，薯块进入营养物质积累阶段，地上部分叶片变黄并逐渐枯死时，用耙除去杂草的同时松土，在马铃薯的行间撒播秋苦荞，可充分利用地块中土壤残留的肥料和马铃薯叶片枯死腐烂的肥效，可少施无机肥，不会对土壤环境造成为害。此种种植方式可以提高耕地利用效率，既不影响马铃薯产量，还能增收苦荞。这种种植方式不仅解决了马铃薯、苦荞争地的矛盾，又解决了茬口问题，避免马铃薯连作带来的病害。毛春等（2012）研究了马铃薯净作、苦荞净作、马铃薯套作苦荞等不同种植方式下的产量及效益，结果表明马铃薯套作秋播苦荞，不但不会影响马铃薯产量，还能增收苦荞，产值比净作马铃薯产值增加4.51%、比净作苦荞增加20倍以上。

（二）轮作

轮作是指在同一田块上有顺序地轮换种植不同作物的种植方式。轮作是发展山区农业的高效种植模式，可均匀利用土壤养分，一定程度上减轻作物的病虫草害，是使农作物能够获得持续高产优质的常用有效措施之一，发挥最大的经济、社会和生态效益。苦荞连作会对苦荞品质和产量产生一定的影响，据杨明君等（2013）研究认为，苦荞营养生长迅速，根系吸收磷酸的能力很强，最忌连作，连作苦荞不仅地力消耗大，且易发生病虫害。赵涛等（2015）比较了轮作及连作条件下荞麦功能叶片的衰老特性，研究发现连作荞麦功能叶片中氧自由基质量分数和MDA质量摩尔浓度均显著高于轮作，而清除活性氧代谢产物的保护性酶SOD的活性却显著低于轮作，由于其清除能力下降，引起叶绿素和可溶性蛋白质降解，叶片生理功能减弱，光合能力下降，最终导致籽粒产量降低。与连作相比，轮作保护性酶SOD清除活性氧代谢产物的能力显著提高，叶绿素和可溶性蛋白质的降解速度缓慢，生育后期可维持较高的光合速率，促使籽粒产量显著提高。可见连作会加速荞麦功能叶片的衰老进程，而轮作在一定程度上能延缓功能叶片的衰老，维持叶片生理功能，对籽粒产量形成具有重要作用，故在苦荞生产上要合理地轮作倒茬。

陈静等（2015）测定苦荞与甘蓝轮作对苗期甘蓝根肿病的防治效果发现，单作甘蓝发病率有88.5%，苦荞与甘蓝轮作后，甘蓝根肿病发病率为20%，苦荞与甘蓝轮作对苗期甘蓝根肿病的发生有抑制作用，并能促进甘蓝生长。在栽培模式上苦荞属于忌连作作物，苦荞宜轮作倒茬，苦荞对前茬作物种类要求不是很严，几乎任何茬口下都可以种植，苦荞茬地可作为其他作物的良好前茬，可与油菜、豆类、糜子、马铃薯、蔬菜（萝卜、甘蓝等）等轮作，可分为年内轮作和年际间轮作。

李昌远等（2017）研究苦荞与玛卡轮作高效栽培试验发现，苦荞—玛卡—苦荞轮作处理种植方式，与苦荞—苦荞连作对照组相比，轮作对土壤肥力的消耗比连作少，轮作处理方式对速效钾的消耗比连作少18个百分点，有效磷少10.6个百分点，水解性氮少8个百分点，有机质也少了2.01个百分点。苦荞和玛卡轮作栽培，苦荞植株的株高、主茎分枝、生育期及单株粒重方面基本未发生变化，病虫害变化方面也表现不明显，小区产量表现比较平稳；而对照组中苦荞连作，不仅对土壤养分消耗大，而且病虫害发病率增加，苦荞因土壤中养分供应不全，导致植株长势弱，株高变矮，产量递减。

苦荞与玛卡年际间轮作高效栽培技术：苦荞在4月底进行播种，播种量按16万株/亩进行，栽培行距33cm，播深10cm，每亩施用过磷酸钙25kg、尿素15kg、复合肥20kg；苦荞在8月收获后，再育苗移栽玛卡苗，株行距为15cm，每亩施用过磷酸钙25kg、尿素15kg、农家肥300kg，采用覆膜栽培。翌年3月下旬玛卡收获，茬口刚好能衔接上。

大麦—苦荞年内轮作模式：张金红等（2017）研究发现，黑龙江省的初、终霜冻预计出现在9月下旬和次年4月下旬，大麦—荞麦两熟制能与当地无霜期吻合，利用黑龙江省的温度、降水、日照和生态适宜度模型计算大麦—荞麦两熟制适宜度值，结果表明黑龙江省具备发展大麦—荞麦两熟制的生态条件，有明显的经济效益，具有较高推广度。大麦—苦荞年内轮作模式选取早熟大麦和中熟苦荞品种，生育期均为80d左右。早熟大麦进行春播，待大麦成熟收获后，选择中熟苦荞品种播种，可充分利用麦茬休闲期内的光热等自然资源，有利于农户增产增收。

三、化学调控

栽培上，化学调控是较普遍而实用的措施。化学调控技术是指以应用植物生长调节物质或化学药剂为手段，调节和控制作物的生长发育。植物生长调节剂是一种人工合成的具有天然激素生理活性的有机化合物，具有抑制植物营养生长、促进花芽分化、提高作物产量等作用。化学控制的原理就是利用植物激素控制细胞生长，进而控制植物的生长发育。与传统技术相比，植物生长调节物质的应用具有成本低、收效快、效益高、节省劳力等节本增效优点。根据生理功能不同，可将植物生长调节剂分为植物生长促进剂、生长抑制剂和生长延缓剂三大类。

黄凯丰等（2013）研究苦荞中的内源激素含量对苦荞灌浆过程的影响，结果发现适当降低苦荞叶、根中的 ABA 含量，增加玉米素+玉米素核苷、IAA、ACC 和多胺含量能在一定程度上增加单株粒重，提高苦荞的产量。关于化控剂的种类、施用时期和方式方法等方面的研究报道甚多。用于苦荞栽培，也不乏其例。目前在苦荞上应用研究最多的化控剂主要有：硫酸锌、硫酸锰、水杨酸、赤霉素、多效唑、烯效唑、生根粉、萘乙酸等，可有效促进苦荞种子萌发、培育壮苗、防止倒伏、增强抗逆性、延缓叶片衰老、促进生长、提高产量和品质等多种作用。应用方式主要采用浸种、拌种及叶面喷施等。

（一）浸种

利用植物生长调节剂和化学药剂等对作物进行化学调控，可使作物自身形态结构和生理功能适应干旱的环境而能够正常生长发育。

石艳华等（2013）研究了硫酸锌、硫酸锰、水杨酸及脯氨酸 4 种化学调节物质浸种对正常水分和干旱胁迫下苦荞生长的影响，以蒸馏水浸种做对照。结果表明，在正常水分（田间持水量的 65%~70%）条件下，用化学调节物质浸种可不同程度提高苦荞幼苗的叶面积、株高、总根长、根表面积、根体积、壮苗指数、叶片相对含水量、叶绿素含量、游离脯氨酸含量、可溶性糖含量、根系活力、SOD 活性、POD 活性以及光合速率，其中用硫酸锌的浸种效果最好，其次为水杨酸，二者与对照均达极显著差异，而叶片相对电导率、MDA 含量较对照明显下降；硫酸锌和水杨酸浸种使苦荞比对照的单株穗数分别增加31.8%和21.0%，单株粒数增加 38.0%和28.9%，百粒重提高 8.9%和4.2%；干旱胁迫（田间持水量的 40%~45%）下，硫酸锌和水杨酸浸种与对照相比，二者分别使苦荞叶片SOD 活性、POD 活性、光合速率、叶面积、总根长、叶绿素含量、根系活力均极显著提高，其中叶片相对含水量分别提高 79.9%和70.9%，游离脯氨酸含量分别提高 32.2%和36.6%，可溶性糖含量上升 66.0%和43.9%，株穗数、株粒数、百粒重分别增加 38.6%和36.2%、40.4%和39.0%、10.7%和6.9%。表明在正常水分条件和干旱胁迫下，利用化学调节物质浸种均可显著提高苦荞的光合生理特性及其抗旱性，而且硫酸锌和水杨酸的处理效果更好。

赤霉素是植物普遍存在的内源激素。赤霉素既可促进细胞分裂、细胞伸长、叶片扩大、茎秆长、种子发芽等，又可抑制侧芽休眠和块茎形成。李海平等（2009）研究了赤霉素浸种对苦荞种子萌发生理特性的影响。采用不同浓度的赤霉素溶液（10mg/L，20mg/L，30mg/L，40mg/L）浸种24h，结果表明，不同浓度的赤霉素浸种均可以提高苦荞种子的发芽势、发芽率和活力指数，处理 3（赤霉素溶液浓度为 30mg/L）的发芽势、发芽率和活力指数均最高，分别比对照高9%，13%和23%；赤霉素浸种还可提高苦荞种子的脱氢酶、过氧化氢酶、过氧化物酶活性；低浓度的赤霉素处理可提高苦荞芽苗的产量和品质；高浓度的赤霉素处理可提高苦荞芽菜的产量，维生素 C 和黄酮含量略有降低。

李海平等（2010）用不同浓度硫酸锰溶液（0.01%、0.05%、0.1%）对苦荞种子进行浸种处理，研究表明低浓度的硫酸锰浸种可以提高苦荞种子的发芽势、发芽率和活力指数，高浓度的硫酸锰浸种则抑制苦荞种子的发芽势、发芽率和活力指数，0.05%的硫酸锰浸种效应最好，发芽势、发芽率和活力指数比对照高 12%、15% 和 50%,；硫酸锰浸种对苦荞种子脱氢酶和过氧化氢酶的效应是在低浓度有促进作用，而在高浓度有抑制作用；选用 0.05% 的硫酸锰浸种可以使苦荞芽菜产量提高 18%，使苦荞芽菜维生素 C 和黄酮含量分别比对照的高 26% 和 14%，一定程度上提高了苦荞芽菜的品质。

一定浓度的硫酸锌能打破种子的休眠，提高种子的活力。李灵芝等（2008）研究了硫酸锌对苦荞种子萌发及其生理特性的影响，用不同浓度硫酸锌溶液（0.01%、0.05%、0.1%）对苦荞种子进行浸种 24h 处理，结果表明，一定浓度的硫酸锌浸种有促进苦荞种子萌发的作用，可以提高苦荞种子的发芽势、发芽率和活力指数，0.05%的硫酸锌效果最好，发芽率可以提高 20%，活力指数可以提高 28%；硫酸锌浸种可促进苦荞种子的脱氢酶和过氧化氢酶的活性；硫酸锌浸种还具有提高苦荞芽产量和品质的作用，浓度为 0.05% 的硫酸锌可以增产 30%，维生素 C 含量增加 9%，黄酮含量增加 11%。

（二）拌种

苦荞播种量大，常常引起倒伏而大面积减产，农谚有云"荞倒一把糠"。烯效唑作为一种高效植物生长延缓剂，具有壮苗壮秆、降低株高、促进花芽分化、除草和杀菌（黑粉病、青霉菌）等作用，能有效地提高植物的抗倒伏能力，增加产量。

陈丽芬等（2008）采用烯效唑干拌种的方法来探讨烯效唑对苦荞生长的影响。按烯效唑有效成分质量与九江苦荞种子质量比例设置 50mg/kg、100mg/kg、200mg/kg、400mg/kg 4 个浓度处理，以草木灰拌种做对照，结果表明经烯效唑拌种处理后的九江苦荞株高均极显著矮于对照组，且矮化程度随烯效唑浓度的升高而增加；经烯效唑拌种处理能显著增加九江苦荞茎秆的分节数，且在处理浓度范围内随烯效唑浓度的提高而效果越明显；烯效唑会在一定程度上缩小叶面积，在处理浓度范围内叶面积缩小率介于 25.75%～58.31%，且随着浓度的升高，叶面积缩小率有增大趋势；烯效唑能有效促进茎的横向生长及侧根的生长，各处理组均不同程度地增加了茎粗及根干重，其中均以 200mg/kg 处理的效果最为显著。

（三）叶面喷施

多效唑是一种高效广谱的植物生长延缓剂，可以抑制内源赤霉素的生物合成，提高吲哚乙酸氧化酶的活性，氧化降解内源吲哚乙酸，减缓植物细胞的分裂和伸长，抑制茎秆伸长。另外，多效唑还有抑菌作用，又是杀菌剂，有防病除草效果，也是一种高效农药。

赵钢等（2003）研究多效唑对苦荞产量的影响，用不同浓度的多效唑（0mg/kg，

100mg/kg，200mg/kg，300mg/kg）于苦荞现蕾初期进行叶面喷施处理。结果表明，多效唑对苦荞的植株性状有明显的影响。与对照相比，随着处理浓度的加大，植株高度逐渐降低，用100mg/kg的多效唑进行处理可使植株高度比对照降低15~18cm，200mg/kg的处理可使植株高度比对照降低22~26cm，而300mg/kg的处理可使植株高度比对照降低达40~44cm。随着处理浓度的加大，苦荞植株的茎秆也逐渐加粗，这将有助于增强苦荞的抗倒伏能力。苦荞植株的株粒数和株粒重也受多效唑影响明显，随着处理浓度的增加，株粒数和株粒重均得到提高，以200mg/kg的处理效果最佳，用300mg/kg的处理，由于植株的高度降低幅度大，生物学产量明显减少，植株的株粒数和株粒重受到影响；浓度200mg/kg的处理对苦荞结实率的提高最显著。试验表明，从兼顾防倒伏和产量两个因素判断，苦荞的多效唑喷施浓度以200mg/kg为宜。

姜涛等（2013）通过大田试验，在苦荞初花期喷施200mg/kg多效唑（15%的可湿性粉剂）、50mg/kg生根粉（98%萘乙酸钠）、8mg/kg丰产剂2号（0.11%对氯苯氧乙酸钠水剂），以不喷药处理为对照，探讨不同植物生长调节剂对苦荞农艺性状及产量的影响。结果表明，与对照相比，初花期喷施多效唑的处理，显著缩短了苦荞生育期，缩短7d左右，促进了苦荞早熟；而喷施生根粉和丰产剂2号均延长了苦荞的生育期，分别延长1d和4d。3种植物生长调节剂都明显降低了苦荞的株高，降低株高22.4~28.2cm，降幅为24.9%~31.3%，差异达极显著水平。同时减少了苦荞主茎节数和分枝数，以喷洒多效唑的效果最为明显，随着株高降低，主茎节数减少11.1%，一级分枝数减少12.5%。与对照相比，喷施多效唑降低了苦荞的产量，减产1.97%；而喷施生根粉能明显减轻苦荞的落粒性，对单株生产力有抑制作用，但促进了千粒重的增加，增加了苦荞的产量，增产4.52%；喷施丰产剂2号显著增加了苦荞的产量，增产10.08%。苦荞产量变化趋势与生育期的变化趋势基本相一致，生育期变短，则产量降低，反之，产量增加。因为苦荞的无限生长习性增加了生育期，延长了苦荞的结实灌浆过程和光合作用，从而提高了苦荞的产量。

赵钢等（2015）用不同浓度的植物生长调节剂在苦荞的现蕾初期和灌浆期进行全株喷施处理，对赤霉素、萘乙酸和多效唑分别设置6个不同浓度，以等量的清水处理作为对照，赤霉素喷施浓度处理为0、50、100、150、200、250、300mg/L，萘乙酸喷施浓度处理为0、30、60、90、120、150、180mg/L，多效唑5%溶液喷施浓度处理为0、50、100、150、200、250、300mg/L。研究发现，适宜的植物生长调节剂种类和浓度可在一定程度上提高苦荞的产量和品质。在苦荞现蕾初期和灌浆期喷洒一定浓度的赤霉素（50mg/L）、多效唑（100mg/L）和萘乙酸（180mg/L），可显著提高苦荞的产量，一定浓度的赤霉素处理促进苦荞株高的增加，萘乙酸和多效唑处理均显著降低了苦荞的株高；萘乙酸处理促进苦荞产量的显著增加，当萘乙酸喷施浓度达最高处理浓度180mg/L时，苦荞的产量最高，很大程度上是因为萘乙酸有降低苦荞落粒、增加产量的作用；低浓度的赤霉素和多效唑处理促进苦荞产量的增加，随处理浓度的进一步增加而显著降低。从对品质的影响来看，除赤霉素处理显著降低直链淀粉含量、萘乙酸处理显著降低支链淀粉含量外，总体上，总淀粉、直链淀粉、支链淀粉的含量均随 3 种植物生长调节剂浓度的增加呈先升后降的趋势；赤霉素处理显著降低了苦荞籽粒中蛋白质和黄酮含量；萘乙酸和多效唑处理时苦荞籽粒中蛋白质和黄酮含量则表现为"低促高抑"。

四、机械化耕种收

在苦荞生产过程中，因地制宜运用农机作业提高苦荞机械化应用水平，可大大提高劳动生产效率、标准化生产作业质量及产业化水平等，实现节水、节肥、节药和节种，获得显著的社会、生态和经济效益，提高苦荞产品市场竞争力，同时对有效推动现代农业的发展与进步具有重要意义。近年来，北方苦荞的机械化水平有了大幅度提高，但由于受地形地势、地块大小及经济等综合因素影响，苦荞的机械化生产在西南丘陵区及高寒山区还存在较大的应用难题和瓶颈，需要融入更多的先进技术和理念，不断推进苦荞生产的机械化。

（一）耕整地机械
主要有大、中、小型拖拉机配套的铧式犁、翻转犁、圆盘耙、镇压器、旋耕机等。

（二）播种机械
苦荞机播技术，主要采用大、中、小型拖拉机作牵引动力，同时配套旋耕机、播种机、糖排，实现耕地、播种、施肥、覆土四道工序一次性作业完成。苦荞机械播种主要按条播方式设计，可保证播种均匀，达到苗齐、苗全、苗壮的要求，同时，还能节省种子及田间管理费用。在宁夏中部干旱地区目前还没有专用苦荞播种机的条件下，常常利用拥有量较多的外槽轮式条播机经改装排种装置后用于苦荞播种。西南丘陵区及高寒山区应用较多的主要是手拖式半自动播种机。

（三）田间管理机械
病虫害防治环节应用的机械主要有植保无人机，通过远距离遥控操作无人直升机喷洒农药，使病虫害防治从人工地面防治变为无人机空中防治，避免了人工长时间接触农药带来的伤害，保障喷洒作业人员安全，节省劳动力，同时还可节省水和农药使用量，节约农业投入成本，防治效率是地面机具防治效率的 5~7 倍。

（四）收获机械
目前生产上应用较多的是用自走履带式谷物收割机改装改良后用于苦荞收获。姬江涛等（2016）分析认为荞麦同一植株存在籽粒成熟度不一致、成熟籽粒易脱落、收获脱粒时茎秆和杂草含水率高等特性，易导致荞麦机械收获损失高、脱离易堵塞和清选分离困难等问题，因此中国荞麦收获目前仍采用人工收获。国外多通过改造谷物联合收获机来实现机械化收获。纽荷兰公司通过更换脱粒凹板、降低滚筒和清选风机转速，将大豆联合收获机改装成荞麦收获机。美国康奈尔大学研究认为，两段联合收获不仅可以降低收获损失，还可使籽粒充分后熟，是荞麦的最佳收获方式。

本章参考文献

阿海石布，刘静，王玉祥，等 . 2016. 越西县苦荞麦栽培技术研究 [J]. 农业与技术，36（14）：78-79.

曹英花 . 2010. 黑丰一号苦荞品种及其栽培技术 [J]. 科学之友（23）：148-149.

常庆涛，刘荣甫 . 胡跃高，等 . 2016. 生物菌肥对荞麦生长发育和产量的影响 [J]. 江苏农业科学，44（4）：161-162.

陈丽芬，李凌飞，陈晔 . 2008. 烯效唑拌种对苦荞生长的影响 [J]. 江西农业学报，20（9）：38-39.

陈兴文 . 2016. 苦荞高产栽培 [J]. 云南农业（3）：89-90.

陈益菊 . 2012. 苦荞麦播期、密度二因子试验报告 [J]. 陕西农业科学，58（3）：109-110.

程国尧，杨远平，毛春，等 . 2009. 苦荞黔苦 4 号春播高产综合栽培技术研究 [J]. 种子，28（1）：117-119.

段智英，杨致荣 . 2010. 激光对苦荞陈种子萌发和生长的影响 [J]. 山西农业科学，38（2）：28-30.

葛维德，赵阳，刘冠求 . 2009. 播种期对苦荞主要农艺性状及产量的影响 [J]. 园艺与种苗，29（1）：36-37.

郭忠贤，王慧，杨媛，等 . 2017. 肥料对苦荞麦产量和品质的影响 [J]. 山西农业科学，45（2）：234-236.

和立宣，宗兴梅，赵丽雪，等 . 2016. 林果间套种小杂粮（豆）主要模式及种植技术 [J]. 云南农业（6）：22-23.

侯保俊，何太 . 2012. 高寒冷凉区苦荞优质高产栽培技术 [J]. 中国农技推广，28（1）：19-20.

黄道源，黄桂林，王文湘 . 1991. 荞麦种子萌发特性的初步研究 [J]. 荞麦动态（1）：13-17.

黄桂连，田宏先，王瑞霞 . 2011. 高寒山区苦荞麦优质高产栽培技术 [J]. 陕西农业科学（6）：251，259.

黄凯丰，彭慧蓉，郭肖，等 . 2013. 2 个苦荞品种成熟期内源激素的含量差异及其与产量和品质的关系 [J]. 江苏农业学报，29（1）：28-32.

姬江涛，李心平，金鑫 . 2016. 特色杂粮收获机械化现状、技术分析及装备需求 [J].

农业工程，6（6）：1-3.

姬小军，马生碧 . 2017. 苦荞高产栽培技术及环境要求 ［J］. 农家参谋 （17）：168.

贾银连 . 2004. 苦荞栽培技术 ［J］. 山西农业 （11）：22-23.

贾银连，陈伟 . 2014. 左云县旱地苦荞栽培技术 ［J］. 中国农技推广，30 （9）：
　23-24.

姜涛，孔令聪，王光宇 . 2013. 植物生长调节剂对苦荞麦产量及农艺性状的影响 ［J］.
　作物杂志 （6）：114-117.

李昌远，朱龙章，魏世杰，等 . 2012. 苦荞的特征特性及有机栽培技术 ［J］. 现代农
　业科技 （20）：45-46.

李昌远，李长亮，何荣芳，等 . 2017. 苦荞轮作高效栽培方式研究 ［J］. 农业科技通
　讯 （2）：109-111.

李长亮，李昌远，何荣芳，等 . 2017. 益珍农在苦荞生态栽培技术中的应用与研究
　［J］. 农业科技通讯 （2）：129-130.

李春花，王艳青，卢文洁，等 . 2015. 播期对苦荞品种主要农艺性状及产量的影响
　［J］. 中国农学通报，31 （18）：92-95.

李春花，王艳青，卢文洁，等 . 2015. 种植密度对"云荞 1 号"产量及相关性状的影
　响 ［J］. 中国农学通报，31 （9）：128-131.

李海平，李灵芝 . 2010. 硫酸锰浸种对苦荞种子活力及芽菜产量与品质的影响 ［J］.
　西北农业学报，19 （2）：75-77.

李海平，任彩文 . 2009. 赤霉素浸种对苦荞种子萌发生理特性的影响 ［J］. 山西农业
　科学，37 （2）：19-21.

李红梅，边俊生，梁霞，等 . 2004. 施肥技术对苦荞品种植物学和经济学性状的影响
　［J］. 荞麦动态 （2）：20-22.

李红梅，陕方，边俊生，等 . 2006. 品种与肥料对苦荞麦产量及水肥利用的影响研究
　［J］. 中国生态农业学报，14 （4）：253-255.

李静，肖诗明，巩发永 . 2011. 凉山州苦荞高产栽培技术 ［J］. 现代农业科技
　（9）：84.

李灵芝，李海平 . 2008. 微量元素锌对苦荞种子萌发及生理特性的影响 ［J］. 西南大
　学学报，30 （3）：80-83.

李佩华，蔡光泽，华劲松，等 . 2007. 不同供氮水平对野生荞麦与栽培苦荞的表现型
　差异性比较 ［J］. 西南农业学报，20 （6）：1255-1261.

李秀莲，史兴海，朱慧珺 . 2011. 国鉴苦荞新品种晋荞麦 2 号的选育及栽培技术 ［J］.
　种子世界 （6）：36.

李月，石桃雄，黄凯丰，等 . 2013. 苦荞生态因子及农艺性状与产量的相关分析 ［J］.

西南农业学报，26（1）：35-41.

林汝法.2013. 苦荞举要［M］. 北京：中国农业科学技术出版社.

刘福长，刘继瑞，郝静，等.2012. 陕南一年两熟区苦荞优质高产栽培技术模式［J］. 陕西农业科学，58（3）：256-257.

刘福长.2011. 小杂粮苦荞栽培技术［J］. 现代农业科技（4）：58，60.

刘纲，熊仿秋，钟林，等.2017. 微生物菌肥对秋苦荞生长及产量的影响［J］. 农业科技通讯（6）：105-107.

刘国强，陕方，郭晓岚，等.2011. 优质苦荞GAP生产管理技术研究—以寿阳县为例［J］. 中国农学通报，27（21）：73-77.

马裕群，张清明，赵卫敏，等.2016. 苦荞品种栽培技术措施［J］. 农技服务，33（5）：60-61.

毛春，杨远平，杨敬东，等.2008. 黔黑荞1号春播高产栽培技术［J］. 贵州农业科学，36（5）：63-65.

毛春，程国尧，蔡飞，等.2010. 苦荞新品种黔苦3号的选育及栽培技术［J］. 种子，29（7）：111-113.

毛春，杨敬东.2010. 黔西北高寒山区苦荞春播高产栽培技术［J］. 现代农业科技（6）：77.

毛春，程国尧，蔡飞，等.2011. 苦荞新品种黔苦荞5号的选育及栽培技术［J］. 种子，30（11）：108-110.

毛春，蔡飞，程国尧，等.2012. 马铃薯套作秋播苦荞栽培试验研究［J］. 现代农业科技（8）：61.

毛春，陈庆富，程国尧，等.2012. 苦荞新品种黔苦荞6号的选育经过及栽培技术［J］. 现代农业科技（18）：41-42.

毛春，程国尧，蔡飞，等.2015. 苦荞新品种黔苦7号选育报告［J］. 现代农业科技（16）：47-48.

彭国照，曹艳秋，阮俊.2014. 凉山州春苦荞产量与气候条件的关系及模型研究［J］. 西南大学学报（自然科学版），36（9）：147-153.

阮培均，毛春，赵明勇，等.2008. 黔苦3号苦荞新品种春播高产栽培模式研究［J］. 杂粮作物（3）：182-185.

阮培均，梅艳，王孝华，等.2008. 黔苦4号苦荞秋播高产栽培数学模型研究［J］. 作物研究（2）：92-94.

阮培均，梅艳，王孝华，等.2009. 喀斯特山区苦荞秋播高产栽培技术［J］. 现代农业科技（17）：35-35.

石艳华，张永清，罗海婧.2013. 化学调节物质浸种对不同水分条件下苦荞生长及其

生理特性的影响 [J]. 西北植物学报, 33 (1): 123-131.

时政, 黄凯丰, 陈庆富. 2011. 贵州不同生态区苦荞产量性状形成的初步分析 [J]. 四川大学学报 (自然科学版), 48 (5): 1221-1226.

史清亮, 陶运平, 杨晶秋, 等. 2003. 苦荞接种微生物菌剂试验初报 [J]. 荞麦动态 (1): 20-22.

史清亮, 陶运平, 张筱秀, 等. 2004. 微生物菌剂对苦荞产量与黄酮含量的影响 [J]. 植物营养与肥料学报, 10 (3): 331-333.

史清亮, 陶运平, 张筱秀, 等. 2005. 微生物菌剂对苦荞产量及黄酮含量的影响 [J]. 荞麦动态 (1): 11-13.

史清亮, 史崇颖. 2006. 利用微生物提高苦荞黄酮含量 [J]. 荞麦动态 (2): 113-115.

宋毓雪, 郭肖, 杨龙云, 等. 2014. 不同氮磷钾肥料处理对苦荞籽粒充实度及产量的影响 [J]. 浙江农业学报, 26 (6): 1 568-1 572.

宋毓雪, 胡静洁, 孔德章, 等. 2014. 不同氮、磷、钾水平对苦荞产量和品质的影响 [J]. 安徽农业大学学报, 41 (3): 411-415.

谭茂玲, 贾晓凤, 蔡晓曼, 等. 2015. 水肥耦合对苦荞产量的影响 [J]. 成都大学学报 (自然科学版), 34 (4): 331-335.

田秀英, 王正银. 2008. 硒对苦荞产量、营养与保健品质的影响 [J]. 作物学报, 34 (7): 1 266-1 272.

田秀英, 李会合, 王正银. 2009. 施硒对苦荞 N, P, K 营养元素和土壤有效养分含量的影响 [J]. 水土保持学报, 23 (3): 112-115.

田秀英, 李会合. 2010. 苦荞籽粒蛋白质营养评价及其对硒的响应 [J]. 食品科学, 31 (7): 105-108.

万丽英. 2008. 播种密度对高海拔地区苦荞产量和品质的影响 [J]. 作物研究, 22 (1): 42-44.

汪灿, 阮仁武, 袁晓军, 等. 2014. 苦荞酉苦 1 号秋播高产栽培熟悉模型研究 [J]. 西南农业学报, 27 (3): 1 018-1 023.

王丽红, 韩玉芝, 崔兴洪. 2009. 高寒冷凉山区优质苦荞高产栽培技术 [J]. 农村实用技术 (8): 30-32.

王孝华, 阮培均, 梅艳, 等. 2008. 苦荞黔苦 3 号秋播高产栽培技术模式研究 [J]. 杂粮作物, 28 (5): 321-324.

吴彩凤, 余英凤. 2011. 浙西山区苦荞高产栽培技术 [J]. 种子科技 (10): 41-42.

向达兵, 宋月, 吴琪, 等. 2016. 不同肥料类型对苦荞生长及产量的影响 [J]. 上海农业学报, 32 (4): 50-53.

向达兵，邹亮，彭镰心，等 . 2014. 适宜机播深度及覆土厚度提高苦荞幼苗素质 ［J］. 农业工程学报，30（12）：26-33.

熊斌，普春 . 2014. 昭通苦荞高产栽培技术 ［J］. 云南农业科技 （3）：35-37.

徐芦，陈三乐，孙军仓 . 2014. 地膜覆盖对荞麦生长及产量的影响 ［J］. 安徽农学通报，20（21）：25-26，38.

徐芦，杨浩，王蕾 . 2014. 不同栽培模式对荞麦生长及产量的影响研究 ［J］. 安徽农学通报，20（20）：34-37，48.

杨明君，杨媛，郭忠贤，等 . 2010. 苦荞麦综合高产栽培技术 ［J］. 内蒙古农业科技 （3）：129.

杨顺祥，詹元芬 . 2015. 秋苦荞高产栽培技术 ［J］. 科学种养 （9）：17.

杨玉霞，吴卫，郑有良，等 . 2008. 苦荞主要农艺性状与单株籽粒产量的相关和通径分析 ［J］. 安徽农业科学，36（16）：6 719-6 721.

张桂芳 . 2017. 迪庆州高海拔地区苦荞种植现状及高产栽培技术 ［J］. 中国农业信息 （2）：66-68.

张金红，李奇峰，史磊刚，等 . 2017. 黑龙江推广大麦-荞麦二熟制的生态适宜度分析 ［J］. 安徽农业大学学报，44（1）：124-129.

张林丰，肖朝玲，饶金凤，等 . 2014. 湘西苦荞标准化综合栽培技术与应用研究 ［J］. 经济研究导刊 （1）：31-32.

张明先 . 2013. 苦荞高产栽培技术 ［J］. 云南农业 （4）：36-37.

张清明，赵卫敏，马裕群，等 . 2016. 荞麦新品种六苦荞 4 号的选育及栽培管理技术 ［J］. 贵州农业科学，44（7）：9-10.

张万龙 . 2016. 苦荞高产栽培技术 ［J］. 乡村科技 （9）：14.

赵发俊 . 2007. 苦荞栽培技术要点 ［J］. 甘肃农业科技 （9）：55-56.

赵钢，唐宇，王安虎 . 2003. 多效唑对苦荞产量的影响 ［J］. 杂粮作物，23（1）：38-39.

赵钢，谭茂玲，万燕，等 . 2015. 不同植物生长调节剂处理对苦荞麦产量和品质的影响 ［J］. 上海农业学报，31（5）：79-82.

赵萍，杨明君，郭忠贤，等 . 2011. 播种期对苦荞籽粒产量的影响 ［J］. 湖南农机 （学术版），38（1）：181-182.

赵萍，杨媛，杨明君，等 . 2011. 苦荞麦高产栽培最佳配方研究 ［J］. 北方农业学报 （1）：48.

赵涛，高小丽，高扬，等 . 2015. 轮作及连作下荞麦功能叶片衰老特性的比较 ［J］. 西北农业学报，24（11）：87-94.

赵卫敏，张清明，桂梅 . 2012. 施肥水平对苦荞产量及生物类黄酮含量的影响 ［J］.

贵州农业科学（3）：41-43.

赵鑫，邓妍，陈少峰，等 . 2016. 氮磷钾配施对旱地苦荞产量及水肥利用率的影响 [J]. 华北农学报，31（增刊）：350-355.

朱体超，孙学映，陈光蓉，等 . 2014. 苦荞高产栽培技术研究 [J]. 安徽农业科学（29）：10 102-10 104.

第四章 逆境胁迫及其应对方法

第一节 生物胁迫及其应对

一、主要病害及其防治

（一）病害种类

在此主要介绍苦荞种植中的病原性病害。

为害苦荞的病害有病毒性病害、细菌性病害、真菌性病害、线虫病等。其中真菌病害较多，其次是病毒性病害。据报道，苦荞上主要有 30 种真菌性病害，分属 22 个属；18 种病毒性病害；细菌性病害相对较少。

中国荞麦主产区的苦荞病害主要有 10 多种，包括轮纹病、褐斑病、黑斑病、立枯病、叶斑病、白粉病、霜霉病、根结线虫病、根腐病、病毒病、细菌性叶斑病、锈病等。其中，褐斑病、轮纹病、叶斑病、黑斑病是南北方苦荞产区发生最普遍和最主要的病害；白粉病、霜霉病、立枯病、根腐病、根结线虫病、锈病、病毒病主要在南方苦荞产区特殊环境小发生。

1. 真菌性病害

（1）褐斑病　随着人民对营养要求多样化和农业种植结构调整，荞麦种植面积逐年扩大，褐斑病的发生愈来愈重，潮湿多雨年份发病率达 5%~7%，严重地块高达 8%~15%。

病原　荞麦褐斑病病原为荞麦尾孢（*Cercospora fagopyri* Nakater et Takoimato）。病斑上的分生孢子梗颜色从浅色到淡褐色，上部色淡，单生或 2~12 根丛生，粗细一致。1~5 个隔膜，多为 1~4 个隔膜，呈曲膝状，1~5 个膝状节，不分枝，大小为（53.8~160.3）μm×（30.8~5.5）μm。分生孢子顶生，披针形或倒棍棒形，朝顶端方向逐渐变尖，基部平截或圆形，下端较直或略弯，无色，孢痕明显，1~9 个隔膜，大小为（70~242）μm×（2.1~3.4）μm；在 PDA 培养基上菌落初为灰色或黑褐色，连续培养 3d 后产生分生孢子，15h 后分生孢子萌发形成白色棉絮状菌落，分生孢子大小（66.5~137.6）μm×（2.0~3.1）μm，比病叶上产生的分生孢子略小。孢子遇水 1h 以上即可萌发，孢子萌发时多从顶端长出 1 个或几个芽管。

症状 叶片病斑圆形或不规则形，边缘深褐色，微具轮纹，病斑中央灰绿色至褐色，严重时病斑连成一片呈不规则形，叶片早枯，有的甚至脱落。叶背病斑在潮湿条件下常密生灰褐色或灰白色霉层，即病原菌分生孢子梗和分生孢子。

发病规律 病菌以菌丝块和分生孢子在荞麦等病残体上越冬，翌年由此引起发病。

（2）黑斑病

病原 *Alternaria tenuis* Nees，称链格孢，属半知菌亚门真菌。分生孢子梗分枝或不分枝，淡榄褐色至绿褐色，稍弯曲，顶端孢痕多个，大小（5~125）μm×（3~6）μm。分生孢子 10 个呈长链生，有喙或无，椭圆形至卵形或圆筒形至倒棍棒形，平滑或有瘤，具横膈膜 1~9 个，纵膈 0~6 个，淡榄褐色至深榄褐色，大小（7~70.5）μm×（6~22.5）μm，喙（1~58.5）μm×（1.5~7）μm。该病菌寄生性不强，但寄主范围很广。

症状 主要为害叶片。病斑褐色，有轮纹。本病有时随褐斑病病菌 *Cercospora fagopyri* 后侵入，在褐斑病病斑的周围引起具有轮纹的褐斑。东北地区 9 月发生，长江以南地区 6 月可见。

发病规律 病菌以菌丝体和分生孢子在病残体上或随病残体遗落土中越冬，翌年产生分生孢子进行初侵染和再侵染。该菌寄生性不强，但寄主种类多，分布广泛，在其他寄主上形成的分生孢子也是该病的初侵染和再侵染来源。一般成熟老叶易感病，雨季或管理粗放、植株长势差，利于该病的发生和扩展。

（3）立枯病

荞麦立枯病是荞麦上的一种重要真菌病害，主要在苗期发生。近年来，随着种植面积的不断扩展，荞麦立枯病也呈逐年加重趋势，现已成为荞麦上发生的重要病害之一。

病原 荞麦立枯病的病原菌为半知菌亚门丝核菌属立枯丝核菌 *Rhizoctonia solani* Kühn。该病原菌的菌丝初期为无色，有隔膜，分枝处成直角，基部稍缢缩，直径大小为 6~10μm，菌丝老熟时浅褐色至黄褐色。老熟菌丝交织在一起形成菌核，菌核暗褐色，不定形，质地疏松，表面粗糙。该病菌有性态为瓜亡革菌［*Thanatephorus cucumeris*（Frank）Donk］，属担子菌亚门。在潮湿土壤中，病原菌形成薄层蜡质状或白粉色网状至网膜状子实层，上面产生担子，担子圆筒形或长椭圆形，无色，单胞；担子具 2~5 个小梗，每个小梗顶生 1 个担孢子，担孢子椭圆形至宽棒状，无色，单胞，大小为（6~12）μm×（4.5~7）μm。

症状 荞麦立枯病主要在幼苗期为害地下种子或幼苗茎基部，引起缺苗断垄。种子萌发尚未出土被病菌侵染，其症状表现为种子变为黄色或褐色，严重时种子腐烂。幼苗出土后感病，初期症状为幼苗茎基部出现椭圆形或不规则暗褐色病斑，随着病情发展，病部组织凹陷，严重时幼苗萎蔫枯死。

发病规律 该病菌主要以菌丝和菌核在土壤或荞麦残体上越冬，腐生性较强，在土壤中可存活 2~3 年；少数病菌在种子表面或种子组织中越冬。混有病残体未腐熟的堆肥、带菌种子、土壤及荞麦病残体上越冬的菌丝体和菌核均可成为该病害的初侵染源。该病菌可通过雨水、灌溉水、气流、农事操作工具等进行传播，从幼苗茎基部或根部伤口侵入，也可直接穿透荞麦表皮侵入。温度过高或过低有利于病害发生，荞麦播种密度过大、间苗不及时、温度高易诱发病害发生；播种早，地温低，地势低洼，排水不良，土壤黏重板结，发病严重；长期种植荞麦的连作大田发病也会严重。大田播种荞麦后，荞麦病残体及土壤中越冬的菌丝体或菌核，适宜的温湿度条件下，萌发侵染健康的荞麦幼苗，导致荞麦植株感染发病。受感染植株上的病菌经雨水、灌溉水、气流、农具等传播，菌丝萌发产生孢子，对荞麦进行反复侵染，导致病害扩散蔓延。

（4）叶斑病

病原 荞麦叶斑病是由荞麦叶点霉（*Phyllosticta fagopyri*）引起。分生孢子器叶面生，小，散生，埋生，无孔口，近球形，带黑色，直径 35~40μm；分生孢子卵形或宽椭圆形，无色，无油点，两端圆，（4~5）μm×（3~3.5）μm。

症状 主要为害叶片。病斑圆形，初期褐色，从中央向外变灰色，有褐色边缘，在此边缘内有一圈青灰色部分，直径 2~5mm。

发病规律 病菌在病残体上越冬，翌年产生分生孢子，通过风雨进行传播蔓延，8 月普遍发生。个别地块因此病而早期落叶。

（5）荞麦派伦霉叶斑病

病原 该病害由 *Peyronellaea calorpreferens* 侵染引起。该病原菌可导致荞麦发病叶片干枯死亡，植物生长衰弱，甚至整株植株干枯死亡，严重影响荞麦生产。分生孢子器未成熟时呈梨形，大小为（55~63）μm×（86~98）μm，成熟后近球形，具孔口，直径 96~118μm。分生孢子卵圆形至椭圆形，两端钝圆，无色，单胞，有两个油点 4.7（4.1~5.5）μm×2.8（2.5~3.4）μm。

症状 主要为害叶片，发病率可达 60%，严重田块可达 100%。发病初期，叶片上出现中央灰白，外围紫红色的坏死斑，后期发展为大小不一的近圆形轮纹状病斑，病斑边缘不明显，病斑中央浅褐色，四周褐色，外围有褪绿晕圈，发病严重时病斑融合，叶片黄化枯死。后期病斑上生出黑色小粒点，即病原菌分生孢子器。

（6）荞麦轮纹病

病原 草茎点霉（*Phoma herbarum*），分生孢子器多为球形、扁球形，直径为 120~140μm，高 80~110μm，具有孔口，遇水后从孔口喷射出分生孢子。分生孢子单胞、无色，椭圆形、短棒状，大小为（5~9）μm×（2~3.5）μm。

症状 主要为害荞麦叶片。发病初期，为害叶片出现黄褐色圆形或近圆形病斑，随着病情发展，病斑逐渐扩大，并形成同心轮纹，在病斑中央及轮纹线上散生许多暗褐色小点，为病原菌的分生孢子器。发病后期，多个同心轮纹病斑易连成片；严重时，轮纹病斑易穿孔脱落，造成叶片枯死。

（7）荞麦霜霉病

病原 荞麦霜霉（*Peronospara fagopyri Elenev*），属半知菌亚门真菌，孢囊梗自气孔伸出，单枝或多枝，无色，（264~487）μm×（7.0~10.5）μm，基部不膨大，主轴占全长2/3~3/4，上部叉状分枝 4~7 次，末枝直，长 4.6~16μm。孢子囊椭圆形、近球形，具乳突，无色或淡褐色，（16~21）μm×（14~18）μm，平均 18.6μm×16.3μm。孢子球形，黄褐或黑褐色，外壁平滑，成熟后不规则皱缩，直径 25~30μm。

症状 主要发生在荞麦的叶片上，受害的叶片正面可见到不规则的失绿病斑，其边缘界限不明显。病斑的背面产生浅灰白色的霜状霉层，即病原菌的孢囊梗与孢子囊。叶片从下向上发病。受害严重时，叶片卷曲枯黄，最后枯死，导致叶片脱落，影响荞麦产量。

发病规律 霜霉病以卵孢子在土壤中、病残体或种子上越冬，或以菌丝体潜伏在茎、芽或种子内越冬，成为次年生病害的初侵染源，生长季由孢子囊进行再侵染。在中国南方温湿条件适宜的地区可周年进行侵染。霜霉病主要靠气流或雨水传播，有的也可以靠介体昆虫或人为传播。

2. 病毒性病害——荞麦病毒病

病原 荞麦病毒病由多种病毒侵染引起，已报道的主要有 TMV 和 CMV 两种病毒侵染荞麦。TMV 病毒的寄主范围很广，约有 36 科 200 多种植物都可被侵染，并且是一种抗性很强的植物病毒，主要由汁液接触传染，土壤亦可传播。CMV 病毒寄主范围约有 39 科 117 种植物，可通过汁液和蚜虫传播。

症状 荞麦病毒病的发生年份与蚜虫的发生密切相关，蚜虫是该病的传媒，受侵染的植株出现矮化、卷叶、萎缩等症状，叶缘周围有灼烧状，不整齐，叶片凹凸不平，叶面积缩小近 1/3。

发病规律 荞麦蚜虫是植物病毒的主要传播者。高温、干旱，蚜虫为害重，植株长势弱，以及重茬等，易引起该病的发生。可通过蚜虫传播，也可通过摩擦、人工除草、机械等作业接触传播。

3. 荞麦根结线虫病

根结线虫病是荞麦上的重要病害，在中国局部地区发生。荞麦受害后，不仅直接影响生长发育、降低品质，而且还可以造成复合侵染，加剧其他土传真菌和部分细菌性病害的发生。

病原 由 *Meloidogyne sp.* 引起，为线虫门异皮总科根结线虫属。目前已知根结线虫的种类为 81 种，但引起荞麦根结线虫病的线虫种类不清楚。根结线虫的形态为雌雄异形，雌虫成熟后膨大呈梨形或柠檬形，虫体白色，尾端钝圆，无色透明。幼虫呈细长蠕虫状。

症状 根结线虫主要为害植株根部，尤其以侧根和须根受害严重。新根上根结单个或呈念珠状串生，须根稀疏；老根重复侵染，形成较大的不规则瘤状突起，初期呈白色，后期变黑、腐烂，易脱落，裸露出白色的木质部。在显微镜下，剥开根结或瘤状突起，可见白色、球形或洋梨形根结线虫雌虫，或有线形雄虫或幼虫从根部游离出来。植株地上部的症状可因根部受害程度不同表现差异，受害轻时植株地上部症状不明显，但受害重时造成发育不良，生长衰弱，矮化、叶片退绿黄化，枝叶稀疏，结实少而小，最后整株死亡。发病严重的地块，发病株达 90%，缺行断垄现象十分严重。

发病规律　根结线虫常以二龄幼虫或卵随病残体遗留在土壤或粪肥中越冬，可存活 1~3 年。初侵染虫态是二龄幼虫，翌年条件适宜，越冬卵孵化为幼虫，继续发育并侵入寄主，刺激根部细胞增生，形成根结。线虫发育至四龄时交尾产卵，雄虫离开寄主进入土中，不久即死亡。卵在根结里孵化发育，二龄后离开卵壳，进入土中进行再侵染或越冬。土温 25~30℃，土壤持水量 40% 左右，病原线虫发育快；10℃ 以下幼虫停止活动，55℃ 经 10min 线虫死亡。地势高燥、土壤质地疏松、盐分低的条件适宜线虫活动，有利发病。连作地发病重。

（二）防治措施

1. 农业综合防治

农业防治中合理栽培措施的主要目的是通过加强栽培措施管理，创造有利于农作物生长而不利于病原物繁殖的生境。主要措施有选用抗（耐）病品种，合理轮作倒茬，精耕细作，适时播种等。

选用抗（耐）病品种。卢文洁（2017）对 50 份荞麦种质资源进行抗病性评价，其中 YZ-18 的病情指数为 29.63，为高抗种质资源，YZ-2、YZ-5、YZ-13 和 YZ-9 的病情指数均低于 40，为中抗种质资源，其余为感病种质资源；实行轮作倒茬。与非禾本科作物实行 3 年以上轮作，减少病源；适时播种，降低发病率；合理密植，每亩保苗密度在 7.5 万~8.5 万株，促苗壮长，增强抗病能力；施足充分腐熟的农家肥，增施 P、K 肥，培育健苗，提高植株抗病力减少病原；荞麦收获后，及时清除田间病残植株，并进行深耕，可将枯枝落叶等带病残体翻入深土层内，以减少病菌越冬菌源。加强田间苗期管理，促进幼苗生长健壮，增强抗病能力。

2. 化学防治

（1）荞麦褐斑病　采用复方多菌灵胶悬剂、退菌特或五氯硝基苯，按种子重的0.3%~0.5%进行拌种，有预防作用。药物治疗方面，在田间发现病株时，可采用40%的复方多菌灵胶悬剂，75%的代森锰锌可湿性粉剂或65%的代森锌等杀菌剂 500~800 倍液喷洒植株，喷雾要均匀周到，遇雨水冲刷时要重喷。

（2）荞麦黑斑病　发病初期可喷洒75%百菌清可湿性粉剂 600 倍液，或用50%扑海因可湿性粉剂 1 000 倍液，或用50%速克灵可湿性粉剂 1 500 倍液，或用70%代森锰锌可湿性粉剂 500 倍液等，隔 7~15d 喷 1 次，防治2~3次。

（3）荞麦立枯病　在播种前，用种子量4‰的50%三福美可湿性粉剂进行拌种。也可在苗期或发病初期，交替选用80%乙蒜素乳油3 000倍液、95%噁霉灵（立枯灵）水剂3 500倍液、20%甲基立枯磷（立枯磷）乳油600~1 000倍液、5%井冈霉素（有效霉素）水剂1 500倍液、3%多抗霉素（科生霉素）水剂600~800倍液、25%嘧菌酯（阿米西达）悬浮剂1 500倍液、50%福美双·甲霜灵·稻瘟净（立枯净）可湿性粉剂800倍液喷淋，每隔7 d喷1次，连续喷淋2~3次。99%恶霉灵可湿性粉剂2 000倍液的防治效果最佳，防效为78.57%，70%甲基布津可湿性粉剂1 000倍液、50%福美双可湿性粉剂500倍液的防效分别为75.22%、70.46%。

（4）荞麦叶斑病 喷洒40%百菌清悬浮剂600倍液，或50%多菌灵可湿性粉剂800倍液，或50%腐霉利（速克灵）可湿性粉剂1 000倍液。

（5）荞麦轮纹病 在播种前，选用种子量4‰的50%三福美（福美双·福美锌·福美甲胂）可湿性粉剂、或40%五氯硝基苯（土粒散）粉剂进行拌种。也可在发病初期，交替选用50%腐霉利可湿性粉剂1 500~2 000倍液、80%代森锰锌可湿性粉剂500~800倍液、36%甲基硫菌灵（甲基托布津）悬浮剂600倍液、65%代森锌（培金）可湿性粉剂600~800倍液、50%多菌灵可湿性粉剂800倍液喷雾。

（6）荞麦霜霉病 在播种前，用种子量5‰的70%敌克松粉剂进行拌种，预防病害。也可在发病初期，交替选用69%烯酰吗啉·锰锌（安克·锰锌）可湿性粉剂1 000~1 200倍液、72.2%霜霉威盐酸盐（普力克）水剂800倍液、75%百菌清可湿性粉剂剂700~800倍液、80%代森锌可湿性粉剂600~800倍液、80%代森锰锌可湿性粉剂800~1 000倍液、1.5%噻霉酮（立杀菌）水乳剂800~1 000倍液、25%甲霜灵（瑞毒霉）可湿性粉剂800~1 000倍液喷雾。

（7）荞麦病毒病 在发病前或发病初期，可交替选用2%宁南霉素水剂200~250倍液、20%盐酸吗啉胍·铜（病毒A）可湿性粉剂500倍液、5%菌毒清（菌必清）水剂300~500倍液、1.5%硫酸铜·三十烷醇·十二烷基硫酸钠（植病灵）水剂1 000倍液、0.5%菇类蛋白多糖（抗毒剂1号）水剂300倍液、10%混合脂肪酸（耐病毒诱导剂）水剂100倍液喷施叶面，隔7~10d喷1次，连喷2~3次。

二、主要虫害及其防治

（一）地上害虫

1. 荞麦钩刺蛾

分类地位 荞麦钩刺蛾 *Spica parallelangula* Alpheraky，属于鳞翅目钩蛾科。分布于云南、贵州、四川、陕西、宁夏、新疆、甘肃等省（区）。寄主是荞麦、大黄、萹蓄、酸模、叶蓼等蓼科植物。

形态特征 成虫体长10~13mm，翅展30~36mm。头、胸、腹、前翅均淡黄色，肾形纹明显，顶角不呈钩状突出，从顶角向后有一条黄褐斜线，有3条向外弯曲的">"形黄褐线。后翅黄白色，中足胫节有一对距，后足胫节有两对距。卵椭圆形、扁平，表面颗粒状。幼虫体长 20~30mm，污白色，背面有淡褐色宽带，有腹足 4 对，尾足 1 对，有少数趾钩。蛹体长约 11mm，红褐色，梭形，两端尖，臀棘上有 4 根刺。

生活习性　成虫昼伏夜出，白天在荞麦叶背栖息，晚上取食，补充营养、交配、产卵，午夜时分停止活动。卵集中产于植株第三至第五叶片真叶背面，卵粒平铺、圆形、块产，每块 30~50 粒不等，最多每块可达 130 多粒。卵表面被有一层白色绒毛。成虫具很强的趋光性。

生活史　陕西延安、定边，宁夏固原、宁南山区、隆德、甘肃陇南等地一年发生一代，以老熟幼虫在土中化蛹越冬。6 月中旬至 8 月中旬为成虫羽化期，7 月中旬最盛。成虫寿命 10~15d。羽化后即行交尾产卵，成虫有趋光性。7 月下旬至 8 月上旬为产卵期，卵期 7~10d，成虫把卵产在叶片背面，卵数十粒至数百余粒排列成块，上覆有白色长毛。8月上、中旬进入孵化盛期，初孵幼虫喜群居，后分散为害，幼虫活泼，稍触动即吐丝下垂。幼虫期 25~28d，幼虫共 5 龄，老熟幼虫入土化蛹越冬，盛期在 9 月中、下旬。于土下 15cm 处最多，分散越冬，蛹期长达 7 个月。5—7 月羽化、产卵，6—10 月为主要的幼虫为害期。幼虫常集群为害，可吐丝下垂，分散为害。该虫常年为害导致减产 10%~20%，严重时达 40% 以上，是荞麦的主要害虫。

成虫寿命为 7~10d，有趋光性、趋绿性；白天栖息于草丛中、树林里，遇惊扰则低飞，飞翔力不强。卵椭圆形，产于叶背，珍珠白色，散产，一叶一块，每块 60~120 粒，卵期 4~10d。初孵幼虫群集为害，2~3 龄后有假死性，高龄幼虫则爬行或折叶苞取食。幼虫历时 59~60d。

为害症状　初孵幼虫集中于卵块附近，主要为害荞麦嫩叶叶肉。二龄后分散为害，取食叶肉及下表皮，残留上表皮，叶片受害处呈窗膜状和孔洞，后幼虫吐丝卷叶，藏在其中，把叶片食穿。三龄后食量猛增，沿叶缘吐丝将叶片卷成饺子形，白天隐藏其中，夜晚为害，黎明时分停止取食，再行卷叶隐藏。幼虫不仅为害叶片，还为害花和籽粒，对产量和品质影响较大。老熟幼虫入土后在 5~25cm 土中作室化蛹越冬。一般受害株率 20%~30%，减产 25% 左右，大发生的减产 40% 以上。

2. 黏虫

分类地位　黏虫 *Mythimna separate* Walker 属鳞翅目叶蛾科，又称剃枝虫、行军虫，俗称五彩虫、麦蚕，是一种为害粮食作物和牧草的多食性、迁移性、暴发性害虫。除西北局部地区外，其他各地均有分布。大发生时可把作物叶片食光，而在暴发年份，幼虫成群结队迁移时，几乎所有绿色作物被掠食一空，造成大面积减产或绝食。

形态特征　成虫体长 17~20mm，翅展 36~45mm，呈淡黄褐至灰褐色，触角丝状。前翅环形纹圆形，中室下角处有一小白点，后翅正面呈暗褐色，后面呈淡褐色，缘毛呈白色。卵半球形，直径 0.5mm，白至乳黄色。幼虫 6 龄，体长 35mm 左右，体色变化很大，密度小时，四龄以上幼虫多呈淡黄褐至黄绿色不等；密度大时，多为灰黑至黑色。头黄褐至红褐色。有暗色网纹，沿蜕裂线有黑褐色纵纹，似"八"字形，有5条明显背线。蛹长20mm，第五至第七腹节背面近前缘处有横脊状隆起，上具刻点，横列成行，腹末有3对尾刺。

生活史 成虫有迁飞特性，从北到南一年可发生2~8代，3—4月由长江以南向北迁飞至黄淮地区繁殖，4—5月为害麦类作物，5—6月先后化蛹羽化成成虫为害，后又迁往东北、西北和西南等地繁殖为害，6—7月为害荞麦、小麦、玉米、水稻和牧草，7月中下旬至8月上旬化蛹，羽化成虫向南迁往山东、河北、河南、苏北和皖北等地繁殖。成虫对糖醋液和黑光灯趋性强，幼虫昼伏夜出为害，有假死性和群体迁移习性。黏虫喜好潮湿而怕高温干旱，相对湿度75%以上、温度23~30℃，利于成虫产卵和幼虫存活。但雨量过多，特别是遇暴风雨后，黏虫数量又显著下降。在荞麦苗期，卵多产于叶片尖端，边产卵边分泌胶质，将卵粒黏连成行或重叠排列黏在叶上，形成卵块。

为害症状 粘虫成虫是一种远距离迁飞、暴食性害虫，为害荞麦、麦类、玉米、谷子、青稞等作物，主要以幼虫咬食叶片，大发生时将荞麦叶片吃光，造成严重减产，甚至绝收。特别是前作为麦田，荞麦播迟的田块，稍不留意，因苗小棵少，可迅速全田被毁。

3. 草地螟

分类地位 草地螟 *Loxostege sticticalis* L. 属于鳞翅目螟蛾科，别名网锥额野螟、甜菜网螟、黄绿条螟等。草地螟是一种杂食性害虫，主要为害荞麦、甜菜、苜蓿、大豆、马铃薯、亚麻、向日葵、胡萝卜、葱、玉米、高粱、蓖麻以及藜、苋、菊等科植物。在中国的东北、华北、西北和西南地区具有分布。

形态特征 成虫淡褐色，体长8~12mm，翅展20~26mm，触角丝状。前翅灰褐色，具暗褐色斑点，沿边缘有淡黄色点状条纹，翅中央稍近前缘有一淡黄色斑，顶角内侧前缘有不明显的三角形浅黄色小斑；后翅淡灰褐色，沿边缘有2条波状纹。卵椭圆形，长0.8~1.2mm，乳白色，一般为3~5粒或7~8粒串状黏成复瓦状的卵块。幼虫体长19~21mm，共5龄，老熟幼虫16~25mm。一龄淡绿色，体背有许多暗褐色纹；三龄幼虫灰绿色，体侧有淡色纵带，周身有毛溜；五龄多为灰黑色，两侧有鲜黄色线条。蛹长14~20mm，淡黄色，背部各节有14个赤褐色小点，排列于两侧，尾刺8根。

生活史 成虫白天在草丛或作物地里潜伏，于天气晴朗的傍晚，成群随气流远距离迁飞，成虫飞翔力弱，喜食花蜜。卵多产于野生寄主植物的茎叶上，常3~4粒在一起，以距地面2~8cm的茎叶上最多。初孵幼虫多集中在枝梢上结网躲藏，取食叶肉。幼虫有吐丝结网习性。三龄前多群栖网内，三龄后分散栖息。在虫口密度大时，常大批从草滩向农田爬迁为害。一般春季低温多雨不适发生，如在越冬代成虫羽化盛期气温较常年高，则有利于发生，孕卵期间如遇环境干燥，又不能吸食到适当水分，产卵量减少或不产卵。天敌有寄生蜂等70余种。

生活史　分布于中国北方地区，年发生 2~4 代，以老熟幼虫在土内吐丝作茧越冬。翌春 5 月化蛹及羽化。

为害症状　初龄幼虫取食叶肉组织，残留表皮或叶脉。三龄后可食尽叶片，使叶片呈网状。大发生时也为害花和幼苗，能使作物绝产。每年发生 1~4 代，以老熟幼虫在土中做茧越冬。在东北、华北、内蒙古主要为害区一般每年发生 2 代，以第一代为害最为严重。越冬的成虫始见于 5 月中下旬，6 月为盛发期。6 月下旬至 7 月上旬是严重为害期。第二代成虫发生于 8 月上、中旬，一般为害不大。草地螟是一种间歇性暴发成灾的害虫。

4. 蚜虫

分类地位　蚜虫属同翅目蚜科，又名甜菜蚜、蜜虫、腻虫等，是世界广布性害虫，主要为害荞麦、甜菜、蚕豆、玉米等农作物。蚜虫是一种周期性、多食性的种类，寄主非常广泛，在中国荞麦产区是荞麦的重要害虫之一，广泛分布于全国各地。

形态特征　体长 1.5~4.9mm，多数约 2mm。触角 6 节，少数 5 节，罕见 4 节，感觉圈圆形，罕见椭圆形，末节端部常长于基部。眼大、多小眼面，常有突出的 3 小眼面眼瘤。喙末节短钝至长尖。腹部大于头部与胸部之和。前胸与腹部各节常有缘瘤。腹管通常管状，长常大于宽，基部粗，向端部渐细，中部或端部有时膨大，顶端常有缘突，表面光滑或有瓦纹或端部有网纹，罕见生有或少或多的毛，罕见腹管环状或缺。尾片圆锥形、指形、剑形、三角形、五角形、盔形至半月形。尾板末端圆。表皮光滑，有网纹或皱纹，或有由微刺或颗粒组成的斑纹。体毛尖锐或顶端膨大为头状或扇状。有翅蚜触角通常 6 节，第三或第三及第四或第三至第五节有次生感觉圈。前翅中脉通常分为 3 支，少数分为 2 支。后翅通常有肘脉 2 支，罕见后翅变小，翅脉退化。翅脉有时镶黑边。

生活史　蚜虫繁殖力强，全国各地均有发生。华北地区每年可发生 10 多代，长江流域一年可发生 10~30 代，多的可达 40 代。只要条件适宜，可以周年繁殖和为害。主要以卵在越冬作物上越冬，温室等保护设施内冬季也可繁殖和为害。蚜虫还可产生有翅蚜，在不同作物、不同设施间或不同地区间迁飞，传播快。蚜虫繁殖的最适温度是 18~24℃，25℃以上抑制发育，空气湿度高于 75% 不利于蚜虫繁殖。因此，在较干燥季节为害更重。北方等地常在春末夏初及秋季各有一个为害高峰。蚜虫对黄色、橙色有很强的趋向性，但银灰色有避蚜虫的作用。

为害症状　蚜虫为刺吸式口器的害虫，常群集于叶背、茎秆、心叶、花序上，刺吸汁液，使叶片皱缩、卷曲、畸形，严重时引起枝叶枯萎甚至整株死亡。嫩茎和花序受害，影响生长、开花和结实。蚜虫分泌的蜜露还会诱发煤污病、传播病毒病并招来蚂蚁为害等。

5. 白粉虱

分类地位　白粉虱 *Trialeurodes vaporariorum* Westwood，属于同翅目粉虱科。主要为害荞麦、燕麦、花卉、果树、药材、牧草、烟草、黄瓜、菜豆、茄子、番茄、辣椒、冬瓜、莴苣等 600 多种植物，是一种世界性害虫。该虫 1975 年发现于北京，之后遍布全国。是温室、大棚内种植作物的重要害虫。

形态特征 成虫体长 1.1~4.9mm，蛋黄白色或白色，雌、雄均有翅，全身披有白色蜡粉，雌虫个体大于雄虫，其产卵器为针状。卵长椭圆形，长 0.2~0.25mm，初产淡黄色，后变为黑褐色，有卵柄，产于叶背。若虫椭圆形、扁平，淡黄或深绿色，体表有长短不齐的蜡质丝状突起。蛹椭圆形，长 0.7~0.8mm，中间略隆起，黄褐色，体背有 5~8 对长短不齐的蜡丝。

生活史 在北方温室一年发生 10 余代，冬天室外不能越冬；华中以南以卵在露地越冬。成虫羽化后 1~3d 可交配产卵，平均每雌成虫产 142.5 粒。也可孤雌生殖，其后代雄性。

生活习性 成虫有趋嫩性，在植株顶部嫩叶产卵。卵以卵柄从气孔插入叶片组织中，与寄主植物保持水分平衡，极不易脱落。若虫孵化后 3d 内在叶背做短距离行走，当口器插入叶组织后开始营固着生活，失去了爬行的能力。白粉虱繁殖适温为 18~21℃，春季随秧苗移植或温室通风移入露地。

为害症状 大量的成虫和幼虫密集在叶片背面吸食汁液，使叶片萎蔫、退绿、黄化甚至枯死，还分泌大量蜜露，引起煤污病的发生，覆盖、污染了叶片和果实，严重影响光合作用。同时，白粉虱还可传播病毒，引起病毒病的发生。

6. 荞麦红蜘蛛

分类地位 别名朱砂叶螨、红叶螨，属于蜱螨目叶螨科。分布于全国各地。主要为害荞麦、玉米、高粱、粟、豆类、棉花、向日葵、桑树、柑橘、黄瓜等。

形态特征 成螨雌体长 0.48~0.55mm，宽 0.32mm，椭圆形，体色常随寄主而异，多为锈红色至深红色，体背两侧各有 1 对黑斑，肤纹突三角形至半圆形。雄体长 0.35mm，宽 0.2mm，前端近圆形，腹末稍尖，体色较雌浅。卵长 0.13mm，球形，浅黄色，孵化前略红。幼螨有 3 对足，若螨 4 对足与成螨相似。

生活习性 年生 10~20 代（由北向南逐增），越冬虫态及场所随地区而不同，在华北以雌成螨在杂草、枯枝落叶及土壤中越冬；在华中以各虫态在杂草及树皮缝中越冬；在四川以雌成螨在杂草或豌豆、蚕豆等作物上越冬。翌春气温达 10℃ 以上，即开始大量繁殖。3—4 月先在杂草或其他寄主上取食，每雌产卵 50~110 粒，多产于叶背，卵期 2~13d。幼螨和若螨发育历期 5~11d，成螨寿命 19~29d。可孤雌生殖，其后代多为雄性。幼螨和前期若螨不甚活动。后期若螨则活泼贪食，有向上爬的习性。先为害下部叶片，而后向上蔓延。繁殖数量过多时，常在叶端群集成团，滚落地面，向四周爬行扩散，或被风刮走。朱砂叶螨发育起点温度为 7.7~8.8℃，最适温度为 25~30℃，最适相对湿度为 35%~55%。因此，高温低湿的 6—7 月为害重，尤其干旱年份易于大发生。但温度达 30℃ 以上和相对湿度超过 70% 时，不利其繁殖，暴雨有抑制作用。天敌有 30 多种。

为害症状 幼螨和前期若螨不甚活动，后期若螨则活泼贪食，有向上爬的习性。先为害下部叶片，而后向上蔓延。若螨、成螨群聚于叶背吸取汁液，使叶片呈灰白色或枯黄色细斑，严重时叶片干枯脱落，并在叶上吐丝结网，严重影响荞麦植株生长发育。

7. 双斑萤叶甲

分类地位　双斑萤叶甲 *Monolepta hieroglyphica* Motschulsky，又名二斑萤叶甲，属鞘翅目叶甲科。分布范围广，主要分布于黑龙江、吉林、辽宁、内蒙古、河北、山西、浙江、湖北、湖南、四川、贵州、陕西、新疆等省（区）。主要为害荞麦、粟（谷子）、高粱、大豆、花生、玉米、马铃薯、向日葵等。

形态特征　成虫体长 3.6~4.8mm，宽 2~2.5mm，长卵形，棕黄色具光泽。触角 11 节，丝状，端部色黑，为体长 2/3。复眼大，卵圆形。前胸背板宽大于长，表面隆起，密布很多细小刻点。小盾片黑色，呈三角形。鞘翅布有线状细刻点，每个鞘翅基半部具一近圆形淡色斑，四周黑色，淡色斑后外侧多不完全封闭，其后面黑色带纹向后突伸成角状，有些个体黑带纹不清或消失。两翅后端合为圆形，后足胫节端部具一长刺。腹管外露。雄虫末节腹板后缘分为 3 叶，雌虫完整。卵椭圆形，长 0.6mm，初棕黄色，表面具网状纹。幼虫体长 5~6mm，白色至黄白色，体表具瘤和刚毛，前胸背板颜色较深。蛹长 2.8~3.5mm，宽 2mm，白色，表面具刚毛。

生活史　双斑萤叶甲在山西、河北、黑龙江等省 1 年发生 1 代，成虫 7 月中旬开始产卵，8 月中旬进入产卵盛期，以卵在土壤中越冬，翌年 4 月中下旬开始孵化，5 月中旬达到孵化盛期；幼虫期 30d 左右，主要取食玉米、大豆、杂草的根系完成生长发育；老熟幼虫做土室化蛹，蛹期 7~10d；成虫于 6 月中旬始现于田边杂草，约 15d 迁入大田，8 月中旬进入为害盛期，9 月大田作物收获后迁入十字花科蔬菜和杂草中，10 月营养和环境条件恶化，成虫开始大量死亡。

生活习性　幼虫共 3 龄，幼虫期 30d 左右，在 3~8cm 土中活动或取食作物根部及杂草。7 月初始见成虫，一直延续到 10 月，成虫期 3 个多月，初羽化的成虫喜在地边、沟旁、路边的苍耳、刺菜、红蓼上活动，约经 15d 转移到荞麦、豆类、玉米、高粱、谷子上为害，7—8 月进入为害盛期。大田收获后，转移到十字花科蔬菜上为害。成虫有群集性和弱趋光性，一般只能飞 2~5m，早晚气温低于 8℃ 或风雨天喜躲藏在植物根部或枯叶下，气温高于 15℃，成虫活跃。成虫羽化后经 20d 开始交尾，把卵产在田间或菜园附近草丛下表土中，老熟幼虫在土中作土室化蛹，蛹期 7~10d。干旱年份发生重。

为害症状　以成虫群集为害荞麦、豆类、玉米、高粱、谷子、向日葵、马铃薯等植物的叶片、花丝等，顺叶脉取食叶肉，将叶片吃成孔洞或残留网状叶脉。发生始期群集点片为害，发生量大时扩散迁移为害。由于此害虫具有短距离迁飞的习性，相邻的农田同时发生时，其中一块地进行防治而其他地不防治，则过几天防治的地又呈点片发生，加大防治难度，为害程度更重。

8. 西伯利亚龟象

分类地位 西伯利亚龟象（*Rhinoncus sibiricus* Faust），属鞘翅目象甲科。2013 年在内蒙古赤峰市多地突然发生为害，6 月 20 日在翁牛特旗广德公镇高家梁村荞麦田首次发现，为害刚出土的荞麦幼苗，造成部分地块毁种，发生面积约 3 666.67hm²，涉及翁牛特旗广德公镇 4 个行政村（高家梁村、四道沟、马家营、关家铺子），严重发生的地块近 1 000hm²，重新翻种地块 333.33hm²。调查发现，成虫虫口密度 200~600 头/m²。后发现此虫还咬食甜菜幼苗。

形态特征 成虫体长 2.5~3.5mm，体宽 1.5~2.0mm。体卵圆形，全身黑褐色。头部前呈锥状变狭。复眼圆形，上缘隆起于表面。管状喙细长，向下弯曲。触角着生于喙的近端部 1/3 处，由 10 节组成，末棒节 3 节，膨大呈卵形。鞘翅宽于前胸，卵形，每一鞘翅上具有纵沟；后翅膜质透明。足深褐色，胫节有端刺，跗节 3 节。老熟幼虫体长 4.2~5.2mm，体宽 1.1~1.5mm，初孵化时淡黄色半透明，随着逐渐老熟身体颜色渐变成乳白色，透明度减小，体柔软肥胖，多皱褶，全身有细毛；头部淡褐色。裸蛹，淡黄色，长约 2.8mm，宽 1.1mm。复眼红褐色。

生活习性 成虫始见于 6 月上旬，盛期在 7—8 月。幼虫始见于 7 月上旬，盛见于 8 月，至 9 月中旬仍可见成虫为害。成虫在荞麦生长期主要取食叶片，尤其是嫩叶。叶片上咬食形成孔洞，为害严重时，整株叶片形成网状，在荞麦苗期为害严重，严重影响荞麦生长甚至造成死亡。随着荞麦生长，在花期，成虫取食花蕾，在花蕾基部钻食，部分成虫在花蕾顶部咬食花萼冠，导致不能正常开花结实。成虫可短距离迁飞，耐饥力强，有假死性。其活动与温度有密切关系。喜欢在温暖晴朗的白天活动，气温骤降、有露水、大风及下雨等天气不利期活动。幼虫孵化后即在根茎处或根内为害，然后一般从荞麦基部上方第 1~2 节开始，由下向上蛀食，形成隧道，并将黄褐色的粪便排于其内。受害的荞麦初期没有影响；中、后期，由于茎秆中空易折断，出现大面积倒伏，影响生长，部分因养分、水分无法运输而枯死；幼虫为害后受害植株根茎部的伤口常感病，经鉴定病菌为镰刀菌、链格菌，即受根腐病菌及黑斑病菌侵染而引起腐烂、死亡。幼虫整个为害期 30~45d。老熟幼虫在荞麦根部土表下 1~10cm 处筑土室，或在荞麦茎秆中化蛹，蛹期 10~15d。初步判定为每年 1 代。

为害症状 成虫咬食叶片，叶面呈现密集的圆形孔洞，嫩叶期受害最重受害严重时，刚出土的幼苗可整株死亡，造成一整片荞麦全部死亡；幼虫在土中潜居根部为害，由根部向上在茎内蛀道，并将粪便排入其内。严重者，根部及茎部被蛀食一空，导致地上部分萎蔫而死。据调查，在受害严重地块，1 株荞麦根茎部一般有幼虫 4~5 头，最多可达 20 头以上。

（二）地下害虫

荞麦地下害虫主要有蝼蛄、蛴螬、地老虎、金针虫，为害非常严重，是荞麦植物的主要害虫。

1. 蝼蛄

分类地位　蝼蛄属于同翅目蝼蛄科，全世界约 40 种，中国记载有 6 种。分布广泛、为害严重的主要有华北蝼蛄 *Gryllotalpa unispina* Saussure、非洲蝼蛄 *Gryllotalpa Africana* Palisot de Beauvois。

生活史　蝼蛄类生活史一般较长，1~3 年才能完成 1 代。均以成虫、若虫在土中越冬。华北蝼蛄完成 1 代需 3 年左右，以成虫和 8 龄以上各龄若虫于土中越冬。非洲蝼蛄在华中、华南各省一年一代，华北、东北及西北约需 2 年才能完成 1 代。

生活习性　昼伏夜出，具有强烈的趋光性，21—23 时为活动取食高峰；对香、甜等类物质的气味趋性强。蝼蛄类对产卵地点有严格的选择性。华北蝼蛄多在轻盐碱地内缺苗断垄、无植被覆盖的干燥向阳、地埂附近或路边、渠边和松软的油渍状土壤里产卵，而禾苗茂密、郁蔽之处产卵少。产卵前先做卵窝，呈螺旋形向下，内分三室，上部为运动室或称要室，距地表 8~16cm，一般约 11cm。中间为圆形卵室，距地表 9~25cm，一般约 16cm。下面是隐蔽室，为雌虫产完卵后栖息，距地面 13~63cm，一般约 24cm。1 头雌虫通常挖 1 个卵室，也有 2 个的。产卵量少则数十粒，多则上千粒，平均 300~400 粒。非洲蝼蛄喜欢潮湿，多集中在沿河两岸、池塘和沟渠附近产卵。产卵前先在 5~20cm 深处坐窝，窝中仅有一个长椭圆形卵室，雌虫在卵室周围一尺（1 尺≈0.33m）左右处另作窝隐蔽，每雌虫可产卵 60~80 粒。蝼蛄初孵若虫均有群集性，华北蝼蛄初孵若虫 3 龄后分散为害；非洲蝼蛄初孵若虫 3~6d 后分散为害。

为害症状　蝼蛄一生营地下生活，是最活跃的地下害虫，成、若虫均为害严重。咬食各种作物种子和幼苗，特别喜食刚发芽的种子，造成严重缺苗断垄；也咬食幼根和嫩芽，扒成乱麻状或丝状，使幼苗生长不良甚至死亡。特别是蝼蛄喜在土壤表层爬行，往来乱窜，隧道纵横，造成种子架空，幼苗吊根，导致种子不能发芽，幼苗失水而死。

2. 蛴螬

分类地位　蛴螬是鞘翅目、金龟甲总科幼虫的统称，又名核桃虫。中国重要的蛴螬有 30 多种，在同一地区常多种群同时发生，是地下害虫中分布最广、种类最多、为害最严重的一大类群。主要在荞麦苗期为害。

生活史　金龟甲的生活史，因种类和地区差异很大，世代历期最长达 6 年；最短的 1 年可以发生 2 代；多数种类 1~2 年完成 1 代。以成虫和幼虫在土中越冬。

生活习性　绝大多数金龟甲是昼伏夜出，白天潜伏于土中或作物根际、杂草丛中，傍晚开始出土活动，飞翔、交配、取食。晚上 20—23 时活动最盛，占整个夜间活动虫量的 90% 以上。夜出活动种类多具趋光性，特别是对黑光灯的趋性更强。成虫受振动或被触即收拢足和触角，突然坠地伪装死亡，或在坠落途中又起飞。牲畜粪、腐烂的有机物有招引成虫产卵的作用。金龟甲一生可多次交配，交配 10d 后开始产卵，产卵期一般 15~30d，平均约 20d, 产卵量数十粒到上百粒, 最多可达 300~400 粒。幼虫 3 龄, 全部历期在土中生活, 随一年四季土壤温度变化而上下迁移, 其中以第 3 龄幼虫期历期最长, 为害最重。

为害症状 蛴螬类食性颇杂, 可以为害多种农作物、牧草、蔬菜及果树和林木的地下部分。取食萌发的种子, 咬断幼苗的根、茎, 轻则缺苗断垄, 重则毁种绝收。蛴螬为害幼苗的根、茎, 断口整齐平截, 易于识别。

3. 地老虎类

分类学地位 地老虎属于鳞翅目夜蛾科, 是为害农作物的重要害虫之一, 也是世界性大害虫。全国已发现 170 余种, 已知为害农作物的大约有 20 种, 其中以小地老虎 *Agrotis ypsilon* Rottemberg 分布最广、为害最重, 全国各地普遍发生。

生活史 小地老虎无滞育现象, 只要条件适宜, 可连续繁殖, 年发生世代数和发生期因地区、气候条件而异, 在中国从北到南一年发生 1~7 代。越往南年发生代数越多, 西北地区 2~4 代, 长城以北一般年 2~3 代。

生活习性 地老虎类成虫白天潜伏于土缝、杂草丛、屋檐下或其他隐蔽处, 取食、飞翔、交配和产卵等活动多发生在夜晚, 先后有 3 个活动高峰。第 1 次在天黑前后数小时内, 第 2 次在午夜前后, 第 3 次在凌晨前, 有的一直延续到上午, 其中以第 3 次高峰期活动虫量最多。如小地老虎 3 次活动高峰期的虫量分别占 8.3%、31.7% 和 60%。地老虎蛾的活动与气候条件密切有关。小地老虎蛾在春季傍晚气温达 8℃时即开始活动, 温度越高, 活动的虫量与范围亦越大, 大风或有雨的夜晚则不活动。地老虎蛾一般对普通白炽灯光无明显趋性或趋性不强, 但对黑光灯光有强烈的趋性, 特别是对波长 3 500A 的光趋性更强。此外, 大多数地老虎蛾羽化后需取食补充营养, 对食糖、蜜和发酵物具明显的趋性。地老虎蛾中无滞育习性的种类, 羽化后 1~2d 开始交配, 多数在 3~5d 内进行; 6~7d 后就逐渐停止交配并进入产卵盛期。一般交配 1~2 次, 少数交配 3~4 次, 交配后即可产卵, 产卵历期一般 4~6d, 产卵量数百粒甚至上千粒。卵一般散产, 极少数数粒聚在一起。产卵场所因季节或地貌不同而异。如小地老虎在杂草或作物未出苗前, 很大一部分产在土块或枯草棒上。卵的孵化率与交配次数有密切关系, 未经交配产下的卵一般都不能孵化。地老虎幼虫具伪死性, 在活动时受惊或被触动, 立即卷缩呈 "C" 形。各种地老虎幼虫 1~2 龄时都对光不敏感, 栖息在表土或寄主的叶背和心叶里, 昼夜活动, 3 龄以后则逐渐发生变化, 4~6 龄幼虫表现出明显的负趋光性, 白天潜入土中, 晚上出来为害。幼虫老熟后, 选择比较干燥的土壤筑土室化蛹。

为害症状 1 龄幼虫为害植物叶片时只吃叶肉, 残留表皮和叶脉, 在叶面上造成一个小 "天窗"; 2~3 龄幼虫咬食叶片, 形成小孔或缺刻; 4 龄以后的幼虫不仅吞食叶片, 而且可以咬断幼茎、幼根或叶柄, 造成缺苗断垄。

(三) 防治措施

1. 做好害虫预测预报

做好害虫的预测预报, 是防治的关键。利用害虫的趋光性等趋性, 在荞麦集中成片地区架设黑光灯和糖醋液诱盆等诱集成虫，通过诱集害虫量聚集数据和雌虫抱卵量及卵发育情况，指导防治工作。地下害虫发生数量的预报是采用挖土调查。

2. 农业综合防治

（1）实行科学的轮作倒茬和间作套种　地下害虫最喜食禾谷类和块茎、块根类大田作物，对棉花、芝麻、油菜、麻类等直根系作物比较不喜取食，因此，合理地轮作或间套作，可以减轻其为害。

（2）精耕细作　华北、西北、东北等地区都实行春、秋播前翻耕土壤和夏闲地伏耕，通过机械杀伤、暴晒、鸟类啄食等，一般可消灭蛴螬、金针虫50%~70%。

（3）合理施肥　猪粪厩肥等农家有机肥料，应经过充分腐熟后方可使用，否则易招引金龟甲、蝼蛄等取食产卵。碳酸氢铵、氨水等化学肥料应深施土中，既能提高肥效，又能因腐蚀、熏蒸起到一定的杀伤地下害虫的作用。

（4）适时灌水　春季和夏季作物生长期间适时灌水，因表土层湿度太大，不适宜地下害虫活动，迫使其下潜或死亡，可以减轻为害。

（5）加强田间管理　杂草是害虫产卵场所和初孵幼虫的食料，也是幼虫转移到作物上的重要桥梁，应在苗期结合松土清除田块内外杂草，并将其沤肥或烧毁，消灭卵和幼虫。

3. 物理防治

利用成虫的趋光性，采用黑光灯诱杀，效果显著；黏虫成虫羽化初期开始，用糖醋液或枯草把可大面积诱杀成虫或诱卵灭卵；利用蚜虫对黄色有很强的趋性，可制作大小15cm×20cm的黄色纸板，在纸板上涂一层凡士林或防治蚜虫常用的农药，插或挂于荞麦行间与荞麦持平，引诱杀蚜虫。黄板也可诱杀白粉虱。

4. 生物防治

发挥害虫天敌的自然控制作用。地下害虫的天敌种类虽然很多，但目前主要利用乳状菌和卵孢白僵菌等进行防治，每亩用量15kg菌粉，可达到一定的防治效果。除此之外，山东省莱阳县还利用大黑臀钩土蜂进行地下害虫的防治，1983年在200亩示范田每亩放蜂1 000头左右，大黑鳃金龟被寄生率达60%~70%，基本控制了为害。黏虫天敌有蛙类、鸟类、蝙蝠、蜘蛛、螨类、捕食性昆虫、寄生性昆虫、寄生菌和病毒等多种，其中，步甲、麻雀等可捕食大量的粘虫幼虫，瓢虫、食蚜虻和草蛉等可捕食低龄幼虫。

5. 化学防治

（1）荞麦钩刺蛾　在幼虫3龄前，可交替选用90%晶体敌百虫1 000倍液、苏云金杆菌乳剂300~600倍液、20%甲氰菊酯（灭扫利）乳油1 500~2 000倍液、40.7%毒死蜱乳油800~1 500倍液、40%乐果乳油1 500~2 000倍液、2.5%溴氰菊酯（敌杀死）乳油2 000~2 500倍液、20%氰戊菊酯（杀灭速丁）乳油2 000~2 500倍液喷雾防治。

（2）黏虫　在幼虫3龄前，可交替选用25%灭幼脲3号悬浮液1 500倍液、21%增效氰·马（灭杀毙）乳油 4 000 倍液、5%顺式氰戊菊酯（来福灵）乳油 2 500 倍液、90%晶体敌百虫 1 000 倍液、50%辛硫磷乳油 1 500 倍液、4.5%高效氯氰菊酯（高灭灵）乳油 1 000 倍液喷雾。

（3）草地螟　在幼虫 3 龄之前，可交替选用 0.3%苦参碱（苦参素）水剂 800 倍液、52.25%农地乐乳油 1 000～1 500 倍液、25%辛·氰（快杀灵）乳油 1 500 倍液、25%除虫脲（敌灭灵）可湿性粉剂 1 000～1 500 倍液、2.5%氯氟氰菊酯（功夫）乳油 2000 倍液、2.5%高效氟氯氰菊酯（保得）乳油 2 000～2 500 倍液喷雾。也可每亩用 2%杀螟硫磷（杀螟松）粉剂 1.5～2kg 进行喷粉。

（4）蚜虫　在幼虫 3 龄前，可交替选用 25%灭幼脲 3 号悬浮液 1 500 倍液、21%增效氰·马（灭杀毙）乳油 4 000 倍液、5%顺式氰戊菊酯（来福灵）乳油 2 500 倍液、90%晶体敌百虫 1 000 倍液、50%辛硫磷乳油 1 500 倍液、4.5%高效氯氰菊酯（高灭灵）乳油 1 000 倍液喷雾。

（5）白粉虱　使用功夫、菊马乳油、氯氰锌乳油、灭扫利、天王星等喷雾，一周内连续喷雾 2～3 次效果很好。目前在生产上使用较多的生物制剂有 0.12%藻酸丙二醇、24.5%烯啶噻嗪，可杀死虫卵，而且持效期较长；30%啶虫脒防治效果也很好。

（6）荞麦红蜘蛛　当前对朱砂叶螨和二斑叶螨有特效的是仿生农药 1.8%农克螨乳油 2 000 倍液，持效期长，并且无药害。还可用 20%灭扫利乳油 2 000 倍液，或 40%水胺硫磷乳油 2 500 倍液，或用 20%双甲脒乳油 1 000～1 500 倍液，或用 10%天王星乳油 6 000～8 000 倍液，或用 10%吡虫啉可湿性粉剂 1 500 倍液，或用 1.8%爱福丁（BA-1）乳油抗生素杀虫杀螨剂 5 000 倍液，或用 15%哒螨灵（扫螨净、牵牛星）乳油 2 500 倍液，或用 20%复方浏阳霉素乳油 1 000～1 500 倍液，防治 2～3 次。

（7）双斑萤叶甲　发生严重时可喷洒 50%辛硫磷乳油 1 500 倍液，每公顷喷药液 750L。干旱地区可选用 27%巴丹粉剂，每公顷用药 30kg，采收前 7d 停止用药。

（8）蝼蛄　用 2.5%敌杀死乳油、50%辛硫磷乳油、90%美曲膦脂原药 0.5kg，加水 5kg，拌饵料 50kg。饵料煮至半熟或炒七分熟，饵料可选豆饼、麦麸、米糠等，傍晚均匀撒于田间，也可用新鲜草或菜切碎，用 50%辛硫磷乳油 100g 加水 2～25kg，喷在 100kg 草上，于傍晚分成小堆放置，诱杀蝼蛄，注意防止家禽中毒。当发现有成、若虫为害时，喷施有机磷或菊酯类杀虫剂。如土中根施 3%氟菊酯颗粒剂、根灌 50%辛硫磷乳剂 1 000 倍液防治、使用 70%锐劲特（氟虫腈）悬浮剂 2000 倍液防治等。

（9）蛴螬　在耙地前，每亩可选用 2%哒嗪硫磷（杀虫净）粉剂 1～1.5kg，或用 1.1%苦参碱粉剂 2～2.5kg，或用 3%毒·唑磷（护地净）颗粒剂 3kg，与细土 15～30kg 拌制毒土，混匀后撒于地面，结合耙地翻入土中。或在播种前，用种子量 2‰的 50%辛硫磷乳油进行拌种。也可在出苗后，选用 80%敌百虫可溶性粉剂 1 000 倍液、25%喹硫磷（爱卡士）乳油 1 000 倍液、5%顺式氯氰菊酯（百事达）乳油 1 000～2 000 倍液、40%乐果乳油 1 000 倍液喷雾或灌根。

（10）地老虎　利用 1～3 龄幼虫抗药性差，并且暴露在寄主植物或地面上的有利时机，选用毒死蜱与菊酯类农药混配施用来灌根，或者用辛硫磷配制的毒饵、毒谷、毒土于傍晚顺垄撒在幼苗根附近诱杀。

三、杂草防除

（一）中国杂草区系

依据《中国杂草志》（李扬汉，1998），农田杂草约 1 400 种，隶属 105 科。其中双子叶植物杂草72 科，约930 种，单子叶植物杂草440 种，蕨类、苔藓和藻类植物杂草30 种，有近 100 种为外来杂草。在长期的生产和自然选择中形成了复杂的杂草群落，而在某一特定地区所有的杂草群落构成了这一地区的杂草区系。

1. 寒温带主要杂草区系分布概况

本区为大兴安岭北部山区，地形不高，海拔 700～1 100m，是中国最寒冷的地区。年平均温度低于 0℃，绝对低温达−45℃，夏季最长不超过一个月。年降水量平均为 360～500mm，90%以上集中在 7—8 月，有利于作物与杂草的生长。

杂草分布及其组合受地形影响很大，不同海拔高度因受水热条件的综合影响，反映出杂草分布的垂直地带性，可以划分为不同的垂直带，本区的农业仅限于山地基部，农作物有较耐寒的各种麦类、甜菜、马铃薯、甘蓝等，另有少量的玉米、大豆、谷子及瓜类中的耐寒品种。有较耐寒的果树，如苹果、李和草木的草莓。主要杂草有鼬瓣花、北山莴苣及叉分蓼、野燕麦、苦荞麦、刺藜等分布。

2. 温带主要杂草区系分布概况

本区域包括东北松嫩平原以南、松辽平原以北的广阔山地，地形复杂，河川密布，范围广大，山峦重叠，地形起伏显著。由于纬度较北，年平均气温较低，冬季长而夏季短，愈北冬季愈长。由于南北相距甚远，水热条件不同，影响杂草组合上的差异。可分北部和南部。

北部年平均温度为 1～2℃，年降水量为 500～700mm，以 7—8 月为最多。有本地区的代表性杂草。东部有大面积的三江平原沼泽地区。主要杂草有卷茎蓼、柳叶刺蓼、藜、野燕麦、狗尾草、问荆、大刺儿菜、眼子菜、稗草等分布。

南部由于纬度偏南，直接受到日本海的湿气团的影响，气候温暖而雨量充沛。年平均气温在 3～6℃，年降水量 500～800mm，以 7—8 月为最多。典型杂草有胜红蓟、黄花稔及圆叶节节菜等。

3. 温带（平原）主要杂草区系分布概况

本区域主要分布在东北松辽平原，以及内蒙古高原等地，面积十分辽阔；一小部分在新疆北部。地形比较平缓，海拔由东向西逐渐上升，松辽平原中部 130～400m，内蒙古高原 800~1 300m，个别山地在 2 000m 以上。属于半干旱性气候，越至西部，干燥程度越是增加。年降水量由东到西从 500mm 左右逐渐降至 150mm，降水大部分集中在夏季。年平均温度由北到南增加。各地变化大，为-2.5~10℃。全年各月差异很大。每天温度变化也大。由东至西由于气候干燥程度不同，所以杂草及其组合也有差异。

本区域草原占全国土地面积 1/5，野生植物资源丰富，有纤维及药用植物等。农作物有春小麦、马铃薯、燕麦、玉米等。温带（草原）杂草主要有：藜、狗尾草、卷茎蓼、野燕麦、问荆、柳叶刺蓼、大刺儿菜、凤眼莲、蔗草、稗草、紫背浮萍、扁秆蔗草等。

4. 暖温带主要杂草区系分布概况

本区域包括东北辽东半岛，华北地区大部分，南到秦岭、淮河一线，略呈西部狭窄东部广宽的三角形。位于冀北山地与秦岭两大山体之间，全区西高东低，明显分为山地、丘陵和平原三部分。气候特点是夏季酷热，冬季严寒而晴燥。年平均气温为 8~14℃，由北向南递增，这种差异是使杂草种类和组合向南逐渐复杂的主要原因。年降水量平均在 500~1 000mm 之间，由东南向西北递减。夏季雨量极为丰富，约占全年 2/3。华北大平原则占 3/4。

暖温带主要和常见杂草有：蔗草、田旋花、酸模叶蓼、荠菜、扁蓄、小藜、葶苈、播娘蒿、马唐、反枝苋、马齿苋、牛筋草、扁秆蔗草、稗草、茨藻、野慈姑、水莎草、藜、香附子、狗牙根、看麦娘、牛繁缕、千金子、双穗雀稗、空心莲子草、离子草等分布。其中为害严重的蔗草和田旋花属喜凉耐寒杂草。

本区域因水热条件不同，杂草种类及杂草组合都有差异，表现为纬向、经向和垂直地带性的变化。

因热量不同而引起的纬度变化，是本区域表现最为明显的地带性差异。从南到北，由于热量的逐渐减少，可以看到其分布的规律性，在秦岭、淮河一线以南，杂草种类中南方的亚热带成分很多。许多种类，向北就逐渐减少或不存在。作物种类也存在南北的差异。

本区域由水热条件所引起的经向变化，其差异不如纬向变化明显，但仍然可以看到有些区别。水热条件较高的杂草分布于东部沿海各省。向西则为耐旱的杂草所取代。西部则以比较耐旱的杂草为主。

本区域也具有一定的垂直地带性。从山麓起，依次可以看到其变化。丘陵和平原地区，暖温带的落叶果树种类多，产量丰富，以苹果、梨等著名。低矮的丘陵和平原，已开垦为农田，农作物如小麦、玉米、棉花、高粱等最为普通。

5. 亚热带杂草区系分布概况

本区位于中国东南部，北起秦岭、淮河一线，南到南岭山脉间，西至西藏东南部的横断山脉，包括台湾省北部在内，是世界独一的分布着亚热带大面积的陆地。自然条件优越，为中国主要产粮地区。四川、湖南、湖北及长江三角洲都在本区域内，中国一半人口居住在本区域。是中国的粮食和经济植物及森林的良好产地。杂草种类约占全国总数的

1/2。

　　主要杂草有：千金子、马唐、稗草、鳢肠、牛筋草、稻槎、扁秆藨草、异型莎草、水莎草、碎米莎草、节节菜、牛繁缕、看麦娘、硬草、棒头草、萹蓄、春蓼、猪殃殃、播娘蒿、离子草、田旋花、刺儿菜、矮慈姑、双穗雀稗、空心莲子草、臭矢菜、粟米草、铺地黍、牛毛草、雀舌草、碎米荠、大巢菜、丁香蓼、鸭舌草。在中亚热带，冬季杂草比夏季杂草明显减少。南亚热带还有草龙、白花蛇舌草、竹节菜、两耳草、凹头苋、臂形草、水龙、圆叶节节菜、四叶萍、裸柱菊、芫荽菊、腋花蓼等分布。

　　亚热带区域，地形复杂，西部高而东部低，西部包括横断山脉南部以及云贵高原大部分。海拔 1 000~2 000m，东部平均温度都在 15℃ 以上，最冷月平均温度均超过 0℃。年降水量为 800~2 000mm，东部大于西部，降雨时间一般集中在夏秋两季。

　　本区东部主要杂草种类较多，较高的山地的杂草属寒温性杂草。本区域野生及栽培植物资源种类都占全国重要地位。

6. 热带杂草区系分布概况

　　这是中国最南部的一个杂草区域。从台湾省南部至大陆的南岭以南到西藏的喜马拉雅山南麓，地形多样而复杂。有冲积平原、珊瑚岛、丘陵、山地和高原等。从东到西逐渐上升。东西两部有明显的地形上的差异。此外，东南部海岸线曲折绵长，港湾岛屿甚多，南海海面有南海诸岛。地形复杂而多样。因而出现众多的杂草种类。本区域位于热带，具有热带气候的特点，温度高而雨量多，年平均温度一般为 20~22℃，南部可高达 25~26℃，最冷月平均气温为 12~15℃，全年基本无霜。是中国年降水量最多的区域，各地大都超过1 500mm。降雨集中在 4—10 月为雨季，其余为少雨季节，称为旱季，干湿季分明。

　　由于环境条件复杂而多样，杂草有热带类型和亚热带类型。东部地区有偏湿性的类型和西部偏干性的类型，栽培植物更为多样化。水热条件优越，生长季节长，植物资源丰富，杂草种类众多。

　　热带主要杂草有脉耳草、龙爪茅、马唐、臭矢菜、香附子、草决明、含羞草、水龙、圆叶节节菜、稗草、四叶萍、日照飘拂草、千金子、尖瓣花、碎米莎草等；亚热带类型杂草有马唐、草龙、白花蛇舌草、胜红蓟、竹节草、两耳草、凹头苋、铺地黍、牛筋草、臂形草、莲子草、稗草、异型莎草、水龙等分布。

7. 温带（荒漠）杂草区系分布概况

　　中国荒漠区域占全国面积 1/5 以上，位于西北部，包括新疆、青海、甘肃、宁夏和内蒙古等省和自治区的大部或部分地区，包括沙漠和戈壁等部分。沙漠的地面由沙质组成，戈壁以砾石为主。地形基本特征是高山与盆地相间，形成不同的地形单位。气候具有明显的强大陆性特点，全区域较干旱或十分干旱，不但冬夏温差大，每天温度变化也很大，年降水量都在 250mm 以下，大部分地区不到 100mm，最低的只有 5mm。西部典型荒漠地区，杂草极为稀少，只有比较湿润的地方有少数杂草，水源较丰富的地方有杂草分布。

在荒漠中的绿洲，种植一年一熟的春小麦、燕麦、马铃薯、甜菜等，盛产葡萄、瓜类等特产果品。主要杂草有野燕麦、卷茎蓼、问荆、狗尾草、藜、柳叶刺蓼等。

8. 青藏高原高寒带主要杂草区系分布

青藏高原位于中国西南部，平均海拔 4 000m 以上，是举世闻名的最大最高的高原。东与云贵高原相接，北达昆仑山，西至国境线。地形主要有高山、高原、沿湖盆地和谷地。气候为气温低，年变化小，日变化大，干湿季和冷暖季变化分明等特点。由于高原面积辽阔，各地海拔不同，地形复杂，与海洋的距离相差悬殊等特点，因而青藏高原各地的气候极不相同。

主要及常见的杂草有薄蒴草、野燕麦、卷茎蓼、田旋花、藜、密穗香薷、野荞麦、大刺儿菜、猪秧秧、苣荬菜、野芥菜、萹蓄、大巢菜、遏兰草等分布。

青藏高原的东部及东南部，水分充沛，湿润多雨，比较温暖。东北部地区气候寒冷而较湿润，成为著名的高原沼泽区，除沼泽植物外，主要为高寒杂草。藏北高原有明显的高原气候，干冷、风大、气温的年变化和日变化大，分布高原杂草，西部阿里地区冬季很寒冷，非常干旱，海拔 5 000m 以上，有高寒杂草。

（二）苦荞麦田间主要杂草

狗尾草 [*Setaria viridis* (L.) Beauv]，禾本科狗尾草属

金色狗尾草 [*Setaria glauca* (L.) Beauv.]，禾本科狗尾草属

野稷 (*Panicum miliaceum* L. var. *ruderale* Kit.)，禾本科黍属

马唐 [*Digitaria sanguinalis* (L.) Scop.]，禾本科马唐属

止血马唐 [*Digitaria ischaemum* (Schreb.) Schreb. exMuhl.]，禾本科马唐属

虎尾草 (*Chloris virgata* Swartz) 禾本科虎尾草属

稗草 (*Echinochloa crusgalli* L.)，禾本科稗属

光头稗 [*Echinochloa colonum* (L.) Link.]，禾本科稗属

早熟禾 (*Poa annua* L.)，禾本科早熟禾属

白茅 [*Imperata cylindrica* (L.) Beauv.]，禾本科白茅属

牛筋草 [*Eleusine indica* (L.) Gaertn.]，禾本科穇属

野燕麦 (*Avenn fatua* L.)，禾本科燕麦属

千金子 [*Leptochloa chinensis* (L.) Ness]，禾本科千金子属

雀稗 (*Paspalum thunbergii* Kunth ex Steud.)，禾本科雀稗属

狗牙根 [*Cyondon dactylon* (L.) Pers.]，禾本科狗牙根属

藜 (*Chenopodium album* L.)，藜科藜属

刺藜 (*Chenopodium aristatum* L.)，藜科藜属

土荆芥 (*Chenopodium ambrosioides* L.)，藜科藜属

猪毛菜 (*Salsola collina* Pall.)，藜科猪毛菜属

地肤［*Kochia scoparia*（L.）Schrad.］，藜科地肤属

红蓼（*Polygonum orientale* L.），蓼科蓼属

水蓼（*Polygonum hydropiper* L.），蓼科蓼属

萹蓄（*Polygonum aviculare* L.），蓼科蓼属

酸模叶蓼（*Polygonum lapathifolium* L.），蓼科蓼属

尼泊尔蓼（*Polygonum nepalense* Meisn.），蓼科蓼属

卷茎蓼（*Polygonum convolvulus* L.），蓼科何首乌属

土大黄（*Rumex madaio* Makino.），蓼科酸模属

绢毛匍匐委陵菜（*Potentilla reptans* L. var. *sericophylla* Franch.），蔷薇科钉状花柱属

猪殃殃［*Galinm aparine* L. var. *tenerum* Gren. et（Godr.）Rebb.］，茜草科拉拉藤属

婆婆纳（*Veronica didyma* Tenore），玄参科婆婆纳属

泥花草［*Lindernia antipoda*（L.）Alston］，玄参科母草属

雾水葛［*Pouzolaia zeylanica*（L.）Benn.］，荨麻科雾水葛属

紫花地丁（*Viola yedoenis* Makino），堇菜科堇菜属

半夏［*Pinellia ternate*（Thunb.）Breit.］，天南星科半夏属

饭包草（*Commelina benghalensis* L.），鸭拓草科鸭拓草属

鸭拓草（*Commelina commuhis* L.），鸭拓草科鸭拓草属

碎米莎草（*Cyperus iria* L.），莎草科莎草属

牛毛毡［*Eleocharis yokoscensis*（Franch. et Sav.）Tang et Wang］，莎草科荸荠属

萤蔺（*Scirpus juncoides* Roxb），莎草科蔗草属

马齿苋（*Portulaca oleracea* L.），马齿苋科马齿苋属

反枝苋（*Amaranthus retroflexus*），苋科苋属

凹头苋（*Amaranthus ascendens* L.），苋科苋属

荠菜［*Capsella bursa-pastoris*（L.）Medic.］，十字花科荠属

播娘蒿［*Descurainia sophia*（L.）Webb. ex Prantl］，十字花科播娘蒿属

印度蔊菜［*Rorippa indica*（L.）Hiern］，十字花科蔊菜属

泽漆（*Euphorbia helioscopia* L.），大戟科大戟属

地锦草（*Euphorbia humifusa* Willd.），大戟科大戟属

泥胡菜［*Hemistepta lyrata*（Bunge）Bunge］，菊科泥胡菜属

长裂苦苣菜（*Sonchus brachyotus* DC.），菊科苦苣菜属

苣荬菜（*Sonchus arvensis* L.），菊科苦苣菜属

三叶鬼针草（*Bidens pilosa* L.），菊科鬼针草属

长夜紫菀（*Aster tataricus* L. f.），菊科紫菀属

黄花蒿（*Artemisia annua* L.），菊科蒿属

艾蒿（*Artemisia argyi* H. Lév. & Vaniot），菊科蒿属

苍耳（*Xanthium sibiricum* Patrin ex Widder），菊科苍耳属

蒲公英（*Taraxacum mongolicum* Hand. –Mazz.），菊科蒲公英属

草地凤毛菊［*Saussurea amara*（L.）DC.］，菊科凤毛菊属

刺儿菜（*Cirsium setosum* L.），菊科蓟属

小鱼眼草（*Dichrocephala benthami* C. B. Clarke），菊科鱼眼草属

牛膝菊（*Galinsoga parviflora*），菊科牛膝菊属

鼠鞠草（*Gnaphalium affine* D. Don），菊科鼠鞠草属

苦苣（*Ixeris chinensis*），菊科苦荬菜属

田野千里光（*Senecio oryzetorum* Diels），菊科千里光属

腺梗豨莶（*Siegesbeckia pubescens*），菊科豨莶属

节节草（*Equisetum ramosissimum* Desf），木贼科木贼属

笔管草（*Equisetum debile*），木贼科木贼属

牻牛儿苗（*Erodium stephanianum* Willd.），牻牛儿苗科牻牛儿苗属

风轮草（*Clinopodium chinensis* O. Kze.），唇形科风轮菜属

宝盖草（*Lamium amplexicaule* L.），唇形科野芝麻属

夏枯草（*Prunella vulgaris* L.），唇形科夏枯草属

荔枝草（*Salvia plebeia* R. Br.），唇形科鼠尾草属

野薄荷（*Mentha haplocalyx* Briq.），唇形科薄荷属

天蓝苜蓿（*Medicago lupulina* L.），豆科苜蓿属

大巢菜（*Vicia gigantea* Bge.），豆科野豌豆属

广布野豌豆（*Vicia cracca* L.），豆科野豌豆属

酢浆草（*Oxalis corniculata* L.），浆草科酢酱草属

龙葵（*Solanum nigrum* L.），茄科茄属

曼陀罗（*Datura stramonium* L.），茄科曼陀罗属

田旋花（*Convolvulus arvensis* L.），旋花科旋花属

打碗花（*Calystegia hederacea* Wall.），旋花科打碗花属

车前（*Plantago asiatica* L.），车前科车前属

蒺藜（*Tribulus terrestris* L.），蒺藜科蒺藜属

蚤缀（*Arenaria serpyllifolia* L.），石竹科无心菜属

牛繁缕［*Malachium aquaticum*（L.）Fries］，石竹科繁缕属

小繁缕（*Setllaria apetala* Ucria），石竹科繁缕属

繁缕［*Stellaria media*（L.）Cry.］，石竹科繁缕属

（三）防除措施

随着农业生产的发展和耕作制度的变化，荞麦田杂草的发生也出现了很多变化。农田水肥的不断提高，杂草孳生蔓延的速度也不断加快，生长量大。荞麦田除草遵循"预防为主，综合防除"的策略，运用生态学的观点，从生物、环境关系的整体出发，本着安全、有效、经济、简易的原则，因地因时制宜，合理运用农业、生物、化学、物理的方法以及其他有效的生态手段，把杂草控制在不足以造成为害的水平，以实现优质高产和保护人畜健康的目标。

1. 农业综合防除

（1）轮作倒茬　通过与不同的作物轮作倒茬，可以改变杂草的适生环境，创造不利于杂草生长的条件，从而控制杂草的发生。

（2）合理耕作　采取深浅耕作相结合的耕作方式，既控制了荞麦田杂草，又省工省时。播前浅耕 10cm 左右，可促使表层土中的杂草种子集中萌发整齐，化学除草效果好。在多年生杂草重发区，冬前深翻，使杂草地下根茎暴露在地表面而被冻死或晒死。常年精耕细作的田块多年生杂草较少发生。

（3）施用充分腐熟的农家肥　农家堆肥中常混有许多杂草种子，因此，肥料必须经过高温腐熟，以杀死杂草种子，充分发挥肥效。

（4）加强田间管理　可在荞麦出苗后 5~7cm 时和开花封垄前分别进行人工除草一次；也可在封垄前机械除草，以苗压草。

（5）合理密植　加大密度来控制杂草是有效手段。荞麦种植密度小，杂草量多，植株高大、分枝多、茎秆粗壮、不易倒伏，单株粒数增加，但总体产量因群体不大而不高。随着密度加大杂草受到控制，达到 16 万/亩时，杂草量变少，产量最高，同时植株也比较健壮，密度再加大后，杂草量较少，但荞麦的个体生长受到影响，植株纤细，易倒伏，产量受到影响。综合考虑荞麦的生物和经济性状，合理密植既要控制杂草，又要荞麦健壮，产量增加，建议每亩 16 万株左右。

（6）利用化感作用防除杂草　化感作用（allelopathy），即各种植物（包括高等植物和微生物）所释放的化学物质引起的生化相生及相克作用，又称之为异株相生或相克相生，它产生的化学物质称为化感物质（allelochemicals）。植物化感物质是由酚类、类萜、含氮化合物以及聚乙炔或香豆素类形成的次生物质。

在农业生态系统中，任何植物都不止合成一种化感物质，许多化感物质具有一物多用的生态功能，对杂草往往也有作用。化感作用是植物生态系统中自然的化学调控现象，是植物适应环境的一种生态机制，化感作用并不是以"毒杀"为目的，而是以控制为目的，作用温和而又行之有效，防除效果持续时间长且不易产生抗药性。因此，利用化感物质来防治杂草是化感作用的应用潜力之一。

多年来，许多学者对荞麦的抑草机理进行了研究，主要是：①根系发达，吸收营养能力强，生长迅速；②比其他杂草发芽早，叶面积急速扩大覆盖地面，遮住其他杂草生长所需的阳光；③植物体中含有抑制杂草生长的他感物质。在荞麦的植物体中，曾分离出脂肪酸或阿魏酸、咖啡酸等酚类物质，能抑制白菜、水稻、小麦、黑麦草、小稗草、马齿苋等的生长。不同的荞麦品种间，抑制杂草的能力也有差异，其中，苦荞麦的抑制杂草能力最强。研究表明，从荞麦的根、叶分泌的物质，能阻碍马唐、蓼灰茶、大马蓼等杂草的生长。

日本宫崎大学教授续荣治发现，用荞麦秆为原料制成的粒状肥料能够抑制水田里杂草的生长，效果与化学除草剂相当。据这位科学家介绍，他是从荞麦田里杂草少这一现象，推断荞麦中可能含有某种抑制杂草生长的物质。通过实验发现，荞麦秆中含有植物相克物质，如阿魏酸和咖啡酸等，对杂草有很好的抑制作用，但是又不影响水稻的生长。

徐冉（2002）研究发现，荞麦秸秆粉对植物发芽、生长发育有抑制作用，其抑制作物的强弱因植物的种类而异，对生菜和稗草的抑制作用强，对大豆和水稻的抑制作用弱。荞麦秸秆粉可使稗草的发芽率降低100%，生菜的发芽率降低66.5%。大豆的发芽率虽没有降低，但侧根数减少74%，根鲜重减少44%。水稻的发芽率降低15%，根长缩短96%，幼苗高度降低56%。荞麦秸秆粉可使双子叶水田杂草发芽率降低88%~91%，使单子叶水田杂草发芽率降低76%~89%。施过荞麦秸秆粉的水田不会对后作水稻的发芽和生长发育造成不利影响。

李春花（2017）研究发现，荞麦秸秆具有良好的杂草抑制效应及苦荞增产效应。荞麦秸秆还田量从 1 200kg/hm² 增至 4 800kg/hm²，禾本草及阔叶草的株数及鲜质量较对照明显下降，防除效应明显增高。大山包种植区秸秆还田量为 4 800kg/hm²、安宁种植区秸秆还田量为 3 600kg/hm² 时杂草防效、苦荞的农艺性状及产量整体上大于其他处理，最高产量分别达到 1 714.0、1 262.3kg/hm²，比对照分别增加 74.3%、41.0%。

2. 化学防除

（1）播后苗前除草　荞麦播后苗前除草，可以将杂草防除于萌芽期和造成为害之前。由于早期控制了杂草，可以推迟或减少中耕次数；同时，播种出苗前田间没有作物，施药较为方便，便于机械化操作；荞麦尚未出土，可选择的苗前除草剂对荞麦较为安全，除草剂成本也相对较低。但是，除草剂使用剂量与防效受土壤质地、有机质含量、土壤 pH 的影响。施药后遇降水可能将某些除草剂淋溶到荞麦种子上而产生药害。

禾耐斯（用量 1 200~1 500ml/hm²）、速收（用量 75~150g/hm²）对阔叶杂草和禾本科杂草均有较高的防除效果，对阔叶杂草的防除率可达90%，对禾本科杂草的防除率可达95%以上，且对荞麦有较高的安全性。

金都尔（用量 900~1 200ml/hm²）可有效防除荞麦田间杂草，1 200ml/hm² 禾本科杂草防效为97.1%，阔叶类杂草防效为85.3%，且能增加产量。

荞麦田禁止使用田普、氟乐灵等除草剂。

（2）苗期除草 荞麦苗期除草，即在荞麦苗2~3叶期喷施除草剂。受土壤类型、土壤湿度的影响相对较小，根据杂草种类、密度施药，针对性较强。在苗后只能喷施针对禾本科杂草的除草剂，目前还没有适宜在荞麦苗期使用的针对阔叶草的除草剂。

荞麦田可使用威马（600ml/hm²）、精禾草克（600ml/hm²）除禾本科草，对禾草防效高达95%以上，而且可增加产量。盖草能、扑草净对荞麦田杂草的防效较差，不能用于荞麦田除草。荞麦田苗期禁止使用的除草剂有一遍净、莠去津、豆轻闲、双草除、烟嘧磺隆、玉乐宝、百草枯、玉草克、使它隆、立清乳油、苯磺隆、二甲四氯等。

第二节 非生物胁迫及其应对

一、水分胁迫

（一）对苦荞生长及产量和生理生化指标的影响

1. 发生时期

苦荞喜湿怕旱，但不耐渍涝，全生育期要求土壤相对湿度达到田间持水量的60%~70%，生产1kg的苦荞籽实约需要消耗1.23m³水量用于作物的蒸腾。由于苦荞根系不发达，不能长期缺水，因此水分亏缺是限制苦荞产量提高和品质提升的主要因素。从生长发育过程来讲，苗期需水较少，种子吸水量达自身重量的35%~40%即可萌发。苦荞萌发时PEG模拟水分胁迫抑制了苦荞根的生长、种子的发芽速率和发芽率，且随胁迫程度增加，种子相对发芽率、发芽势、胚根长度、胚芽长度等下降。幼苗期比较耐旱，需水量占全生育期耗水量的11%。但是，苗期受水分胁迫后，苦荞比叶面积、叶面积、根系体积、根系表面积减少，叶绿素含量和可溶性蛋白含量显著降低。现蕾开花期需水量较大，占总耗水量的50%~60%，开花结实期需水量占总耗水量的25%~35%，开花结实期如遇干旱会显著降低了苦荞植株株高和分枝数，同时，造成花蜜分泌减少，影响传粉授精，通过比较苦荞营养生长期干旱与生殖生长期干旱发现，生殖生长期干旱更容易造成苦荞花序数减少，伞状花序数、开花数、花粉粒数在干旱条件下也相应减少。

2. 对植株生长的影响

淹水和干旱都可能引起水分胁迫。在淹水条件下，有氧呼吸受抑制，影响水分吸收，导致细胞缺水失去膨压，引起水分失去平衡而萎蔫。干旱缺水引起的水分胁迫是最常见的，对植物产量影响最大。因此，当前的苦荞水分胁迫研究也主要集中在干旱胁迫上，而对于涝渍胁迫的研究则罕见报道，以致出现水分胁迫通常等同于干旱胁迫的误解。尽管如此，本文讨论的重点仍然是干旱引起的水分胁迫。由于干旱的发生，苦荞体内的水分平衡就会失调，植株体内会发生一系列相应的形态和生理生化变化。

水分的吸收有赖于根系的作用，而土壤水分状况影响根系生长和分布。当土壤上层水分充足植株根系横向生长，根浅分布广；当土壤干旱但深层仍有可利用水分，根系偏向于纵向生长。谭茂玲（2015）和路之娟（2018）都开展了不同程度干旱胁迫对苦荞根系生长发育影响的研究，不同的是，前者控制干旱程度是通过持续干旱天数的多少来体现，持续干旱7d恢复灌水为轻度干旱胁迫，持续干旱14d后再恢复灌水为重度胁迫；而后者则是通过控制田间土壤持水量体现不同程度干旱胁迫，土壤含水量为田间持水量的45%～55%为重度干旱胁迫，土壤含水量为田间持水量的25%～35%为中度干旱胁迫。谭茂玲的研究结果表明，持续干旱7d后恢复到正常灌水，两个苦荞品种晋荞2号和川荞1号的主根长分别较正常灌水处理增长19.2%和30.4%，而持续干旱14d后恢复到正常灌水，根系生长受到严重影响，两个苦荞品种晋荞2号和川荞1号的主根长分别较正常灌水处理减少20.2%和14.4%，主根粗、根体积和侧根数同样表现出相同的变化规律。路之娟的研究结果表明在干旱胁迫条件下，苦荞幼苗的根系体积和根系表面积、根系干重均比正常水分处理显著降低，且随着干旱胁迫程度的增加，降幅也随之加大；与耐旱性品种相比较，不耐旱品种根系相关指标降低的幅度更大。两种耐旱型品种主根长在中度干旱胁迫下显著降低，而在重度胁迫下显著增加，但不耐旱品种则在两种干旱胁迫下均显著下降，且在重度胁迫下降幅更大。可见，干旱条件下，耐旱型苦荞在一定程度上可通过促进主根伸长来增加根系吸收范围，表现更高的干旱忍耐性。

干旱胁迫会导致苦荞植株的株高降低，主茎分枝和主茎节数减少。向达兵（2013）采用盆栽试验的方法，研究了干旱胁迫程度对苦荞麦花后生长及干物质积累的影响，结果表明，川荞1号和晋荞2号两个苦荞品种初花期持续干旱7d后恢复灌水处理的株高分别较正常灌水处理降低了9.4%和23.3%，持续干旱14d后恢复灌水处理降幅则分别达到了29.7%和28.7%。主茎分枝和主茎节数表现同样的变化规律。然而，谭茂玲（2015）的研究结果却与上述结果有一定的差异，川荞1号和晋荞2号两个苦荞品种现蕾开花期持续干旱7d后恢复灌水处理的株高反而较正常灌水处理分别提高10.4%和15.6%，而持续干旱14d后恢复正常灌水处理才表现出株高降低，两种程度的干旱胁迫主茎分枝、主茎节数均略有增加，但差异不显著，无统计学意义。相同的品种、相同的胁迫处理却得到两种不同的结果，需进一步进行试验验证。

3. 对产量的影响

干旱胁迫对苦荞产量、品质的影响与干旱胁迫的时间、干旱胁迫程度及品种都有密切的关系。开花初期连续干旱3d，荞麦结实数降低达50%，复水后仍降低新开花的受精结实率。向达兵等（2013）研究表明，开花期干旱严重影响荞麦干物质积累和产量形成，川荞1号和晋荞2号植株各器官的干物质量均随着干旱胁迫程度的增加而显著减少，干旱胁迫7d后恢复灌水处理两个品种干物质量分别较正常处理降低13.1%和35.0%，干旱胁迫14d后恢复灌水处理两个品种干物质量分别较正常处理降低41.4%和55.1%。苦荞植株干物质主要分配于茎中，其次为叶片、籽粒和根，因此，籽粒产量的降幅大于干物质量，干旱胁迫 7d 后恢复灌水处理两个品种籽粒产量分别较正常处理降低 30.7% 和 31.5%，干旱胁迫 14d 后恢复灌水处理两个品种籽粒产量分别较正常处理降低 42.5% 和 67.5%。谭茂玲（2015）的研究结果却表明，轻度干旱胁迫能增加苦荞成熟籽粒数，提高单株籽粒产量。晋荞 2 号和川荞 1 号的成熟粒籽数与未成熟籽粒数均以持续干旱 7d 后恢复灌水的轻度胁迫处理最高，成熟籽粒数和未成熟籽粒数分别为 85 粒、16 粒和 43 粒、16 粒。持续干旱 14d 后恢复灌水（重度胁迫），成熟籽粒数和未成熟籽粒数才明显下降，晋荞 2 号和川荞 1 号的成熟粒籽数与未成熟籽粒数分别为 19 粒、5 粒和 13 粒、4 粒，分别较正常灌水处理下降了 54.8%、58.3% 和 43.5%、33.3%。单株籽粒质量同样表现为轻度胁迫处理最高，两个品种分别较对照提高了 9.5% 和 91.6%，持续干旱 14d 后，两个品种单株籽粒质量均显著下降，分别为 0.5g/株和 0.3g/株，较正常灌水处理降低了 76.2% 和 75.0%。

　　苦荞的品质主要包括籽粒颜色（黑褐色或灰褐色）、形状（三棱三沟，沟棱相同，棱圆钝）、果皮厚度、籽粒长度、千粒重、灰分含量，以及黄酮含量、粗纤维含量、蛋白质含量、淀粉含量、脂肪含量、维生素含量等。而当前水分胁迫对苦荞品质的影响方面的研究不多，主要体现在水分胁迫对芦丁含量和黄酮含量的影响上。谭茂玲（2015）的研究结果表明，干旱对苦荞麦的根、茎和叶的芦丁质量分数没有影响，而无论是轻度胁迫还是重度胁迫处理均显著提高了籽粒的芦丁质量分数。Podolska 等（2007）研究则表明，从开花期到收获期干旱对荞麦品种 Kora 的产量及产量构成、清蛋白、球蛋白无显著影响，但对醇溶谷蛋白影响显著。

4. 对幼苗生理生化特性的影响

　　为了忍耐或者适应干旱的不利环境条件，苦荞幼苗会发生相应的生理生化特性的变化。如减缓叶片含水量下降的速度，累积渗透调节物质以保持水分，提高抗氧化酶活性清除活性氧以保持正常生理功能等。

5. 对叶片相对含水量的影响

　　对干旱胁迫响应最明显的、最直接的器官是植物的叶片。叶片相对含水量是组织水重占饱和组织水重的百分率。叶片相对含水量是反映植物水分状况的重要参数，是衡量叶片保水力的主要参数，水分亏缺导致叶片相对含水量下降。随着干旱的加剧，植物叶片的相对含水量会逐渐降低，而抗旱性强的品种叶片相对含水量下降较慢。陈鹏（2008）用 30% PEG-6000 模拟干旱环境对苦荞幼苗进行水分胁迫，研究水分胁迫对苦荞幼苗叶片相对含水量的影响。结果表明，随着水分胁迫时间的延长，苦荞幼苗叶片相对含水量呈下降趋势，水分胁迫 2~4d 时与对照的差异达到显著水平。恢复灌水后后，叶片的相对含水量缓慢升高，在复水处理 1~2d 时显著低于对照，复水处理 3~4d 后与对照相比无显著差异，表明解除水分胁迫后，苦荞幼苗叶片能迅速恢复到正常水分水平，表明荞麦具有较高的耐旱性。贾婷（2012）的研究结果同样表明叶片相对含水量随着胁迫处理时间延长而降低，干旱处理 6d 与对照差异达到显著水平。路之娟等（2018）采用称重浇水法进行盆栽人工控水试验，发现土壤含水量为田间持水量的 45% ~ 55% 的轻度干旱和土壤含水量为田间持水量的 25% ~ 35% 的重度干旱胁迫 2 个耐旱品种迪庆苦荞、西农 9909 和 2 个不耐旱品种西荞 1 号、黑丰 1 号的叶片相对含水量均较对照显著下降。通常认为叶片相对含水量越大，下降速率越小，则抗旱性越强，而化学调节物质浸种能减缓苦荞幼苗叶片相对含水量降低的趋势。石艳华（2013）利用硫酸锌、硫酸锰、水杨酸及脯氨酸等 4 种化学调节物质对苦荞进行浸种处理，然后在正常灌水及干旱胁迫下测定苦荞叶片相对含水量的变化。结果表明，在正常供水情况下，用化学调节物质浸种后苦荞的叶片相对含水量与清水浸种的差异不大，而在进行水分胁迫后，各处理与清水浸种处理的差异均达到极显著水平，以硫酸锌浸种效果最佳，比对照提高了 79.9%，是结果表明以硫酸锌等化学物质浸种可提高苦荞的抗旱性。

6. 叶片游离脯氨酸含量

植物在正常条件下，游离脯氨酸含量很低，但遇到干旱等逆境时，游离脯氨酸便会大量积累，干旱胁迫下游离脯氨酸含量可比正常生产条件下高几十倍甚至几百倍。陈鹏（2008）的研究表明，水分胁迫下苦荞幼苗叶片的游离脯氨酸含量显著升高，在水分胁迫 2 ~ 4d，苦荞幼苗叶片的脯氨酸含量与对照相比差异显著。复水后叶片的脯氨酸含量开始迅速下降，在复水 3 ~ 4d 时与对照相比无显著差异。贾婷（2012）的研究结果同样表明，荞麦幼苗叶片游离脯氨酸含量随着干旱胁迫时间的增加而上升，且在整个胁迫过程中，宁荞 1 号游离脯氨酸含量上升最多，为正常灌水处理时的 16 倍。

7. 叶片过氧化物酶含量

大量的研究实验表明，植物体内广泛存在的抗氧化酶系统，能有效清除活性氧，保证细胞正常的生理功能，维持其对干旱胁迫的抗性（张彤，2005）。过氧化物酶（Peroxidase，POD）是清除过氧化物的关键酶，与植物抗逆能力密切相关。苦荞幼苗在受到水分胁迫后，叶片中 POD 活性均显著升高，其中在水分胁迫 3d 时，POD 活性最高。复水后 1d 处理的幼苗叶片 POD 活性仍显著高于对照，在以后的取样时间，处理与对照相比无显著差异。此结果表明，苦荞幼苗具有较高的清除叶片内活性氧自由基的能力（陈鹏，2008）。抗旱能力强的品种通常具有较高的 POD 活性（路之娟，2018）。

8. 叶片丙二醛含量

丙二醛（Malondialdehyde，MDA）是植物受到逆境胁迫时膜脂过氧化作用的最终产物，其含量的高低反映植物细胞膜受伤害程度，比较不同植物抗逆性的差异。等渗 PEG 处理时，苦荞和甜荞根部和叶片质膜透性无明显变化（战伟龑，2009）。而有研究则发现，随干旱胁迫时间的延长，质膜相对透性增加，且不同品种间的差异显著，抗旱性强的品种质膜相对透性增加幅度小（贾婷，2012）。陈鹏等（2008）研究发现水分胁迫下膜脂过氧化产物 MDA 含量变化不显著，贾婷（2012）研究则表明 MDA 含量随干旱胁迫时间的延长呈上升趋势，巩巧玲等（2009）研究也表明随胁迫强度和胁迫时间的延长，MDA 含量上升，且抗旱性强的品种具有较低的 MDA 含量。

9. 叶片可溶性蛋白

水分胁迫压力作为信号可以诱导调节一些基因的表达，进而促使蛋白质的组成改变，或者合成新的蛋白质，即逆境诱导蛋白。逆境诱导蛋白对植物的逆境适应起保护作用，可以提高植物的耐胁迫能力（姚觉，2007）。根据水分胁迫诱导的功能，可分为调节蛋白和功能蛋白两大类。调节蛋白在逆境胁迫信号传导和功能基因表达过程中起调节作用，而功能蛋白主要有渗透调节相关蛋白、膜蛋白、毒性降解酶、大分子保护因子和蛋白酶 5 大类，往往是整个水分胁迫调控通路的终端产物，直接在植物的各种抗旱机制中起作用，当植物遭受水分胁迫时，其本身作为一个有机整体能从各方面进行防御（施俊凤，2009）。苦荞抗旱性相关基因调控研究较少，仅有少量研究水分胁迫渗透调节相关蛋白方面的报道，即水分胁迫对可溶性蛋白的影响。可溶性蛋白与调节作物细胞的渗透势有关，高含量的可溶性蛋白可帮助维持作物细胞较低的渗透势，抵抗水分胁迫带来的伤害。贾婷（2012）的试验结果表明，荞麦幼苗叶片可溶性蛋白含量在 0 ~ 12d 急剧下降，从第 12d 开始含量下降趋于稳定。徐芦（2010）的研究结果也表明，干旱程度较低时，荞麦植株叶片可溶性蛋白含量降低，根系可溶性蛋白含量增加，随着干旱程度的加剧，叶片和根系中可溶性蛋白含量均呈降低趋势，但抗旱性强的品种下降较慢，抗旱性弱的品种下降较快。路之娟（2018）也证实了在水分胁迫下耐旱品种可溶性蛋白含量降幅显著小于不耐旱品种。

10. 对黄酮类物质含量的影响

黄酮类物质是苦荞中最重要的生物活性物质之一，具有多种保健功能，主要包括芦丁、槲皮素、山奈酚、桑色素、金丝桃苷等化合物，其中芦丁又称芸香苷，维生素 P，占苦荞中黄酮总量的 75% 以上（赵钢等，2009）。干旱胁迫有利于苦荞各器官黄酮质量分数的增加，持续干旱 7d 的轻度胁迫和持续干旱 14d 重度胁迫处理后苦荞根、茎、叶和籽粒的总黄酮质量分数均显著高于正常水分处理（谭茂玲，2015）。在水分胁迫解除，即恢复灌水后，苦荞幼苗叶片黄酮类物质含量开始下降，但是与对照相比，各胁迫处理的黄酮含量仍高于对照（陈鹏，2008）。

（二）苦荞抗（耐）旱指标

植物在漫长的进化历程中，逐渐能在一定程度上适应或抵御干旱，形成了多种多样的抗旱机制和特性。作物对干旱的响应可分为 3 类：逃旱性、避旱性和耐旱性。无论是哪种类型的响应机制，通常都伴随着植株生长发育、形态特征和生理生化反应的变化，如通过缩短生育期逃避干旱、建立发达的根系吸收水分和卷曲叶片减少水分散失来保持水势、增加渗透调节物质积累增强组织器官的耐脱水能力等。这种响应机制是多种因素相互作用形成的，每个单一的因素对植物的抗旱性都有一定的关联，用单一或者个别的形态结构指标或者生理生化指标鉴定植物抗旱性会出现一定的偏差，采用多因素综合评价可避免单因素评价造成的差异，可以做到全面评价植物的抗旱性。总体说来，抗旱性鉴定的指标可分为两大类：一是形态指标，如株高、主茎分枝数、主茎节数、节长、千粒重、单株粒数、根重、根长、根茎比、有效叶片数、叶面积大小等；二是生理生化指标，如叶片相对含水量、叶水势、叶绿素含量、可溶性物质、保护酶、渗透调节物质等。

形态指标一般通过测量植物叶片及根系生长特征实现。叶片对干旱胁迫响应最明显、最直接，也最容易观察。叶片通过叶面积减小、叶片增厚、叶片下垂、叶片卷曲、叶角改变、叶茸毛增多、角质层厚度加厚等变化来减少水分的蒸发，叶色也可以识别鉴定植物的抗旱性的强弱，因为浅绿和黄绿色的叶子比深绿色叶子能够反射出更多的光线，进而维持较低的叶温而减少水分散失。路之娟（2017）的研究结果证实了苦荞叶面积、茎叶干重、株高、茎粗 4 个指标受干旱胁迫影响最大的是叶面积大小。

根系是作物吸收土壤中水分和养分的重要器官，也是作物地上部分赖以生存的基础。根系相对越发达，越有利于吸收更多的地下水，然而，过分发达的根系不但抑制地上部分的生长，同时，靠地上部分供给根系的物质也得不到满足，反过来又影响了根系代谢。不同水分处理下的荞麦地上部分和地下部相互影响的程度是不会一致的，因此根冠比反映了同化产物分配的比例，一定程度上反映了根系吸收能力和荞麦不同部位对水分的响应。一些研究认为，根系大、深、密是抗旱作物的基本特征。干旱胁迫与正常水分条件下相比，苦荞幼苗总根长、根表面积、根体积、根重降低（石艳华，2013）。不同荞麦品种在抗旱性上存在明显差异，抗旱指数高的品种在水分胁迫下仍保持较高的根长、胁迫指数、发芽势和发芽率，表现更好的抗旱性（彭去回，2011）。

干旱胁迫可以影响植物的生理代谢活动，如叶片相对含水量、叶绿素含量、游离脯氨酸、丙二醛、叶水势、质膜透性、超氧化物歧化酶（SOD）活性、过氧化氢酶（CAT）活性、过氧化物酶（POD）活性及可溶性糖、可溶性蛋白质的含量等。随着干旱的加剧，植物叶片的相对含水量会逐渐降低，而抗旱性强的品种叶片相对含水量下降较慢。叶绿素含量的高低反映了植物光合作用能力的强弱，植物在缺水状况下叶绿素合成酶的合成受阻，造成叶绿素的含量下降，而耐旱性强的苦荞品种叶绿素含量在水分胁迫下降幅小于不耐旱品种，其在干旱环境中仍能保持相对较高的叶绿素含量和含水量，从而保证自身有较强的光合能力，同时较高的含水量维持了体内正常的生理代谢活动，表现出较强抗旱性（路之娟，2018）。脯氨酸和可溶性糖是两种重要的渗透调节物质。植物体内水分亏缺后通过减少淀粉含量，增加脯氨酸和可溶性糖含量以降低细胞渗透势，维持细胞膨压，防止细胞脱水。丙二醛是植物在逆境中器官或者组织受到伤害而产生脂质氧化反应而产生的最终代谢产物，会引起蛋白质、核酸等生命大分子的交联聚合，其含量可作为评价植物抗逆性的重要指标。植物体内广泛存在的抗氧化酶系统（超氧化物歧化酶 SOD、过氧化氢酶 CAT、过氧化物酶 POD 等）能有效清除活性氧，保证细胞正常的生理功能，维持其对干旱胁迫的抗性，耐旱苦荞品种在水分胁迫逆境条件下能使保护酶活力维持在一个较高水平（路之娟，2018）。可溶性蛋白随着植物对逆境的适应产生大量的积累，可以螯合细胞脱水过程中产生的离子，减少离子对细胞的毒害，在植物生理学等试验中，通常通过测定可溶性蛋白来衡量植物的抗逆性。

徐芦（2010）用含有不同质量浓度的 PEG-6000 模拟干旱胁迫环境，研究了荞麦幼苗的形态特征和生理生化特性与品种抗旱性的关系，比较抗旱性不同的品种之间的差异，从而了解荞麦在水分亏缺下的适应性以及寻找适合快速鉴定荞麦品种抗旱性的指标，通过 9 份荞麦材料水分胁迫下各性状相对值对各品种进行抗旱分级，之后各指标与抗旱级别进行相关性分析和灰色关联度分析，认为根长胁迫指数、相对发芽势、相对发芽率、叶片相对含水量指数可以作为荞麦萌芽期抗旱性鉴定的有效指标；相对叶绿素含量、叶相对 MDA 含量、根相对 SOD 活性、叶相对可溶性蛋白含量可以作为荞麦苗期抗旱性鉴定的有效指标；POD 活性、可溶性蛋白含量、SOD 活性、MDA 含量、单株粒重、主茎节数、产量可以作为荞麦生育后期抗旱性鉴定的有效指标。路之娟（2018）利用隶属函数法、主成分分析与聚类分析对各苦荞品种耐旱能力进行综合评价，并用逐步回归分析建立最优回归方程进而实现对苦荞耐旱能力的预测与鉴定，筛选出株高、茎粗、根冠比、根系活力、最大根长、MDA 含量、叶绿素荧光参数 F_o 及水势等指标，可作为苦荞抗旱特性快速鉴定的指标。

（三）应对措施

中国苦荞主产区主要分布于高海拔冷凉山区的坡地、沙地、旱地，常年少雨或旱涝不匀，干旱对苦荞生长发育和产量品质形成影响较大，因此，应采用因地制宜选择抗（耐）旱品种、合理耕作、增施有机肥、关键生育期及时灌溉等抗旱栽培技术措施，提高苦荞抗旱能力，实现高产稳产。

1. 选用抗（耐）旱品种

在西南地区可选择九江苦荞、云荞 1 号、昭苦 1 号、川荞 1 号、川荞 2 号、西荞 1 号、晋荞 2 号、迪苦 1 号、黔苦 5 号、黔苦 2 号等抗旱性较强的品种。迪庆苦荞、西农 9909 和奇台农家品种的耐旱能力较强，可作为苦荞抗旱育种及黄土高原瘠薄土壤栽植的参考种质资源。播种前选择 7~10d 的晴朗天气，将苦荞种子薄薄的摊在向阳干燥的地面席子上，从早上 10 时至 16 时连续晒 2~3d，剔除空粒、秕粒、破粒、草籽和杂质，选用大而饱满一致的种子，提高种子的发芽率和发芽势，然后收装待种。化学调节物质浸种能增强苦荞的抗旱性，化学调节物质可选用 0.05% 硫酸锌溶液。

2. 合理耕作

于前茬作物收获后进行一次深耕，通过深耕土壤，增厚熟土层，提高土壤肥力，有利于蓄水保墒和防止土壤水分蒸发，促进苦荞发芽出苗，同时，可减轻病虫害对苦荞的为害。据在棕壤土上试验，小麦秋种前深耕 29cm 加深松到 35cm，其渗水速度比未深耕松地块快 10~12 倍，较大降水不产生地面径流，使降水绝大部分蓄于土壤中，活土层每增加 3cm，每亩蓄水量可增加 70~75m³，加厚活土层又可促进作物根系发育，扩大根系吸收范围，提高土壤水分利用率。

3. 增施有机肥

增施有机肥对改善作物的水肥供应，提高作物的抗旱能力具有显著作用。沈阿林（1994）在旱农区施用有机肥的保水培肥效果表明，小麦越冬返青期 0～100cm 土体分别比对照和纯无机肥区多蓄水 10.3～12.7cm³ 和 24.5～25.8cm³，尤其是 0～60cm 根系集中区的水分增加，为前期幼苗生长创造了良好的水分条件。有机肥宜作基肥施用，一般亩施栏肥 1 000～1 500kg 或绿肥 1 000～1 500kg，并在施用时加入适量的碳铵或尿素，以调节碳氮比，防止出现微生物与作物争氮的现象，结合整地将有机肥旋入土中。

4. 关键生育期及时灌溉

苦养是抗旱能力较弱，需水较多的作物。在全生育期中，以开花灌浆期需水最多，开花期如遇干旱，应及时灌水以满足苦养的需水要求。当苦养出现叶片下垂、叶片卷曲，叶色由深绿色变成浅绿和黄绿色时，说明出现了水分亏缺，这时应该及时灌溉。苦养灌水采用沟灌、畦灌均可，但要轻灌、慢灌，以利于根群发育和增加结实率。

二、其他胁迫

（一）温度胁迫

1. 温度对苦养生长发育的影响

苗全、苗齐、苗壮是苦养高产稳产的基础和关键，因此，当前温度胁迫对种子萌发方面的研究比较集中。苦养喜温，不耐寒冷，易受霜害，气温降至 -1℃ 时就会被冻死。一般 8℃ 时种子即可发芽。林汝法（1994）认为荞麦发芽的适宜温度范围为 15～30℃，李海平等（2009）在温度对苦荞麦种子萌发的影响试验中发现，苦养萌发的适宜温度为 25℃，温度过高反而降低发芽率。高清兰（2011）的研究结果表明荞麦在温度为 15～22℃ 时出苗率最高，4℃ 以下的温度会造成叶片严重受害，0℃ 以下则整株死亡。其他试验得出荞麦种子萌发对温度的适应范围也基本上趋于一致，基本上保持在 15～25℃（张孝安，2000；梁剑，2008；李静舒，2014）。何俊星（2010）的试验结果虽然显示在 35℃ 时得到最大发芽率，但是在 35℃ 时发芽床水分蒸发过快，由于温度较高霉菌生长也很快，导致部分种子发芽后受霉菌感染不能成苗或者缺水而生长较慢，因此，他还是认为荞麦最适宜的萌发温度为 25℃。

苦养生长发育的适宜温度为 18～22℃，但在 13～33℃ 温度范围内均可生长（林汝法，1994）。开花结实期温度低于 13～15℃ 或者高于 33℃ 时，不利于授粉结实。荞麦全生育期 ≥10℃ 积温 1200℃ 左右（杨文钰）。郝晓玲（1989）的研究表明，荞麦生育期间要求温度较少变化，其生长的最适温度为 18～25℃，在此温度范围内，植株的生长速度及根、茎、叶的增长量，均随温度的上升而增加。当气温在 10℃ 以下时，荞麦生长极为缓慢，长势也弱，气温降至 0～2℃ 时，荞麦叶片受冻，降至 -2℃ 时，植株全部冻死（尤莉，2002）。低温不仅使荞麦营养体变小，而且使营养生长和生殖生长的协调程度变差，营养体转化为生殖体的效率降低，致使生殖体很小（周乃健，1997）。而在高温胁迫下，幼苗下胚轴的生长受抑制，热激温度越高下胚轴越短（田学军，2008）。

2. 温度胁迫对苦荞生理活动的影响

光合作用是苦荞同化物质积累和产量、品质形成的基础。温度在 20~25℃ 时，荞麦叶片的光合速率均随温度的增加而增大。当温度达到 30℃ 时，几种野生荞麦叶片的光合速率仍有少量增加，但栽培荞麦西荞 1 号则表现为下降，表明西荞 1 号叶片光合速率的适宜温度应在 30℃ 以下。金荞麦和抽草野荞麦在 20℃ 和 30℃ 两种温度下光合速率都较高，表明这两种野生荞麦叶片光合速率适宜温度范围较大，能保持较高的光合速率。与之相比，栽培苦荞麦的适宜温度范围较小，超过一定的温度，叶片的光合速率则急剧下降（夏明忠，2006）。李海平（2009）也认为 25℃ 左右的环境温度有利于苦荞麦幼苗干物质的积累。尤莉（2002）在内蒙古自治区固阳县荞麦产量与气候条件的关系研究中发现，在 7 月上旬至 8 月上旬，热量条件呈最大正效应，即平均气温每增（减）1℃，荞麦每公顷产量可相应增（减）15~30kg，此阶段是温度影响荞麦产量的气候关键期。荞麦在成熟期，对温度也很敏感，高温对果实形成不利。从其研究结果看，8 月下旬至 9 月上旬，温度的影响为负效应，即温度每升 1℃，产量将相应减（增）22~45kg。陈进红（2005）的研究结果表明，随培养温度的提高，芽菜的芦丁含量下降，而开花结实期适当高温则增加叶片和籽粒的芦丁含量。

高温为害植物的机制主要是促进某些酶的活性，钝化另外一些酶的活性，从而导致植物异常的生化反应和细胞的死亡；高温还可引起蛋白质聚合和变性，细胞质膜的破坏、窒息和某些毒性物质的释放。

低温冻害对植物的伤害主要是由于细胞内或间隙冰的形成，细胞内形成的冰晶破坏质膜，引起细胞的伤害或死亡。

为了减轻高温或低温对植株的伤害，植株体内通常会积累或减少一些化学物质来缓解不利温度带来的影响。如高温胁迫下，叶片的电解质渗透率有上升的趋势，且胁迫时间越久，电解质渗透率上升得越高；叶片内丙二醛的变化趋势与电解质渗透率的变化趋势相似，胁迫时间越久，胁迫温度越高，丙二醛的含量越高（孙涛，2012）。田学军（2008）研究表明，在高温胁迫下，幼苗下胚轴的生长受抑制，热激温度越高下胚轴越短。高温胁迫对荞麦生理产生的不利影响表现为细胞膜完整性受损，更多的膜脂被过氧化，根系的生长受到严重抑制。

3. 温度胁迫的应对措施

为了应对不利温度对苦荞生产带来的影响，在栽培上选用抗逆性强的良种是投资少、收效快、提高产量的首选措施。苦荞品种各有不同的适应性，因此要因地制宜。在二半山区选用抗逆性强，丰产性能好的品种，能获得较高的产量。在高二半山区选用耐寒耐瘠的品种，能获得较稳定的产量。在低二半山区，选用早中熟高产品种。

此外，由于苦荞生育期短，播期灵活，以贵州省威宁等地为例，春播、夏播、秋播均可，可以根据当前气候条件和气象预测调整播种期，避开不利灾害性天气，迟播时可适当提高播种密度，保证群体产量。

(二) 盐碱胁迫

1. 概况

盐碱土都是在特定的自然条件下形成的，其实质主要是各种易溶性盐类在地面做水平或垂直方向的重新分配，从而使盐分在集盐地区的土壤表层逐渐积聚起来，具有 pH 值高、透气和透水性差、表层易板结、养分低和富含有害盐分等特点。根据土壤中所含盐分和碱分的多少，可进一步将盐碱地划分为轻度（0.10%～0.25%）、中度（0.25%～0.50%）和重度（0.50%～0.60%）。土壤盐碱化在世界范围内普遍存在，尤其是在较干旱的地区，降水量比较小，土壤水分蒸发较快，盐碱化问题更为严重。世界上大约有 20% 的灌溉土壤受到盐度的影响，且呈不断恶化的趋势（Zhang，2016；Zhao，2014），预计到 2050 年，50% 以上的耕地会发生盐碱化（Wang，2003）。中国盐碱地面积大约是 670 万 hm^2，占到耕地总面积的 7% 左右，绝大多数分布在新疆、甘肃、青海等西北干旱、半干旱地区及沿海地区。滨海地区的海水倒灌使土壤表层积累较多的 NaCl、$MgSO_4$ 等盐分，形成了大面积的盐碱化土地，严重的盐碱地土壤植物几乎不能生存。随着人口急剧增长，人均耕地面积不断下降，对盐碱地的治理和改良利用至关重要（何淼等，2016）。农谚"一伏萝卜二伏菜，三伏还可种荞麦"，表明荞麦是一种救荒、填闲的杂粮作物，多被种植在田边、地头和肥力水平低的地区、田间，长期的不利环境养成了荞麦耐瘠性好、适应性强的特点，但是在生产中依然不可避免地遭受各种非生物逆境带来的损失，除水分胁迫、温度胁迫以外，盐碱胁迫也严重影响着荞麦的生长发育。

2. 盐碱胁迫对苦荞生长发育和生理活动的影响

种子萌发期和幼苗期是作物生活史的关键阶段，也是作物耐盐性最差的时期。种子萌发需要足够的水分，高盐碱的土壤环境会抑制种子从外界吸收足够的水分来合成萌发所需的各种酶和结构蛋白，难以完成细胞分化和胚生长（何磊等，2012）。裴毅等（2016）研究发现用浓度为 2%～24% 的 NaCl、$NaHCO_3$ 溶液对荞麦的种子分别进行处理，发现溶液的浓度低于 8% 的情况下荞麦的发芽率及发芽势较清水处理的对照组不受影响甚至 4% 浓度处理发芽率较对照组更高，说明低浓度的盐可以促进种子的发芽率，而当溶液的浓度逐渐升高直至 18%～24% 时开始出现不发芽的情况，对不发芽的种子进行清水复处理，发现 NaCl 溶液处理下休眠的种子可以复萌，而 $NaHCO_3$ 溶液处理后休眠的种子不能产生复萌，$NaHCO_3$ 使种子失去生命活力，说明碱胁迫比盐胁迫伤害更大。而对于发芽后荞麦根和苗的生长即使是低浓度的 Nacl、$NaHCO_3$ 溶液也对其有明显的抑制作用。

盐碱胁迫可直接或者间接影响植物的生理代谢。植物的质膜特性、MDA（丙二醛）含量、抗氧化酶活性及净光合速率与植物的耐盐性密切相关。盐碱胁迫时，植物的质膜结构会受到破坏，细胞内的离子大量外渗，叶片质膜透性增大，造成细胞内离子的不平衡，最终影响细胞的正常生理功能。此外盐碱胁迫还会导致植物细胞的自由基产生和清除失衡，自由基不断累积导致膜脂中不饱和脂肪酸发生过氧化作用，产生大量的 MDA。叶绿素的含量的高低可以反映植物光合作用的强弱，盐碱胁迫会影响植株的叶绿素含量，叶绿体要进行正常的生理功能需要一定浓度的 Na^+ 和 Cl^-，但土壤中盐度超过一定范围后，植物光合能力下降，盐度越大，作用时间越长，下降越明显。SOD（超氧化物歧化酶）在维护细胞活性氧代谢平衡中起重要作用，在一定程度上抑制活性氧对 DNA 结构的损伤，当植株受到干旱、盐碱等胁迫时 SOD 含量会有一定程度的下降。陆启环等（2017）用 NaCl 对 19 个苦荞品种进行胁迫，发现苦荞受盐胁迫时其叶片中的 MDA 增高，质膜透性增大，叶绿素及 SOD 含量均降低。同时，他还认为，在盐胁迫下，苦荞品种 MDA 含量、质膜透性增长越缓慢，叶绿素及 SOD 含量降低越缓慢，说明该品种耐盐胁迫性越强，依照此标准，他认为 19 个参试品种"黔苦 3 号"的耐盐性最强，是耐盐品种。杨洪兵（2014）的观点同陆启环的观点基本一致，在他的研究中，川荞 3 号和川荞 4 号两个品种在高浓度 NaCl 胁迫下荞麦叶片质膜透性和 MDA 含量均显著增加，川荞 3 号的增加幅度明显大于川荞 4 号，且在低浓度 NaCl 胁迫下川荞 3 号叶片质膜透性即显著增加而川荞 4 号无显著差异，因此，他认为川荞 4 号耐盐碱性更强。

3. 应对措施

不同程度的盐碱土壤需有针对性的采取治理措施。有人认为土壤的盐分主要集中在 0~15cm 土层，0~10cm 盐分积累远远高于其下各层，尤其 0~5cm（邹长明等，2006；马献发等，2009），所以表层耕作土是主要改良对象。

目前，国内外常用的盐碱地治理措施主要有物理、化学、生物改良三大类型。物理措施包括水利工程措施、物理覆土改良等。化学改良包括使用适宜的肥料以及使用一些土壤改良剂。生物改良包括选育抗盐碱品种、农业措施等。水利排水洗盐法耗费人力、资金较大，筛选和培育耐盐作物品种目前被认为是最有效的方法。盐碱地的形成过程十分复杂，既受自然条件，如地貌、地形、土壤、气候及水文地质等方面因素的影响，又受人类活动的影响，已不能依靠单一的治理改良措施满足用地需求，应采取"取长补短、综合防治"的方式思想。

（1）改良土壤

①水利工程措施：20 世纪 50—60 年代，在盐碱地治理上侧重水利工程措施，以排为主，重视灌溉冲洗。传统的水利工程措施利用淡水冲盐，通过排渠将盐分移走，这种方式虽然见效快，但是也有一定的缺陷，大量灌溉会使地下水位上升，若土壤水分蒸发量很大时，会使土壤返盐，还会使"下游"土壤产生次生盐渍化，也就是"盐随水来，盐随水去，盐随水来，水散盐留"。此外，淡水冲盐所需的淡水量比较大，而大部分的盐碱地基本处于比较干旱的地区，对于大量的淡水条件无法满足，需要投入大量的资金和淡水，还

会使土壤中的水溶性养分淋失，最终造成土壤的贫瘠化。暗管排水措施是水利工程措施的改良版，疏勒河流域部分盐碱地使用暗管排水改良，土壤脱盐率高、排水排盐量大、地下水位下降快和土壤盐分含量稳定下降，未发生强烈返盐现象，作物长势良好，产量得到持续增加（杨岳，2001）。

②物理覆盖改良：客土覆盖，通过客土的掺拌降低土壤盐碱性，但是耗费物资较高。粉煤灰可提高土壤通透性，增加土壤肥力，且能有效防止盐分上升，所以可通过物料掺拌将粉煤灰、电石渣等按一定比例与吹填土进行混合，改善土壤状况。牧草和鸡粪进行堆肥，植物纤维、生物质焦、沼渣、蚯蚓粪、苔藓植物、1%的有益微生物菌群制成有机质混合料注入红糖水，堆沤制成盐碱土改良肥料，也可以有效改良盐碱地。

铺沙压碱是改良盐碱地的一种主要手段，沙掺入盐碱地后，改变了土壤结构，促进了团粒结构的形成，使土壤空隙度增大、通透性增强，进而使得盐碱土水盐运动规律发生了改变，在雨水的作用下，盐分从表层土淋溶到深层土中，由于团粒结构增强，土壤的保水、贮水能力增加。此外还可减少土壤水分的蒸发，从而抑制深层的盐分向上运动，使表土层的碱化度降低，因而起到了压碱的作用（杨立国，2007）。

③化学改良：化学改良是利用酸碱中和的原理进行改良的方法，就是应用一些酸性盐类物质来改良盐碱地的性质，降低土壤的酸碱度、含盐量，增强土壤中微生物和酶的活性，促进植物根系生长。碱化土壤的改良可加入含钙物质来置换土壤胶体表面吸附的钠或采用加酸或酸性物质的方法改良。常用的改良剂有磷石膏、脱硫石膏、过磷酸钙、土壤综合改良剂、高聚物改良剂。施入石膏、磷石膏可代换土壤交换性钠离子，使钠质亲水胶体变为钙质疏水胶体，增加土壤透水性，改善土壤结构，达到改良盐碱地的目的。有机质在分解过程中可产生各种有机酸，使土壤中阴离子溶解度增加，进而有利于脱盐，所以也可以用有机或无机肥料改善。但是在施用化肥时要避免再施用碱性肥料，如钙镁磷肥、氨水等，宜施入中性和酸性的肥料，以施有机肥料和高效复合肥为主，并注意控制低浓度化肥的施用。天然沸石具有独特的结构和物理化学性质，可吸附碱化土中的 Na^+、Cl^- 等离子，降低土壤 pH 值和碱化度，提高离子交换量，改善土壤理化性能。施用沸石也可提高盐碱地作物产量（宓永宁，1995）。

（2）生物措施 最直接的措施就是筛选抗盐碱苦荞品种直接用于生产。也可通过在抗盐训练中选择培育抗盐品种。浙江省杭州市的下沙经济技术开发区是典型的盐碱地，通过树种抗盐训练最终成功种植了绿化树，所以，抗盐碱训练是一项有效提高作物抗盐碱能力的措施。此外，还可以通过杂交育种和基因工程技术将抗盐基因导入优良品种中，提高抗盐性能。对苦荞的种质资源抗盐碱能力进行评价，并将品质优良、高产的品种与耐盐碱的种质资源进行杂交、回交、嫁接，或是将栽培品种与近缘野生种进行杂交，以提高苦荞品种的耐盐碱程度。各类抗盐种质资源具有抗盐、泌盐、排盐、改土与培肥土壤的功能，且植物对地表的覆盖，有效阻隔表土水分蒸发，减少盐分在地表的积累。因此，通过抗盐碱植物的种植可有效减轻土壤盐碱度。王淑芳等研究表明（2008），种植抗盐牧草一年后土壤盐分下降。也有种植紫穗槐 5 年或施紫穗槐绿肥 2~3 年后，地表 10cm 土层的含盐量下降 30%。

（3）农艺措施　在播种之前先进行排水洗盐，在生长期淹灌以及大量排水换水，就可以冲洗和排走土壤中多余的盐分，能够较快地起到改良盐碱地的作用。松耕整地法、深耕深翻法、锄地法等方法也可以有效改良土壤结构，质地变得疏松，透气和贮水能力增强，促进植株吸收水分，减少土壤水分蒸发，防止土壤返盐。深耕晒垡能够切断土壤毛细管，减弱土壤水分蒸发，提高土壤活性以及肥力，增强土壤的通透性能，从而有效地起到控制土壤返盐的作用。

（三）重金属胁迫

重金属既可以直接进入大气、水体和土壤，造成各类环境要素的直接污染，也可以在大气、水体和土壤中相互迁移，造成各类环境要素的间接污染。由于重金属不能被微生物降解，在环境中只能发生各种形态之间的相互转化，所以，重金属污染的消除往往更为困难，对生物引起的影响和为害也是人们更为关注的问题。造成环境污染的重金属主要指 Hg、Cd（镉）、Pb、Cr（铬）以及具有重金属特性的类金属 As，也包括 Zn、Cu、Co、Ni 等。这些重金属主要来源于冶金、电镀、制碱、石油、化工、农药和交通等行业。随着工业生产的迅速发展以及农田污灌的加剧，大量的重金属如 Hg、Cr、Pb、Cd、As 等进入庄稼生长环境，重金属污染物一旦进入土壤很难被排除，重金属污染的土壤不仅对植物产生了毒害，且可在作物体内有机化，通过在作物体富集进入食物链，影响人类的身体健康和生命安全。苦荞栽培过程中，苦荞根比苦荞种子对重金属污染的毒害更敏感（张睿，2011）。

过多的 Cu、Zn、Pb 对植物有较严重的为害。大量的 Pb 污染物进入土壤后，不但严重影响作物的产量和质量，还可通过食物链影响人体健康。Pb 进入土壤后，会产生明显的生物效应，可导致植物特别是其根部中毒、植株枯萎死亡（杨元根，2001），并且通过食物链影响人体健康（李月芳等，2010）。四川省某些地区由于矿床的开采和选冶，造成 Pb 等重金属污染严重（刘月莉等，2009）。研究表明当硫酸铜、乙酸铅浓度大于 100mg/L 时，苦荞种子发芽率、发芽势和发芽指数均会受到不同程度的抑制。硫酸铜、硫酸锌和乙酸铅三种不同浓度重金属盐催芽后的苦荞种子，幼苗胚根平均长度和种子的活力指数均随着重金属盐浓度的增加而降低，且三种重金属盐对其抑制效果的大小顺序为硫酸铜>乙酸铅>硫酸锌（张睿，2011）。

苦荞种子萌发过程中，Cr 通过抑制种子中淀粉酶、蛋白酶的活性进而影响苦荞种子的营养代谢，降低营养利用能力（王友保等，2001）。张睿（2016）用不同浓度的重铬酸钾处理苦荞种子发现当重铬酸钾质量浓度较高（≥15mg/L）时，苦荞种子发芽率、发芽势均随着重铬酸钾处理质量浓度增加而降低。重铬酸钾处理质量浓度范围内（5~35mg/L），苦养幼苗叶片中叶绿素含量随着处理质量浓度的增加而降低，而过氧化氢酶活力随着处理质量浓度的增加而增加。说明 Cr 浓度较高时对苦养种子的萌发有较大的抑制作用。

Al 作为地壳中含量最丰富的金属元素，一般情况下是以稳定的铝硅酸盐形式存在于土壤中。近年来由于酸雨的频繁沉降及生理酸性化肥的大量使用，土壤中的铝化作用大大加强，Al 毒害已成为酸性土壤抑制作物生长和导致作物减产的主要原因之一。Al 害严重影响着全世界和中国大约 40% 和 21% 耕作土壤的作物生产（刘强等，2004）。Al 胁迫会显著影响其他元素的吸收、运输和分布，这是 Al 毒害的基础。研究发现在 Al 胁迫条件下，养麦的根变短变粗、侧根减少，养麦体内 Ca、K 等大量元素含量大幅度下降，最终导致 Al 害。当土壤 Al 浓度达到 0.4g/kg 时，养麦根际土壤 pH 降至最低，根际土壤 Al 的溶出量增至最高，对养麦的毒害作用最大，养麦耐受 Al 毒害的阈值可能在 0.106~0.143mg/g 之间（陈微微等，2007）。施 P 能有效降低养麦根际土壤的活性 Al 含量，提高土壤过氧化氢酶活性（邢承华等，2009），减少 Al 在根尖及细胞壁的积累（王宁等，2011），同时也可降低地上部 Al 含量，促进 Ca、Mg、Mn、Zn、Fe 的吸收和运输，对于土壤中离子的平衡和稳定起重要作用（朱美红等，2009）。有机酸处理能在一定程度上缓解作物的 Al 胁迫伤害。黄凯丰等（2012）研究表明柠檬酸能有效缓解 Al 对苦养的胁迫伤害。

本章参考文献

蔡娜，谈荣，陈鹏 . 2008. 水分胁迫对苦养幼苗黄酮类物质含量的影响 [J]. 西北植物学报，17（4）：91-93.

陈进红，文平 . 2005. 温度对养麦芽菜、叶片及籽粒芦丁含量的影响 [J]. 浙江大学学报（农业与生命技术版），31（1）：59-61.

陈鹏，张德玖，李玉红，等 . 2008. 水分胁迫对苦养幼苗生理生化特性的影响 [J]. 西北农业学报，17（5）：204-207.

陈微微，陈传奇，刘鹏，等 . 2007. 养麦和金养麦根际土壤铝形态变化及对其生长的影响 [J]. 水土保持学报（1）：176-179，192.

陈学荣，常庆涛，刘荣甫，等 . 2011. 泰兴养麦主要病虫害综合防治技术 [J]. 现代农业科技（7）：183，186.

戴芳澜 . 1979. 中国真菌总汇 [M]. 北京：科学出版社 .

高清兰 . 2011. 大同市养麦种植的气候条件分析 [J]. 现代农业科技，40（6）：315-318.

巩巧玲，冯佰利，高金锋，等 . 2009. 干旱胁迫对养麦幼苗活性氧代谢的影响 [J]. 华北农学报，24（4）：153-157.

关春林，周怀平，解文艳，等 . 2016. 苦养麦生长发育规律与水分供需特征 [J]. 山

西农业科学，44（4）：491-493，512

郝晓玲. 1989. 温光条件对荞麦生长发育的影响∥中国荞麦科学研究论文集［C］. 北京：学术期刊出版社.

何俊星，何平，张益锋，等. 2010. 温度和盐胁迫对金荞麦和荞麦种子萌发的影响［J］. 西南师范大学学报（自然科学版），54（3）：181-185.

何磊，陆兆华，管博，等.2012. 盐碱胁迫对两种高粱种子萌发及幼苗生长的影响［J］. 西北植物学报，32（2）：362-369.

何淼，王欢，徐鹏飞，等.2016. 模拟复合盐碱胁迫对芒幼苗生理特性的影响［J］. 草业科学，33（7）：1 342-1 352.

侯伶俐，杨雄榜，董雪妮，等.2016. 逆境胁迫对苦荞花期总黄酮含量及关键酶基因表达的影响［J］. 核能学报，30（1）：184-192.

胡银岗，冯佰利，周济铭，等.2005. 荞麦遗传资源利用及其改良研究进展［J］. 西北农业学报，14（5）：101-109.

黄凯丰，张兰，胡丽雪，等.2012. 不同柠檬酸处理对铝胁迫下苦荞幼苗生理特性的影响［J］. 广东农业科学，39（11）：28-29，33.

李春花，孙道旺，何成兴，等.2017. 荞麦秸秆粉还田对杂草及苦荞产量的影响［J］. 杂草学报，35（2）：61-66.

李海平，李灵芝，任彩文，等. 2009. 温度、光照对苦荞麦种子萌发、幼苗产量及品质的影响［J］. 西南师范大学学报（自然科学版），34（5）：158-161.

李静舒.2014. 温度和干旱胁迫对荞麦种子萌发的影响［J］. 山西农业科学，42（11）：1 160-1 162，1 168.

李扬汉.1998. 中国杂草志［M］. 北京：中国农业出版社.

李月芳，刘领，陈欣，等. 2010. 模拟铅胁迫下玉米不同基因型生长与铅积累及各器官间分配规律［J］. 农业环境科学学报，29（12）：2 260-2 267.

梁剑，蔡光泽. 2008. 不同温度对几种荞麦种子萌发的影响［J］. 现代农业科技，37（1）：97.

林娟，殷全玉，杨丙钊，等.2007. 植物化感作用研究进展［J］. 中国农学通报，23（1）：68-72.

林汝法. 1994. 中国荞麦［M］. 北京：中国农业出版社.

刘强，郑绍建，林咸永，等. 2004. 植物适应铝毒胁迫的生理及分子生物学机理［J］. 应用生态学报，15（9）：1 641-1 649.

刘雪华，张艳萍，张英昊，等.2015. 盐胁迫下五个苦荞麦品种的耐盐性比较［J］. 湖北农业科学（17）：4 128-4 130.

刘月莉，伍钧，唐亚，等. 2009. 四川甘洛铅锌矿区优势植物的重金属含量［J］. 生态学报, 29 (4)：2 020-2 026.

卢文洁, 王莉花, 周洪友, 等 . 2013. 荞麦立枯病的发病规律与综合防治措施 [J].
江苏农业科学, 41 (8)：138-139.

卢文洁, 王艳青, 李春花, 等 . 2014. 不同杀菌剂防治荞麦立枯病田间药效试验 [J].
山东农业科学, 46 (8)：121-122.

卢文洁, 李春花, 王艳青, 等 . 2017. 荞麦轮纹病抗性鉴定方法的建立及荞麦抗病种
质资源的筛选 [J]. 中国农学通报, 33 (12)：98-102.

卢文洁, 孙道旺, 何成兴, 等 . 2017. 云南荞麦轮纹病的发生及病原菌鉴定 [J]. 中
国农学通报, 33 (9)：154-158.

陆启环, 李发良, 张弢, 等 . 2017. NaCl 胁迫对 19 个苦荞品种生理特性及 FtNHX1 表
达的影响 [J]. 植物生理学报, 53 (8)：1 409-1 418.

路之娟, 张永清, 张楚, 等 . 2017. 不同基因型苦荞苗期抗旱性综合评价及指标筛选
[J]. 中国农业科学, 50 (17)：3 311-3 322.

路之娟, 张永清, 张楚 . 2018. 干旱胁迫对不同苦荞品种苗期生长和根系生理特征的
影响 [J]. 西北植物学报, 38 (1)：112-120.

罗晓玲, 熊仿秋 . 2015. 凉山州荞麦田杂草调查 [J]. 西昌学院学报 (2)：13-15.

罗晓玲, 熊仿秋, 钟林, 等 . 2016. 密度对荞麦地杂草控制及对产量影响的研究 [J].
西昌学院学报 (自然科学版), 30 (2)：11-13.

罗晓玲, 钟林, 熊仿秋, 等 . 2016. 凉山州荞麦主要病虫害为害情况及防治 [J]. 西
昌农业科技 (2)：8-9.

马献发, 白路平, 张继舟 . 2009. 哈尔滨市郊设施土壤积盐规律的研究 [J]. 黑龙江
农业科学 (1)：50-52.

孟有儒, 李万苍, 李文明 . 2004. 荞麦褐斑病菌及其生物学特性 [J]. 植物保护, 30
(6)：87-88.

宓永宁, 左建 . 1995. 沸石对盐碱地玉米增产效果的研究 [J]. 盐碱地利用 (1)：
26-28.

裴毅, 祁欣, 刘芳, 等 . 2016. NaCl 和 NaHCO$_3$ 胁迫对荞麦种子萌发的影响 [J]. 种
子, 35 (11)：13-18.

彭去回, 钱晓刚 . 2011. 14 个荞麦种质材料萌芽期的抗旱性能初步研究 [J]. 山地农
业生物学报 (6)：483-486, 546.

任长忠, 赵钢 . 2015. 中国荞麦学 [M]. 北京：中国农业出版社 .

沈阿林 . 1994. 旱农区施用有机肥的保水培肥效果及对小麦产量的影响 [J]. 河南农
业科学 (6)：13-26.

施俊凤, 孙常青 . 2009. 植物水分胁迫诱导蛋白研究进展 [J]. 安徽农业科学, 37

（12）：5 355-5 357，5 385

石旭旭，王红春，高婷，等 . 2013. 化感作用及其在杂草防除中的应用 [J]. 杂草科学，31（2）：6-9.

石艳华，张永清，罗海婧 . 2013. 化学调节物质浸种对不同水分条件下苦荞生长及其生理特性的影响 [J]. 西北植物学报，33（1）：123-131.

时春利 . 2018. 辽西荞麦病虫害发生与防治 [J]. 现代农业（4）：38-39.

谭茂玲，廖爽，万燕，等 . 2015. 干旱胁迫对苦荞麦农艺性状，产量和品质的影响 [J]. 西南师范大学学报（自然科学版）（10）：88-93.

田小曼，李朝红 . 2017. 荞麦派伦霉叶斑病病原学研究 [J]. 西北农业学报，26（10）：1 544-1 549.

田学军，陶宏征 . 2008. 高温胁迫对荞麦生理特征的影响 [J]. 安徽农业科学，36（31）：13 519-13 520.

田学军 . 2009. 荞麦幼苗根对热胁迫的生理应答 [J]. 河南农业科学，38（11）：56-58.

万燕，韦爽，贾晓凤，等 . 2015. 荞麦抗旱性研究进展 [J]. 作物杂志（2）：23-26.

王斌，王宗胜，刘小进 . 2016. 黄土高原荞麦实用种植技术 [M]. 北京：中国农业科学技术出版社 .

王宁，郑怡，王芳妹，等 . 2011. 铝毒胁迫下磷对荞麦根系铝形态和分布的影响 [J]. 水土保持学报，25（5）：168-171.

王淑芳，李艳敏，王耀虹 . 2008. 盐碱地园林绿化优良树种——紫穗槐 [J]. 河北林业（4）：20.

王友保，陈冬生，刘登义，等 . 2001. Cu、As 单一及其复合污染对小麦种子萌发及幼苗生长的影响 [J]. 安徽师范大学学报（自然科学版），24（3）：278-281.

夏明忠，华劲松，戴红燕，等 . 2006. 光照、温度和水分对野生荞麦光合速率的影响 [J]. 西昌学院学报（自然科学版），20（2）：1-3.

向达兵，胡丽雪，廖爽，等. 2013. 干旱胁迫对苦荞麦花后生长及干物质积累的影响 [J]. 西南农业学报（5）：1 819-1 823.

向达兵，彭镰心，赵钢，等. 2013. 荞麦栽培研究进展 [J]. 作物杂志（3）：1-6.

邢承华，朱美红，张淑娜，等 . 2009. 磷对铝胁迫下荞麦根际土壤铝形态和酶活性的影响 [J]. 生态环境学报，18（5）：1 944-1 948.

徐冉，续荣治，王彩洁，等 . 2002. 用荞麦秸秆粉防除杂草的初步研究 [J]. 植物保护，28（5）：24-26.

颜华，贾良辉，王根轩 . 2002. 植物水分胁迫诱导蛋白的研究进展 [J]. 生命的化学，22（2）：165-168.

杨洪兵，李发良.2014.盐胁迫下川荞3号和川荞4号生理特性的比较［J］.吉林农业
　　科学，39（3）：14-17.

杨洪兵.2014.高温胁迫下外源氨基酸对荞麦种子萌发及幼苗生长的影响［J］.河南
　　农业科学，43（11）：20-23.

杨立国.2007.盐碱地物理改良方法［J］.黑龙江科技信息（1）：119.

杨元根，Paterson E，Campbell C.2001.城市土壤中重金属元素的积累及其微生物效应
　　［J］.环境科学，22（3）：44-48.

杨岳.2001.疏勒河流域盐碱地改良暗管排水与效果分析［J］.发展（S_1）：145-146.

姚觉，于晓英，邱收，等.2007.植物抗旱机理研究进展［J］.华北农学报，22（增
　　刊）：51-56.

尤莉，王国勤.2002.内蒙古荞麦生长的优势气候条件［J］.内蒙古气象，26（3）：
　　27-29.

战伟龑，张学杰，杨德翠，等.2009.NaCl和等渗PEG对荞麦SOD及APX活性的影
　　响［J］.江苏农业科学（5）：101-102.

张佳宝，于德芬，朱红霞，等.1997.红壤丘陵区作物耗水需水的研究［J］.江西农
　　业学报，9（3）：14-19.

张睿，王凯轩.2011.重金属铜、锌、铅对苦荞种子萌发的影响［J］.山西大同大学
　　学报（自然科学版），27（1）：68-70.

张睿.2016.重金属铬对苦荞种子萌发及幼苗生长的影响［J］.山西农业科学，44
　　（2）：172-174.

张彤，齐麟.2005.植物抗旱机理研究进展［J］.湖北农业科学（4）：106-110.

张孝安.2000.荞麦高产的栽培技术［J］.中国农村科技，7（12）：51.

赵刚，陕方.2009.中国苦荞［M］.北京：科学出版社.

赵钢，邹亮，彭镰心，等.2012.铅胁迫对苦荞生理特性的影响［J］.江苏农业科学，
　　40（7）：98-100.

赵杨景.2000.植物化感作用在药用植物栽培中的重要性和应用前景［J］.中草药，
　　31（8）：81-84.

郑芳.2003.荞麦的病害防治［J］.植物保护（8）：25.

周莉.2016.荞麦主要病害的症状以及防治措施［J］.现代畜牧科技（12）：63.

周乃健，郝晓玲，王建平.1997.光时和温度对荞麦生长发育的影响［J］.山西农业
　　科学，37（1）：19-23.

朱美红，蔡妙珍，吴韶辉，等.2009.磷对铝胁迫下荞麦元素吸收与运输的影响［J］.
　　水土保持学报，23（2）：183-187.

邹长明，张多姝，张晓红，等.2006.蚌埠地区设施土壤酸化与盐渍化状况测定与评

价 [J]. 安徽农学通报, 12 (9): 54-55.

Podolska G, Konopka I, Dziuba J. 2007. Response of grainyield, yield component sandaller gicprotein content of buckwheat to droughtstress [J]. Advancesin Buckwheat Research, 115 (2): 323-328.

Slawin Obendorf R L. 2001. Buckwheat seed set in planta and during in vitroinfloresce-nce culture: Evaluation of temperature and water deficits tress [J]. Seed Science Research, 11 (3): 223-234.

Wang W X, Vinocur B, Altman A. 2003. Plant responses to drought, salinityandextreme temperatures: Towards genetic engineering for stress tolerance [J]. Planta, 218 (1): 1-14.

Zhang X X, Shi Z Q, TianY J, et al. 2016. Salt stress increases contentand size of gluten-inma cropolymersin wheatgrain [J]. Food Chemistry, 197: 516-521.

Zhao X Y, Bian X Y, Li Z X, et al. 2014. Genetic stability analysis of introduced Betulap-endula, Betulakirghisorum, and Betulapubes censfamilies in saline-alkali soilo fnorth-eastern China [J]. Scandinavian Journal of Forestesearch, 29 (7): 639-649.

第五章 苦荞利用与加工

第一节 苦荞利用

一、苦荞种子的成分

（一）营养成分

综合已有研究，苦荞种子的主要成分有：淀粉、蛋白质、脂肪、多种维生素、矿质元素、膳食纤维、蔗糖、果糖等。含量多少因品种和种植地域而异。

1. 苦荞淀粉

淀粉是苦荞籽粒的主要组成物质。关于苦荞淀粉的含量、形态、结构、种类、物理性质等方面的研究甚多。时政等（2011）以不同原产地的 35 份苦荞资源为试验材料，测定了其籽粒中的总淀粉、直链淀粉、支链淀粉的含量。结果表明，35 份苦荞资源的总淀粉含量变化幅度为 40.70%~86.41%，平均值为 62.80%；直链淀粉含量的变异幅度为 12.24%~32.18%，平均值为 19.32%；支链淀粉含量的变异幅度为 13.31%~68.78%，平均值为 43.48%。苦荞中淀粉含量较高，以支链淀粉为主。不同产地的苦荞种子中总淀粉、直链淀粉、支链淀粉含量存在差异。刘航等（2012）经测定，也发现苦荞支链淀粉含量大于直链淀粉含量，约占 2/3；同时在电子显微镜下观察到苦荞淀粉颗粒较圆滑，而不同品种苦荞淀粉颗粒大小比较接近，没有明显的差异；一般情况下，直链淀粉含量高的淀粉透明度低；晶体结构为 A 晶型，结晶度为 29.89%。刘瑞等（2014）以 7 个苦荞品种为材料，分析了其淀粉颗粒表面结构及其淀粉糊的透明度、冻融稳定性、凝沉性、糊化特性、热熔特性。结果表明苦荞淀粉颗粒的立体形状均呈不规则的多角形或球形，多角形比例较高且颗粒较大，球形颗粒较少，且部分有凹陷，大小不均一，苦荞颗粒大小在 2~14μm，平均为 6.8μm。7 个苦荞品种淀粉糊的平均透明度为 7.68%，变异系数为 2.55%。苦荞淀粉糊凝沉性、冻融稳定性均强于玉米淀粉糊。苦荞淀粉的峰值黏度、谷值黏度、最终冷黏度、破损值及回生值均高于玉米淀粉。苦荞淀粉糊具有较强的热黏度稳定性、冷黏度稳定性和凝胶形成能力。苦荞淀粉糊的平均糊化温度范围为 65.87~78.41℃，峰值温度为 70.88℃，均低于玉米淀粉糊。不同品种苦荞之间谷值黏度、最终黏度、破损值、回生值及峰值时间等淀粉特性差异显著。

2. 苦荞蛋白质

荞麦蛋白质的氨基酸组成比较均衡，富含人体限制性氨基酸——赖氨酸，并且具有较高的生物价，相当于脱脂奶粉生物价的 92.3%，全鸡蛋粉生物价的 81.5%。日本学者 Kayashita 等认为，荞麦蛋白质独特的生理功能与其低消化性有关。影响蛋白质消化性的因素可归为两类：内因和外因。外因主要是酚类化合物、植酸、碳水化合物、脂类及蛋白酶抑制剂；内因主要是指蛋白质本身的结构特性，如三级结构和四级结构。蛋白质经加热或还原等处理后，其结构会发生改变，从而影响其消化性。苦荞蛋白质按组分分为清蛋白、球蛋白、醇溶蛋白和谷蛋白等；按溶解性分为可溶性蛋白质、醇溶性蛋白质和不溶性蛋白质。

郭晓娜等（2006）对苦荞粉蛋白进行了分级制备，并对其理化性质进行测定分析。按蛋白质组分的含量与纯度分析表明，清蛋白含量最高，占总蛋白的 43.82%，其次为谷蛋白（14.58%），醇溶蛋白（10.50%），球蛋白的含量最低，占总蛋白的 7.82%。按蛋白质组分的 SDSPAGE 分析表明，在非还原条件下，清蛋白主要亚基的相对分子质量分别为 64 000，57 000，41 000 和 38 000Da，此外，有一些含量较低的亚基分布在 22 000~14 000Da 之间；球蛋白主要亚基的相对分子质量分别为 64 000，57 000，41 000，38 000，34 000，28 000，26 000，23 000，21 000，19 000 和 15 000 Da；醇溶蛋白主要亚基的相对分子质量分别为 17 000 和 15 000 Da，其次有两个含量较低的亚基分别为 20 000 和 14 000 Da；谷蛋白亚基的相对分子质量分布在 66 000~14 000 Da，并且一些亚基相对分子质量较大，不能进入 4 g/dL 的浓缩胶，分辨率较低。在还原条件下，清蛋白主要亚基的相对分子质量分别为 41 000，38 000，21 000和 20 000Da，此外，有一些含量较低的亚基分布在 20 000~13 000 Da；球蛋白主要亚基的相对分子质量分别为 41 000，38 000，29 000 和 24 000Da，而且还有 5 条含量较高的谱带，集中分布于 20 000~13 000Da；醇溶蛋白主要亚基的相对分子质量分别为 29 000，26 000，17 000 和 15 000 Da；谷蛋白亚基的相对分子质量分布在 43 000~14 000Da，并且仍有一些亚基相对分子质量较大，不能进入 4 g/dL 的浓缩胶。按蛋白质组分的氨基酸分析表明，清蛋白含有较高的组氨酸、苏氨酸、缬氨酸、苯丙氨酸、亮氨酸、异亮氨酸和赖氨酸；球蛋白含有较高的蛋氨酸和赖氨酸；醇溶蛋白含有较高的组氨酸、苏氨酸、缬氨酸、亮氨酸和异亮氨酸；谷蛋白含有较高的组氨酸、苏氨酸、缬氨酸、亮氨酸和异亮氨酸。与推荐的氨基酸模式相比，除了球蛋白一些必需氨基酸稍微缺乏之外，4 种组份均含有充足的必需氨基酸。对于非必需氨基酸来说，4 种组份中都含有较高含量的谷氨酸和天冬氨酸。按蛋白质组分的 DSC 分析表明，苦荞清蛋白的变性温度为 81.3℃，而球蛋白的为 98.4℃，说明苦荞蛋白质的热稳定较好。

郭晓娜等（2006、2007）通过体外消化率测定结果表明，四种蛋白组分的消化率均低于对照——小麦胚分离蛋白和大豆分离蛋白，并且四种组分的体外消化率也存在不同程度的差别：清蛋白最高，谷蛋白最低。热处理可以明显提高苦荞粉四种蛋白组分的体外消化率。添加芦丁不但没有降低四种蛋白组分的体外消化率，反而均有一定程度的提高。二硫键的破坏，除醇溶蛋白得以提高之外，对于其他三种组分只是提高了初始水解速度，最终体外消化率没有明显提高。体外消化实验后，四种蛋白组分所剩的残渣蛋白SDS-PAGE分析结果表明：这些残渣蛋白的谱带存在相似之处：在20kDa处有一条很窄的谱带，在14~10kDa处的谱带较宽。通过扫描电镜对四种蛋白质组分酶解产物的超微结构进行观察发现，胃蛋白酶作用于四种组分的方式是不同的，胃蛋白酶不仅可以作用于清蛋白和球蛋白的表面，而且随着水解进程的延长胃蛋白酶还可以作用于清蛋白和球蛋白的内部结构，因此其体外消化率相对较高。而对于醇溶蛋白和谷蛋白，其高级结构相对较为稳定，胃蛋白酶只能作用于其表面，很难作用其内部结构，所以这两种蛋白组分的体外消化率相对较低。此外还通过高效液相对其酶解物的分子量分布进行研究，结果表明，清蛋白和球蛋白的酶解产物分子量相对较低，组分多，酶解程度高。醇溶蛋白酶解物的组成较为简单，这可能是由于被胃蛋白酶作用的位点较少所造成的。而谷蛋白，其酶解物的分子量分布广，高分子量的组分所占比例大，这表明其被酶解的程度相对较低。苦荞蛋白质含量在品种间和地域间有差异。廉立坤和陈庆富（2013）对9个四倍体及其对应的二倍体苦荞品系种子蛋白质含量测定表明，四倍体苦荞种子蛋白质含量平均为17.21%，极显著高于二倍体种子蛋白质含量（平均为13.97%）。杨玉霞等（2008）对来自5个国家的55份苦荞品种（系）研究发现，在所有的供试品种中九江苦荞和苦刺荞的蛋白质含量很高，为14.33%，米瑞苦荞蛋白质含量最低，为7.55%，蛋白质含量在12.00%以上的有18份。黄凯丰等（2011）通过测定不同产地的35份苦荞资源发现，35份苦荞资源蛋白质含量的变化幅度为2.37%~19.33%，平均为11.19%。不同原产地苦荞蛋白质含量之间存在一定差异，其中贵州赫章和四川地区的苦荞蛋白质含量较高，分别平均为14.33%和14.55%，贵州纳雍地区苦荞蛋白质含量较低，平均为7.92%。

3. 苦荞可溶性糖

苦荞可溶性糖在品种间和地域间均有差异。徐宝才等（2003）通过气相色谱-质谱联用、气相色谱、高效液相色谱等手段，在苦荞籽粒中检测出了果糖、葡萄糖、蔗糖、乙基-β-芸香糖苷等可溶性糖。时政等（2011）比较了35份苦荞种子中的可溶性糖和葡萄糖含量，其中可溶性糖变动在7.23%~9.96%，平均8.17%；以贵州省威宁产苦荞种子T374中可溶性糖含量最高，为9.96%；威宁产苦荞T330种子中可溶性糖含量最低，为7.23%。根据种子中可溶性糖含量的情况，将35份苦荞材料分为3类：低可溶性糖类型，可溶性糖含量在7.50%以下，共4份样品，占总供试材料的11.43%；中可溶性糖类型，可溶性糖含量在7.50%~9.16%，共29份样品，占总供试材料的82.86%；高可溶性糖类型，可溶性糖含量在9.16%以上，共有2份样品，占总供试材料的5.71%。葡萄糖变动幅度为0.0556%~0.8402%，平均0.3217%；以威宁的苦荞种子T324中葡萄糖含量最高，为0.8402%；原产威宁苦荞种子T398最低，为0.0556%。根据种子中葡萄糖含量的情况，将35份苦荞材料分为3类：低葡萄糖类型，葡萄糖含量在0.2125%以下，有15份材料，占供试材料数的42.86%；中葡萄糖类型，葡萄糖含量在0.2125%~0.6832%，有18份材料，占供试材料数的51.43%；高葡萄糖类型，葡萄糖含量在0.6832%以上，共有2份材料，占供试材料数的5.71%。张以忠和邓琳琼（2017）通过对荞麦矮秆突变体（M_1）、小粒突变体（M_2）、早熟突变体（M_3）、晚熟突变体（M_4）、大叶突变体（M_5）和EMS诱变亲本（对照CK）籽粒可溶性糖的测定发现，突变体（M_1、M_2、M_3、M_4、M_5）可溶性糖含量在9.09%~12.88%。含量最高的是M_5，为12.88%，是对照（CK）的1.32倍，与M_4差异不显著，但极显著高于CK和M_1、M_2、M_3。M_4含量次之，为12.56%，是CK的1.29倍，极显著高于CK和M_1、M_2、M_3。M_2含量为10.94%，显著高于CK，极显著高于M_1和M_3。而M_1、M_3和CK间均无显著差异。

4. 苦荞膳食纤维

膳食纤维被营养学界称为"第七营养素"。苦荞中的膳食纤维含量为1.62%，高于玉米、小麦、水稻和甜荞。苦荞中大量的膳食纤维，有化合氨基酸肽的作用，而通过这种化合力有利于蛋白质的消化吸收，更能降低血脂特别是降低血清总胆固醇以及低密度胆固醇的含量。《本朝食鉴》中说荞麦具有"安神、润肠、清肠、通便、去积化滞"的功能，也就是苦荞纤维素的作用（吴页宝等，2002）。不同产地、不同种类苦荞中膳食纤维含量与组成差异较大。胡珊兰和朱若华（2009）采用酶—重量法测定了不同产地的15种苦荞中总膳食纤维（TDF）、可溶性膳食纤维（SDF）及不溶性膳食纤维（IDF）的含量。结果是这15种苦荞的总膳食纤维含量平均为7%，四川省的额洛木尔惹苦荞的含量最高，为9.64%；贵州省的90-3苦荞的可溶性膳食纤维含量最高，为3.45%；四川省的额洛木尔惹苦荞和山西省的蔓荞子苦荞中的不溶性膳食纤维含量较高，分别为8.65%和7.96%。时政等（2011）通过不同产地的30份苦荞资源研究发现其总膳食纤维含量变化的幅度为4.61%~40.95%，平均值为17.18%，其中原产贵州省威宁的T412总膳食纤维含量最高，达40.95%，来自威宁的T398含量最低，为4.61%；不可溶性膳食纤维含量的变异幅度为3.36%~31.08%，平均值为9.65%，其中原产威宁的T349不可溶性膳食纤维含量最高，达31.08%，来自威宁的T373含量最低，为3.36%；可溶性膳食纤维含量的变异幅度为0.92%~17.51%，平均值为7.53%，其中原产贵州威宁的T395可溶性膳食纤维含量最高，达17.51%，来自威宁的T398含量最低，为0.92%。不同原产地的情况表现为甘肃省的苦荞总膳食纤维含量较高，平均值高达20.99%，贵州省六盘水地区苦荞总膳食纤维含量较低，平均为8.33%；原产甘肃省的苦荞不可溶性膳食纤维含量较高，平均值为18.18%，原产贵州省六盘水的苦荞种子中不可溶性膳食纤维含量较低，平均为5.11%；原产威宁地区的苦荞可溶性膳食纤维含量较高，平均值为9.04%，原产甘肃省的苦荞种子中可溶性膳食纤维含量较低，平均为 2.81%。李月等（2013）介绍，曾用 7 个苦荞品种在全国荞麦主产区的 17 个地点进行栽培试验，分析膳食纤维含量。结果是总膳食纤维、不溶性膳食纤维、可溶性膳食纤维含量变幅为 11.68%~24.13%，7.96%~20.05%、1.02%~1.65%，差异非常明显。总的来说，苦荞中膳食纤维含量较高，以不可溶性膳食纤维为主。

5. 微量元素

苦荞除了富含蛋白质、脂肪、淀粉、维生素等营养素之外，还富含 Ca、Mg、Fe、Cu、Mn、Zn、Se 等微量元素。曹树明等（2009）通过测定云南省昭通市苦荞中微量元素成分发现苦荞的微量元素含量顺序为 Mg>S>Ca>Fe>Zn>Mn>B>Cu，含量分别为 2 100mg/kg、1 300mg/kg、550mg/kg、110mg/kg、38.9mg/kg、17.2mg/kg、9.66mg/kg 和 5.83mg/kg。陈燕芹（2011）研究表明贵州省毕节市苦荞中微量元素含量顺序为 Mg>Fe>Se>Mn>Cu，含量分别为 525mg/kg、67.80mg/kg、19.95mg/kg、3.90mg/kg 和 2.45mg/kg。庞海霞（2014）用火焰原子吸收光谱法测定四川省苦荞茶中的微量元素，含量顺序为 Fe>Zn>Cr>Mn>Sr>Cu>Ca，含量分别为 110.54mg/kg、26.63mg/kg、26.18mg/kg、23.83mg/kg、17.16mg/kg、6.73mg/kg、6.28mg/kg。黄小燕等（2010）介绍，曾用 150 个苦荞品种在同一地点同一播种季节种植，用荧光光度法测定种子中的 Se 含量。结果是低硒类型 Se 含量低于 0.037mg/kg，中硒类型为 0.037~0.181mg/kg，高硒类型高于 0.181mg/kg。刘红和陈燕芹（2011）用微波消解样品—氢化物发生—原子吸收光谱法测定了贵州省毕节市 3 个苦荞样品的硒含量，分别是 0.331mg/kg、0.386mg/kg 和 0.457 mg/kg。罗茜（2014）用微波消解石墨炉原子吸收光谱法测定了四川省大凉山州的 10 份苦荞粉和苦荞茶的硒含量，结果平均含量分别为 0.4928mg/kg 和 0.5303mg/kg，含量相对均较高，可作为补硒的优良食物。廖彪（2016）研究表明陕西省安康市紫阳县和平利县的苦荞中硒平均含量分别为 0.1225mg/kg 和 0.0508mg/kg。

（二）功能性成分

1. 种类

综合众多研究报道，苦荞种子中的功能性成分很复杂。主要为多酚类物质（以黄酮类为主）。包塔娜等（2003）将苦荞粉的 94%乙醇提取物用水分散（部分不溶），以石油醚萃取 3 次，对不溶固体再用石油醚淋洗 2 次，合并石油醚萃取液和淋洗液，减压蒸干得 A 部分。将剩余的部分用蒸馏水在超声波中振荡溶解（20min），过滤，滤液减压蒸干后得 B 部分，不溶物为 C 部分。A 部分经硅胶柱层析，以石油醚/丙酮梯度洗脱，分离得到 4 种化合物，经结构鉴定分别为 β-谷甾醇棕榈酸、β-谷甾醇、豆甾-4-烯-3，6-胡萝卜甙；B 部分经硅胶柱层析，以氯仿/甲醇/水开始梯度洗脱，依次得到 3 种化合物，经结构鉴定分别为嘧啶、山萘酚-3-O-芸香糖甙、芦丁；C 部分用硅胶进行柱层析，以氯仿/甲醇梯度洗脱，分离得到 2 种化合物，分别为山萘酚和槲皮素。朱瑞等（2003）将苦荞麦种子的 80%乙醇提取物，经聚酰胺柱水洗除杂后得 95%的醇膏再经分离得到 4 个单体化合物，经结构鉴定为芦丁、槲皮素、山柰酚、山柰酚-3-0 芸香糖苷。汪嘉庆等（2009）采用硅胶柱色谱等方法对苦荞种子功能性成分进行分离纯化，根据理化性质和光谱数据鉴定出 11 个化合物：乌苏酸、山柰酚、槲皮素、大黄素、山柰酚-3-0 芸香糖苷、芦丁、3，5-二甲氧基-4-0-β-D 吡喃葡萄糖基桂皮酸、β-谷甾醇、胡萝卜苷、蔗糖、果糖。郑峰等（2011）采用试管法对苦荞籽粒化学成分进行系统预试，以工业乙醇为溶剂对其化学成分进行超声辅助提取，采用硅胶柱层析、聚酰胺柱层析和凝胶柱层析对化合物进行分离，通过紫外-可见光谱法、红外光谱法、质谱法、核磁共振法的综合分析结果对化合物结构进行鉴定，最终从得到的 10 个单体化合物中鉴定了 5 个，分别为伞形花内酯、槲皮素、山柰酚-3-0-芸香糖苷、儿茶素和芦丁，其中伞形花内酯为首次发现。贾冬英等（2012）报道苦荞的主要功能性成分为黄酮类（包括芦丁、槲皮素等），植物多糖和植物固醇。李敏等（2016）考察证明在高海拔地区种植，能提高苦荞黄酮、氨基酸与多酚含量。

2. 苦荞功能性成分含量的品种间差异和影响因素

（1）品种间差异　以黄酮类含量为例。刘三才等（2007）测定和评价了来自四川省、云南省、贵州省、宁夏回族自治区、湖南省和山西省的 76 份苦荞种质资源的黄酮和蛋白质含量。总黄酮含量平均为 2.46%，变化范围 1.97%～3.03%。山西省的材料含量最高，其次依次为湖南、宁夏、贵州、云南的材料，四川材料含量最低。总黄酮含量与蛋白质含量呈极显著正相关。张清明等（2008）采用分光光度法研究了贵州省地方苦荞生物类黄酮含量。结果是六苦 2 号和野生苦荞种子中生物类黄酮含量较高。张瑞等（2008）将苦荞粉碎，过 80 目筛，称取一定量的粉末，30 倍 90% 乙醇 30℃ 恒温水浴震摇提取 12h，提取液定容后进高效液相色谱检测芦丁含量，测定 3 次，结果取平均值。结果是从国家种质库中期库中调取苦荞核心种质 166 份的芦丁含量范围 1.4948%～1.6244%。从中筛选出 30 份高芦丁含量种质，芦丁含量 1.586 5%～1.624 4%。彭镰心等（2010）用分光光度法测定了 17 种不同品种苦荞中黄酮的含量，结果表明美姑苦荞的黄酮含量最高，达 2.40%，选荞 1 号次之，为 2.35%，而川荞 1 号最低，仅为 1.54。黄元射等（2012）以来源于不同地区的 17 个苦荞品系为试材，测定黄酮含量。其中黄酮提取方法是，籽粒烘干后各称取 50g，用打粉机打成粉末，过 40mm 分样筛。准确称取苦荞粉 2.0000g，用定量滤纸包好放入索氏抽提装置中，78℃ 水浴加热，甲醇抽提至回流液无色，回收提取物，旋转蒸发后转入 100ml 容量瓶中，用甲醇定容至刻度，摇匀，待测定。黄酮含量的测定方法是，取 1ml 上述总黄酮甲醇定容提取液于 25m 容量瓶中，用 30% 甲醇补充至 12.5ml，加 0.7ml $NaNO_2$ 摇匀，放置 5min 后，加入 0.7mAl$(NO_3)_3$，6min 后加入 5ml mol/LNaOH，混匀，用 30% 甲醇稀释至刻度，10min 后于 511nm 处测定吸光度。通过方差分析和多重比较，结果表明晋苦 2 号黄酮含量最高，为 2.433%；威苦 02-286 含量最低，为 1.463%。史兴海等（2013）用乙醇浸提法，具体做法是准确称取一定重量的干燥样品，加入 20～30 倍原料重的 65% 乙醇溶液在 70～75℃ 条件浸提 4h，对山西省农业科学院作物科学研究所引进、创制的 52

个品种或资源进行黄酮含量测定。结果显示，52 个品种的黄酮平均含量为 1. 98%，其中审定品种九江苦荞的黄酮含量最高，为 2. 55%。濮生财等（2015）测定表明 21 个不同品种苦荞籽粉中，芦丁、山奈酚-3-芸香糖苷、槲皮素和山奈酚的含量范围分别为 1. 21% ~ 2. 03%、0. 15% ~ 0. 2%、0. 001% ~ 0. 09%、0% ~ 0. 002%，4 种主要黄酮的总含量为 1. 40% ~2. 29%，同时测定了苦荞麸皮的黄酮含量。结果无论籽粒还是麸皮中，芦丁都是含量最高的黄酮，其次是山奈酚-3-芸香糖苷和槲皮素，山奈酚的含量在万分之一以下。徐笑宇等（2015）利用 SSR 分子标记方法，对筛选出的 27 份高黄酮苦荞资源进行遗传多样性研究，结果表明，苦荞资源的遗传多样性并不受地理分布的影响，普遍亲缘关系较近。另外，用 SPSS 软件绘制荞麦的黄酮质量分数聚类图，与遗传聚类结果综合比较分析，发现 27 份苦荞资源的黄酮含量受其亲缘关系影响较大，与其遗传多样性的联系较强。饶庆琳等（2016）研究了薄壳苦荞品系籽粒总黄酮含量变异及与主要产量构成要素间的相关性。发现薄壳苦荞品系总黄酮变异范围 11. 5~29. 1mg/g，平均 20. 78mg/g。

（2）影响因素　生育进程和外界因素都有影响。仍以黄酮含量为例。刘金福等（2006）探讨了苦荞发芽过程中促进黄酮合成的因素。在苦荞发芽过程中，改变温度、光照等条件，能明显刺激次级代谢产物黄酮的生成。外源激素乙烯利在苦荞发芽过程中可显著提高黄酮合成量。改变温度具体表现为：在适宜温度 20℃下，总黄酮含量在前 6 天随时间呈上升趋势，在第 6 天时含量达到最高，最高点的总黄酮含量为 2. 74%，第 6 天以后黄酮含量开始下降。低温 15℃下总黄酮含量随时间呈上升趋势，由于低温下萌发较缓慢，因此在第 7 天总黄酮含量仍未知是否已经达到最高峰，第 7 天相对前几天含量最高，为 3. 03%。高温 28℃下总黄酮含量随时间呈上升趋势，由于高温下萌发较迅速，因此在第 3 天就达到最高峰，最高点的总黄酮含量为 3. 04%，第 3 天以后黄酮含量开始下降。改变光照具体表现为：苦荞的培养温度保持 20℃不变，培养到第 5 天，改变光照条件，用紫外光线、蓝光和无光照处理 4h，待第 6 天取出，经测定紫外灯照射处理，总黄酮含量为 3. 78%，与正常培养比较，其总黄酮含量 2. 74%，增长了 37. 96%；经蓝光照射处理后总黄酮含量 3. 57%，增长了 30. 29%；经无光处理后的总黄酮含量为 2. 19%，降低了 20. 07%。诱导剂——乙烯利具体表现为：苦荞的培养温度保持 20℃不变，培养到第 5 天，向其中喷洒 300mg/L 乙烯利激素溶液，待到转天取出，经测定总黄酮含量为 4. 59%，与正常培养比较，其总黄酮含量增长了 67. 52%。郭元新等（2013）对不同浸泡温度下苦荞中黄酮的富集进行了研究，发现在 0~20h 浸泡过程中，18℃、26℃和 34℃三个处理的苦荞黄酮含量均不断升高，且 26℃处理的苦荞黄酮的含量显著高于 18℃和 34℃处理。在 26℃下黄酮含量在 20h 达到 13. 9mg/g，比 18℃和 34℃处理下黄酮含量高 6. 1%、4. 8%，温度过高或过低均会降低苦荞中黄酮的富集，26℃的浸泡温度有利于黄酮的富集。李晓雁等（2009）将源于苦荞种子表面的真菌 K10、K11 和 K1 制成诱导子，并对萌发苦荞进行诱导处理。发现 K11 和 K18 能诱导苦荞样品中苯丙氨酸氨解酶的活性升高，进而促进萌发苦荞的黄酮合成 K11 和 K1 诱导子的最佳使用浓度为 200mg/L 和 50mg/L，诱导子处理后，苦荞种子萌发 6 天的黄酮含量最高，分别达到 5.13% 和 4.39%，比对照提 24.5% 和 6.6%。刘本国等（2010）试验看到，萌发能显著提高活性物质含量。萌发 72h 后，芦丁含量增加 7.2%。朱友春（2010）研究不同生育期苦荞黄酮含量与营养成分变化。3 个品种不同生育期总黄酮含量变化趋势一致。九江苦荞、凉荞 1 号和会宁苦荞总黄酮含量在 1 片真叶（苗期）时均为最高，分别达到 7.31%、7.92% 和 6.73%，其次为始花期成熟后果实籽粒中含量最少，分别为 3.03%、2.80% 和 2.67%。从苗期至籽粒成熟期，总黄酮含量表现为由高到低的"S"形曲线变化，即从苗期至孕蕾期逐渐下降，到始花期逐渐增加，随着生育期的推进，总黄酮含量在盛花期又开始下降，并在籽粒成熟期降到最低，孕蕾期至成熟期黄酮含量呈现低—高—低的变化趋势。李晓丹等（2012）试验研究了金属盐离子对苦荞萌发和总黄酮含量的影响。在 1 000mg/L 硫酸铝溶液中，萌发时间为 84h，种子萌发温度 25℃ 条件下，苦荞种子中总黄酮含量可达 1347.1mg/100g 干物质。李敏等（2016）分析了 5 个苦荞品种在湖北省五峰县 2 个不同海拔高度生态试验点的籽粒黄酮的含量变化，结果表明高海拔种植可提高苦荞黄酮的含量，具体表现是西农 9909、九江苦荞、SNKQ-1、西农 9920 和云荞 2 号在海拔 1 400m 种植条件下籽粒黄酮含量分别为 2.03%、1.18%、1.80%、1.75% 和 1.71%，在海拔 780m 种植条件下籽粒黄酮含量分别为 1.82%、1.71%、1.73%、1.70% 和 1.53%，即与海拔 780m 种植相比，所有品种在海拔 1 400m 高山种植条件下的籽粒黄酮含量呈不同程度的上升，其中西农 9920 的上升幅度最小，仅上升 0.05 个百分点，SNKQ-1 上升幅度其次，显著升高，其他 3 个品种上升幅度较大，呈极显著差异。张以忠和邓琳琼（2017）对苦荞矮秆突变体（M1）、小粒突变体（M2）、早熟突变体（M3）、晚熟突变体（M4）、大叶突变体（M5）和亲本材料（对照 CK）籽粒的黄酮含量进行测定，表明突变体（M1、M2、M3、M4、M5）黄酮含量在 6.47% ~ 9.33%。含量最高的是 M4，为 9.33%，是对照（CK）的 1.44 倍，且与 CK 及 M1、M2、M3、M5 间差异达到极显著水平；M5 含量次之，为 8.05%，极显著高于 CK 及 M1、M2、M3；M1 和 M2 含量分别为 6.98% 和 7.53%，均极显著高于 CK 和 M3。M3 含量最低，仅为 6.47%，与 CK 无显著差异。

3. 内源激素

黄凯丰等（2013）以威苦 1 号和威苦 2 号为试验材料。测定了成熟期茎、叶、根中脱落酸（ABA）、玉米素+玉米素核苷、生长素（IAA）、1-氨基环丙烷-1-羧酸（ACC）、亚精胺、精胺等内源激素含量，并进行相关分析。结果表明，苦荞产量和品质与其不同部位间的内源激素含量有密切关系。具体表现为：苦荞品种间的内源激素含量存在一定差异，总体以威苦 1 号茎、叶、根中的玉米素+玉米素核苷、IAA、ACC、腐胺、亚精胺、精胺含量，分别高于威苦 2 号（$P < 0.05$），其中多胺的含量品种间相差达 2~8 倍。苦荞不同部位之间内源激素含量存在差异，茎、叶中的 ABA 含量显著高于根；玉米素+玉米素核苷的含量则以根中最高，茎中最低；IAA 和 ACC 含量以叶中最高，根中最低，差异达显著水平；

腐胺、精胺含量以茎中最高；亚精胺含量以根中最高，叶中最低，差异达显著水平；两苦荞品种不同部位间内源激素的含量分布表现相似。单株粒重、千粒重、产量与苦荞叶、根中的 ABA 含量呈显著负相关，与玉米素+玉米素核苷、IAA、ACC 含量则呈显著正相关；茎、叶中的多胺含量与单株粒重、千粒重、产量呈显著或极显著正相关；蛋白质含量（威苦 1 号）与苦荞叶中的 ABA 含量呈显著负相关，与叶、根中的玉米素+玉米素核苷、IAA 含量呈显著或极显著正相关；淀粉含量与苦荞茎、叶、根中的 ABA 含量呈显著或极显著的负相关，与玉米素+玉米素核苷、IAA 呈显著正相关，与茎或叶中的多胺含量呈显著或极显著正相关；黄酮与苦荞茎中的 ABA 含量呈显著负相关，与叶中的 IAA、ACC 和多胺的含量呈显著或极显著正相关。除威苦 2 号的蛋白质含量与内源激素相关未达显著水平外，两苦荞品种的内源激素含量与产量和品质的相关性相似。时政等（2017）以四川省本地 4 种苦荞品种西荞 1 号、米荞 1 号、川荞 1 号和川荞 2 号为试验材料，对比 2 种栽培方法下 4 种苦荞的内源激素含量、产量和营养品质。具体表现为：对比本试验栽培方法和传统栽培方法栽培出来的苦荞的内源激素，本试验栽培方法栽培的苦荞 ABA 含量明显低于传统栽培方法，而 ACC、IAA、玉米素+玉米素核苷和多胺（腐胺、亚精胺和精胺）含量则明显高于传统栽培方法，由此可以见采用不同栽培方法栽培的苦荞内源激素含量存在一定差异。对比苦荞不同部位的内源激素含量，茎、叶中的 ABA 含量显著高于根；ACC 和 IAA 含量叶中最高，根中最低；玉米素+玉米素核苷的含量则根中最高，茎中最低；腐胺、多胺精胺含量茎中最高，叶中最低，差异都达显著水平；4 种苦荞个体不同部位内源激素含量表现相近。苦荞内源激素 ABA 含量与苦荞产量和营养品质呈显著负相关；单株粒重、千粒重、产量与 IAA、ACC 和玉米素+玉米素核苷含量则呈显著正相关，与茎中多胺含量呈显著正相关；膳食纤维含量与 IAA、ACC 和多胺的含量呈显著或极显著正相关，与茎和根中多胺含量呈显著正相关或极显著正相关；蛋白质含量与荞麦中的玉米素+玉米素核苷和 IAA 含量呈显著或极显著正相关，与茎中 ACC 和多胺含量呈显著正相关；淀粉含量与叶和根中的玉米素+玉米素核苷及 IAA 含量呈显著正相关，与茎或叶中的多胺含量呈显著或极显著正相关；黄酮含量与根、叶中的 IAA、ACC 和多胺的含量呈显著或极显著正相关。由试验可见西荞 1 号、米荞 1 号、川荞 1 号和川荞 2 号的内源激素含量与产量、膳食纤维含量、蛋白质含量、黄酮含量和淀粉含量均具有显著相关性，因此可以证明内源激素对 4 种荞麦产量和荞麦营养素含量具有一定调节作用。申剑等（2015）对苦荞凝集素做了纯化及性质鉴定。纯化的苦荞凝集素在十二烷基硫酸钠—聚丙烯酰胺凝胶电泳图谱上显示单一条带，根据 SDS-PAGE 计算其分子质量约为 62kD。PAS 染色证明苦荞凝集素为糖蛋白，糖含量为 5.8%。凝血实验表明苦荞凝集素对人的 O 型血红细胞具有特异性凝集作用，效价为 $15\mu g/ml$，对其他血型的红细胞没有凝血效应。血凝活性被 D-甘露糖和 D-葡萄糖抑制，推测其是一种甘露糖结合凝集素。酶学性质鉴定显示，苦荞凝集素具有磷酸酯酶活性，米氏常数 $K_m = 9.86 \times 10^{-3} mol/L$。总结为苦荞凝集素可能是苦荞麦种子中的一种具有多种酶学功能的甘露糖凝集素。

二、苦荞其他部位的成分

这方面的研究报道也不乏其例。例如，陈思等（2009）对苦荞不同器官的一些成分含量和种类做了分析。发现苦荞麦的籽皮纤维含量最高，且以不可溶性纤维为主。与带皮的籽实相比较，脱皮苦荞麦籽实的总膳食纤维、不可溶性膳食纤维和可溶性膳食纤维含量均显著降低。黑苦荞嫩茎嫩叶混合物中总膳食纤维含量是 13.08%，其中不可溶性膳食纤维含量为 6.95%，可溶性膳食纤维含量达 6.13%，同时其总黄酮含量也最多，为 2.35%，表明黑苦荞的茎叶具有重要的开发利用价值。

曹新佳等（2011）探讨了饲用苦荞麦秸秆的化学成分。结果显示，当苦荞麦秸秆的粒茎为 0.25mm 时，主茎秆的还原糖含量为 0.167%，分枝茎秆的还原糖含量为 0.154%，二者相差 0.013%；当苦荞麦秸秆的粒茎为 0.50mm 时，主茎秆的还原糖含量为 0.164%，分枝茎秆的还原糖含量为 0.153%，二者相差 0.009%；苦荞麦秸秆的粒茎不同，其测定还原糖的含量也不同，原因是粒茎越小，测定时水解完全，含量越高。苦荞麦秸秆还原糖的变化规律为：主茎秆的还原糖含量大于分枝茎秆的还原糖含量。当苦荞麦秸秆的粒茎为 0.25mm 时，主茎秆的水溶性总糖含量为 0.074%，分枝茎秆的水溶性总糖含量为 0.074%；当苦荞麦秸秆的粒茎为 0.50mm 时，主茎秆的水溶性总糖含量为 0.067%，分枝茎秆的水溶性总糖含量为 0.067%；苦荞麦秸秆水溶性总糖的变化规律为：主茎秆的水溶性总糖含量与分枝茎秆的水溶性总糖含量相等。当苦荞麦秸秆的粒茎为 0.25mm 时，主茎秆的淀粉含量为 0.093%，分枝茎秆的淀粉含量为 0.091%，二者相差 0.002%；当苦荞麦秸秆的粒茎为 0.50mm 时，主茎秆的淀粉含量为 0.087%，分枝茎秆的淀粉含量为 0.087%；苦荞麦秸秆淀粉的变化规律为：主茎秆的淀粉含量大于分枝茎秆的淀粉含量。当苦荞麦秸秆的粒茎为 0.25mm 时，主茎秆的粗脂肪含量为 1.14%（比一般谷物秸秆高 0.10%），分枝茎秆的粗脂肪含量为 1.11%，两者相差 0.03%；当苦荞麦秸秆的粒茎为 0.50mm 时，主茎秆的粗脂肪含量为 1.08%，分枝茎秆的粗脂肪含量为 1.04%；苦荞麦秸秆粗脂肪的变化规律为：主茎秆的粗脂肪含量大于分枝茎秆的粗脂肪含量。当苦荞麦秸秆的粒茎为 0.25mm 时，主茎秆的粗蛋白含量为 3.14%（比一般谷物秸秆高 0.31%），分枝茎秆的粗蛋白含量为 3.02%；当苦荞麦秸秆的粒茎为 0.50mm 时，主茎秆的粗蛋白含量为 3.08%，分枝茎秆的粗蛋白含量为 2.95%；苦荞麦秸秆粗蛋白的变化规律为：主茎秆的粗蛋白含量大于分枝茎秆的粗蛋白含量。

胡长玲等（2012）研究了苦荞根的化学成分。具体提取与分离方法是：将粉碎的苦荞麦干燥根 4kg，用 80% 乙醇回流提取 3 次，每次 8h，减压回收乙醇得浸膏 140g，浸膏用蒸馏水分散后依次用石油醚、二氯甲烷、醋酸乙酯、正丁醇进行萃取，分别浓缩后得 4 个组分。其中二氯甲烷萃取部位浸膏 8g，采用硅胶柱色谱，以石油醚—醋酸乙酯（30∶1→1∶1）

系统梯度洗脱得各流分。选择不同的溶剂系统，运用反复硅胶柱色谱（石油醚-醋酸乙酯）、制备性薄层色谱（石油醚-二氯甲烷1∶2）、SephadexLH-20（甲醇、甲醇-水8∶2）、溶剂法重结晶（甲醇）等多种分离纯化方法，从其二氯甲烷部位分离得到8种化合物。结构鉴定结果分离出的8个化合物分别为：5-羟甲基-2-呋喃甲醛、香豆素、（-）-甘草素、酞酸双（2-乙基己基）酯、对羟基苯甲醛、香草醛、6-羟基豆甾-4，22-二烯-3-酮和2，5-二甲氧基苯醌。

卫星星等（2013）研究了苦养籽壳的化学成分。具体提取与分离方法是：干燥的苦养籽壳粗粉约5kg，用70%乙醇回流提取3次，减压回收溶剂得乙醇提取物，将其用适量水稀释，依次用乙酸乙酯、水饱和正丁醇萃取。取乙酸乙酯部位粉末75g经硅胶柱色谱，用石油醚-乙酸乙酯、氯仿-乙酸乙酯、氯仿-甲醇和甲醇洗脱分离得到9种化合物。经理化常数及波谱数据分析鉴定分离出的9个化合物分别为：芦丁、槲皮素、山奈酚、山奈酚-3-0-芦丁糖苷、大黄素、谷甾醇棕榈酸酯、α-谷甾醇、过氧化麦角甾醇、胡萝卜苷。

王灼琛等（2014）利用固相微萃取法及气相色谱-质谱联用技术研究分析了苦养粉、苦养壳及苦养麸皮的挥发性成分。用3种样品检测出77种挥发物质。其中苦养粉有挥发性化合物44种，主要以芳香烃类（20.69%）、醛类（18.57%）、烯类（15.21%）为主；苦养壳有46种挥发性物质，主要以芳香烃类（29.88%）、醛类（21.96%）、烷烃类（15.11%）为主；苦养麸皮有20种挥发性物质，主要以烯类（28.98%）、醛类（22.48%）、酯类（15.49%）为主。醇类在苦养粉、苦养壳中均无检出，醛类化合物在3种样品中的含量都相对较高。

张怀珠等（2006）利用分光光度法对不同生长期苦养黄酮含量的动态变化进行了研究，整个生育期中以花的黄酮含量最高，其平均值为6.775%，叶中的含量次之，均值为5.698%，茎中的含量最低，平均值仅为0.996%。从不同时期看，叶子中的黄酮含量在苗期较低，以后逐渐增大，只播种后50d左右（开花结实期）达到最高峰，此后又缓慢下降。花的黄酮含量变化幅度较大，开花前黄酮含量最高，开花后含量迅速下降，开花12~15d以后，苦养花中的黄酮含量又逐渐呈现回升的趋势。整体苦养不同生长期黄酮含量呈现规律性变化，即花＞叶＞根＞茎。王玉珠等（2007）也用分光光度法对贵州的10个栽培苦养品种的生物类黄酮含量做了比较研究。10种栽培苦养麦种子中的生物类黄酮含量不同，其中六苦2号和六盘水野生苦养麦含量较高，分别为30.608mg/g和29.079mg/g。随着植物的生长，苦养麦中生物类黄酮的含量逐渐增加并呈现一定的规律性，在营养生长期，10种栽培苦养麦各器官中的生物类黄酮的含量总是叶＞茎＞根。进入生殖生长期，花叶中生物类黄酮的含量很高，此时的生殖器官成为整株植物的生长中心，不光是初级代谢产物大量往生长中心运输，次级代谢产物也大量往生长中心运输；在初花期，六苦1号、六苦2号、六苦3号、六盘水野生苦养、昭苦1号和定98-1这6种苦养麦花、叶中的生物类黄酮含量均在干重的10%以上；在盛花期，多数品种及器官的生物类黄酮含量呈下降趋势，只有少数种类的个别器官生物类黄酮含量在增加（如九江苦荞麦的花叶）；此期各器官中的生物类黄酮含量却是花叶>根>茎。

三、苦荞利用

（一）制作主食

例如：制作苦荞米。磨制面粉，做苦荞面条、苦荞挂面、苦荞米线、苦荞方便面、无糖苦荞苏打饼干、苦荞蛋糕等。

1. 制作面条和挂面

举例如下：

王向东（2004）研究了双苦营养面条的制作。

具体工艺流程为面粉配置→添加改良剂→添加苦瓜汁→揉制面团→压片→制条→干燥→包装。

操作要点包括以下 3 个方面，一是面粉配制，将小麦面粉与苦荞面粉以一定比例搅拌均匀。二是添加改良剂，加入品质改良剂的目的是要改善面团性质，提高面筋的耐混捏性，使面团光滑、筋道，易于成片、切条。三是，添加苦瓜汁，添加苦瓜汁的目的，除去增加各种活性物质以外，可以提供揉制面团的水分。实际操作中，要想得到软硬适中的面团，需要考虑温度、用水量、面粉含水量等因素。采用苦瓜汁和苦荞面粉可以制作营养保健面条，产品消除了令人难以接受的苦瓜苦味和青草味。选择的配方为小麦面粉：苦荞面粉 1：1、黄原胶 1.5%、β-环糊精 6%、羧甲基纤维素钠 1.5%；在气温 25℃、小麦面粉含水量 13%、苦荞面粉含水量 11%时，面粉用量与苦瓜汁用量以 1：0.4 为好。

郭元新和石必文（2007）对苦荞挂面配方进行了优化设计。研究表明，在苦荞粉：面粉为 3：7 的比例下，按混合粉质量分别添加 1.5%的复合添加剂、35%的水及 3%的食盐，经和面、熟化、压面、切条与干燥工艺，可制得美味爽口的绿色挂面制品。

具体工艺流程为面粉、苦荞粉、复合添加剂→和面→复合压延→切条→干燥→切断→计量→包装→成品。

操作要点包括以下 5 个方面，一是和面，将面粉和苦荞粉以及复合添加剂准确计量、混合均匀后放入和面机，食盐用水溶解后一起加入，开动和面机，转速控制在 70r/min，和面时间以 10～15min 为宜。二是熟化，和好的料胚由和面机卸料，进入熟化机进行熟化。熟化过程中，面团的内应力消除，面筋结构进一步形成，从而使面团内部结构趋于稳定。熟化最好在静置状态下进行，但为防止面团结块，一般都采用低速搅拌的方法，熟化机转速为 5～8r/min，时间为 15～18min，无条件时可采用静止熟化的方法。三是压延与切条，熟化后的面团进入压面机的投料槽中进行压片。压片时要注意双辊的辊间距离，一般是头道辊的辊间距大些，此后的辊间距应逐渐减小，使面片进一步压薄至所需要的厚度，送入切刀段切成一定宽度的面条，随后再整齐切成一定长度的面条，然后上杆进行干燥。四是干燥，把湿面条送入烘房进行干燥，即由湿面条（水分为32%~35%）干燥成干面条（水分为13%~14%）。生产中要求烘房温度为50~55℃、相对湿度为55%~65%、时间需12~13h。无干燥设备时，可利用自然法晾干。五是成品，干燥好的长面条经人工或机械切断至一定长度（通常为200mm和240mm两种），称量，包装后即为成品挂面。

巩发永等（2011）以苦荞粉、小麦粉为主要原料，研究了预糊化处理，谷朊粉、碳酸钠和魔芋精粉添加量对苦荞麦挂面质量都有明显影响。结果表明预糊化处理是提高苦荞麦挂面苦荞粉含量的前提条件，谷朊粉、碳酸钠和魔芋精粉添加量分别为3%、0.4%和1.2%。苦荞挂面富含苦荞黄酮、膳食纤维、叶绿素、Mg、Se等生物活性成分及Ca、Fe、Zn等多种微量元素和维生素，口感清醇荞香，风味独特，营养价值高，是现代快节奏生活不可缺少的健康食品。

2. 制作苦荞米线

苦荞米线工艺流程如下图所示：

苦荞粉、大米粉→拌粉→挤丝→第一次时效处理→控制糊化→第二次时效处理→干燥→切粉→称量→成品包装。这是将面筋含量很低的苦荞原料与米线加工工艺相结合，形成了一种全新的面食产品，苦荞面粉用量可达80%以上。通过控制工艺参数，可以方便地调整产品的"软硬"口感，分别适应于南北方的面食习惯（金肇熙等，2004）。

3. 制作非油炸方便面

金肇熙等（2004）报道利用与苦荞米线相近的加工工艺，适当调整设备，增加二次成型工序，可以同时生产即泡即食的苦荞非油炸方便面，避免了传统的油炸工艺，有效保留苦荞原有的营养功效成分。产品具有复水快、弹性好、口感细腻爽滑的特点，泡30min不化条、不浑汤，是传统方便面的一种更新换代产品，市场潜力十分看好。

4. 制作苦荞蛋糕

苦荞蛋糕制作工艺流程为：

蛋液、砂糖、水→溶糖→乳化剂预混→荞粉、面粉调粉→打发→浆料→成型→烘烤→成品。

操作要点包括以下5个方面，一是将蛋液、水与砂糖一起中速搅拌2min使糖溶化。二是加入蛋糕油，中速搅拌2min使之分散。三是加入过筛的苦荞粉面粉混合粉，慢速搅拌混均匀，搅拌时间1min。四是快速打发2min时，进行第一次取样，测定浆料比重，以后每隔1min取样一次，直到浆料打发到最大体积。五是将浆料铺于烤盘中，于180℃烘烤。荞粉与面粉比、蛋粉比决定苦荞蛋糕的档次，荞粉用量高，苦荞蛋糕的色泽加深；蛋粉比越高，苦荞蛋糕的口感越好，产品档次越高。生产中，可首先确定配方中的荞粉面粉比、蛋粉比。加水量对料浆打发时间和苦荞蛋糕的比容、感官质量的影响都较大，所以生产中要根据对具体指标的要求，在一定范围内控制加水量，一般可控制在25%~40%。乳化剂对料浆打发时间和苦荞蛋糕的比容有一定的影响，而不是主要影响因素，但乳化剂对苦荞蛋糕的弹性影响较大。因此，当蛋量、水量增加时，应相应增加乳化剂的用量（肖诗明等，2004）。

钟志惠等（2009）研究了苦荞微波蛋糕的最佳配方和加工工艺参数。具体制作要点包括：一是将鸡蛋、白砂糖倒入盆内，用打蛋器搅打 2～3min，使白砂糖完全溶解，并呈泡沫状。二是将苦荞麦粉、特制面粉、泡打粉、香草粉、食盐混合均匀。三是将混合均匀的粉料加入已打发的蛋液中，慢速拌匀，加入牛奶搅匀，再加入色拉油混合均匀。四是将调制好的面糊注入微波器皿中，占器皿体积的 2/3 即可。五是微波加热 2.5～3min。苦荞微波蛋糕的最佳配方和生产条件为：粉料 100%（苦荞粉 40%，小麦特制粉 60%），鸡蛋 250%，白砂糖 70%，泡打粉 4%，牛奶 100%，色拉油 40%，食盐 1%，香草粉 0.5%。以 1 个鸡蛋量为基准配制的蛋糕面糊，用 750W 家用微波炉，塑料微波碗，加热 2min30s。

王若兰等（2012）报道无水苦荞蛋糕的最佳生产生产工艺：苦荞粉添加量为混合粉质量的 70%、鸡蛋用量为混合粉质量的 163%、蔗糖用量为混合粉质量的 80% 和鸡蛋打发时间为 10min。若以 100g 混合粉计，无水苦荞蛋糕的最佳生产工艺为苦荞粉 70g、糕点粉 30g、鸡蛋 163g、蔗糖 80g 和打发时间 10min。

王雪梅等（2016）研究表明苦荞可可蛋糕的最佳配方为：低筋面粉 70g，苦荞粉 20g，可可粉 10g，糖 70g，鸡蛋 120g，牛奶 50g，蛋糕油 3.5g，泡打粉 1.5g，盐 1.5g。

5. 制作苦荞饼干

郭元新和周军（2005）研究了苦荞饼干的加工技术。基本配方：面粉、苦荞粉 100g，蛋白糖 0.08～0.14g，木糖醇 3～4g，油脂 6～12g，植脂淡奶 2～4g，鸡蛋 2～4g，食盐 0.8～1g，小苏打 0.6～0.8g，碳酸氢铵 1～1.5g，焦亚硫酸钠适量，酵母 0.03～0.04g，饼干松化剂 0.03～0.04g，香精适量。

基本工艺流程：第一次调制面团→发酵→第二次调制面团→静置→面片压延→成型→烘烤→冷却→整理→包装→成品。

优化后的苦荞饼干配方组合为苦荞粉∶小麦粉∶油脂∶水 = 30∶70∶8∶34（按质量分数计）。根据本工艺生产的苦荞降糖饼干的外表平整，颜色深黄，咸度适中，口感酥脆，风味独特。

张怀珠等（2010）以面粉为主要原料，添加苦荞麦粉、无糖糖浆、亚麻籽油制作苏打饼干的工艺进行了研究。操作要点有以下 9 个方面，一是第一次调粉，采用中速和面。将面粉 1kg 和酵母 26g 混匀，加水 400g 搅拌 5～6min，并使面团温度保持在 28～29℃。二是第一次发酵，温度 28～30℃，湿度 70%～75%，时间 5～6h。至面团体积膨胀到最大，并稍有回落止。三是第二次调粉，采用高速和面。面粉 1kg、苦荞麦粉 150g、无糖糖浆 300g、奶粉 40g、鸡蛋 80g、亚麻籽油 50g、食盐 20g、小苏打 10g、面团改良剂 20g、水适量。按工艺流程处理，达到面团均匀细腻，面团温度保持在 28℃左右。四是第二次发酵，温度 28～29℃，湿度 80%，时间 2～3h，至面团完全起发为止。五是辊轧，发酵成熟面团放入辊压机辊压 20~30 次，每二次折叠一次，每 5 次转 900，至面团光滑细腻。六是成型，冲印成型，多针孔印模，面带厚度 1.5~2mm，制成饼干坯。七是烘烤，烘烤温度 230~270℃，时间 6~8min，且入炉早期面火小，底火大，后期面火大，底火小。炉温过高或过低，都会影响成品质量，过高容易烤焦，过低会使成品不熟，色泽发白。八是冷却、包装，出炉冷却 30min 后，整理、包装成为成品。九是贮藏，适宜的贮藏条件是低温、干燥、空气流通、环境清洁、避免日照。库温应在 20℃左右，湿度 70%~75%为宜。最终确定了苦荞麦粉、无糖糖浆、亚麻籽油的最佳添加量分别为 15%、25%、12%，所得产品结构紧密，断面呈均一状，色泽为浅焦黄色，口感细腻，香味纯正。

李雨露和刘丽萍（2016）研究了菊粉苦荞粉无糖饼干的影响因素及配方。结果表明最佳配方为：混合粉 100%（小麦粉与苦荞粉质量比 8∶2）、油脂 16%、菊粉为 6%、木糖醇 12%、食盐 0.5%、小苏打 0.7%、碳酸氢铵 0.3%、磷脂 1%、奶粉 2%、水 40%左右。在此配方下制作的无糖饼干呈棕黄色、口感酥松、香甜，具有荞麦特有的风味。

（二）多途径食用和饮用

苦荞的多途径食用和饮用包括苦荞芽菜、苦荞米茶、苦荞面包、苦荞红曲醋、苦荞奶茶、苦荞米酒等。

1. 苦荞芽菜

苦荞芽菜的综合利用主要是开发利用苦荞芽菜的营养、药用与保健价值，其综合利用产品有苦荞芽菜面包、苦荞芽菜豆奶、苦荞芽菜咖啡、苦荞芽菜果冻布丁等，副产品有饲料（胡亚军等，2007）。苦荞芽菜中氨基酸营养均衡，维生素含量及部分矿质元素含量均高于小麦粉和大米，是不可多得的膳食营养改善材料（胡亚军等，2008）。

2. 苦荞米茶

苦荞可加工成米茶。苦荞米茶是将苦荞经熟化、脱壳后，再经严格控制烘炒加工的一种苦荞茶，产品呈黄褐色、略有膨化的颗粒状，口感酥脆，颇具炒麦香味。冲茶后水质清澈亮黄，有特殊的焙烤香味，颇受市场欢迎。据了解，苦荞米茶在日本市场的售价约 2 500 日元/kg，年消费量约 2 000t 以上。考虑到具有相近生活习惯的中国和东南亚国家的潜在市场，这款产品亦可适当调配风味或复配。

苦荞米茶的生产工艺流程为：苦荞原料→清洗→浸泡→蒸煮→干燥→脱壳→烘炒→冷却→包装→成品（边俊生，2006）。

3. 苦荞面包

苦荞可加工成面包。李春和（2012）研究表明苦荞面包的最佳配方（以黑苦荞和面包粉计）和工艺条件为：黑苦荞麦粉用量 30%，其余使用 70%的面包专用粉；辅料中面包改良剂 0.45%。低糖干酵母 1%，盐为 0.8%，脱脂奶粉 5%，油脂 9%，无糖烘焙甜味改良剂 3%。发酵方法采用一次发酵法。烘烤温度为 195~200℃，烘烤时间为 17min。进餐此种黑苦荞无糖面包后血糖不但不升高，反而有降低作用，而且此种面包风味和口感也受到了糖尿病患者喜爱。

4. 苦荞红曲醋

苦荞可加工成红曲醋。苦荞红曲醋是以山西老陈醋的传统工艺为基础，采用优质黑苦荞原料开发的山西名醋创新产品。在酿造工艺中引入红曲发酵技术，将苦荞所含的高活性功能因子与红曲衍生的洛伐他汀等天然降脂成分融汇在醋中，而成为一款珍品。

苦荞红曲醋的生产工艺流程为：苦荞原料→蒸制→拌红曲→发酵→熏醅→淋醋→陈酿→包装→成品（边俊生，2006）。

5. 苦荞奶茶

苦荞可加工成奶茶。巩发永等（2012）以经气流膨化后的苦荞米花为原料，采用超微粉碎、搅拌、包装等工艺流程，通过设置不同比例的膨化苦荞粉、白砂糖、植脂末、香兰素精、脱脂无糖奶粉、羧甲基纤维素钠，对苦荞奶茶的配方进行研究。试验结果表明：苦荞奶茶的最佳配方为膨化苦荞粉25%、白砂糖35%、植脂末19%、香兰素精6%、脱脂无糖奶粉14%、羧甲基纤维素钠1%。苦荞奶茶呈浅苦荞色，明显的苦荞味与奶香味，无结块，无异味，澄清无杂质。

6. 苦荞酒

中国科研人员已对苦荞酒的开发做了很多研究，如对于苦荞糯米酒、苦荞黄酒、苦荞白酒、苦荞红曲酒、苦荞保健酒等都进行了深入研究。

根据苦荞的营养成分和特征，在传统酿造工艺的基础上，结合酶法低温蒸煮、添加酒糟黄酮提取物等新技术，探讨了发酵方法、发酵工艺参数、发酵菌种选择等对酒的品质以及苦荞功能成分的影响，研制出营养保健、口感清醇的苦荞酒，深受广大消费者喜爱（周海媚等，2013）。

例如，苦荞红曲酒是采用红曲霉固态培养荞麦制曲，加水转入液态发酵产酒，并添加大米根霉曲糖化液掩蔽荞麦味，使酒体更醇和（赵树欣，2004）。汪建国和汪琦（2008）应用粳米淋饭酒母，结合苦荞麦粉喂浆工艺，兼用酒药、红曲、生麦曲为糖化发酵剂，应用酶法低温蒸煮技术，并在后续工艺中引入勾兑调味技术和冷冻吸附工艺，试制出口感清醇爽适，集营养与保健于一身的苦荞黄酒。胡欣洁等（2013）以根霉、毛霉为主要菌种，利用霉菌产糖、液化和活性酿酒干酵母发酵速率快、生成乙醇高、共生等各自优势互补原理，选择发酵效果较好的单菌株进行有效组合为根霉：毛霉＝2∶1，酵母1.5%，分步发酵，酿成的酒汁芳香浓郁，清爽可口，微带苦味，外观为淡黄绿色。

苦荞其他的多途径食用和饮用详见第二节。

（三）营养保健

苦荞可视为药食同源作物。其复杂的成分有一定的药理作用，有多种保健功能。众多的研究表明，苦荞具有良好的降血糖、降血脂、抗氧化、抗癌、抗疲劳等作用。

（1）降血糖 苦荞含有 Cd（镉）、Se、Zn 等多种有利于人体的矿物质元素，且含量均不同程度高于禾谷类作物。Cd 对糖尿病有特效，能增强胰岛素功能、改善糖耐量、控制血糖平衡。苦荞中含有存在于碳水化合物中的功能性抗性淀粉，可抵抗酶的分解、影响胰岛素的分泌，具有明显的降血糖效果（张玲等，2011）。苦荞麦的黄酮提取物（150g/kg）连续灌胃 15d，可提高正常小鼠糖耐量水平，使糖负荷后 1h 血糖值明显降低（$P<0.01$）（朱瑞等，2003）。

田秀红等（2008）所做的动物实验表明，用苦荞麦蛋白复合物饲喂小鼠后，小鼠血液中的红细胞 SOD（超氧物歧化酶，具有对抗自由基的作用）活性提高了 15.1%，CAT（过氧化氢酶，催化过氧化氢分解成氧和水）活性提高了 13.4%，全血 GSH-PX（谷胱甘肽过氧化物酶，具有抗氧化作用）阻止自由基生成的活性提高了 23.2%，肝脏中的 SOD，CAT 和 GSH-PX 的活性分别提高了 19.2%，15.1%，18.4%。而小鼠血液和脏器中的 MDA（脂质过氧化产物丙二醛）含量下降，其中心脏中 MDA 降低的程度最为显著，说明苦荞蛋白复合物对机体内的脂质过氧化物有一定的清除作用。据文献报道，体内的自由基能造成胰岛 β 细胞的损伤，导致胰岛功能下降，使血糖升高。由于苦荞蛋白复合物提高了体内抗氧化酶的活性，对脂质过氧化物又有一定的清除作用，提高了机体抗自由基的能力；苦荞生物类黄酮能够促进胰岛 β 细胞的恢复，降低血糖和血清胆固醇，改善糖耐量，对抗肾上腺素的升血糖作用，同时苦荞还能够抑制醛糖还原酶，因此可以治疗糖尿病及其并发症。闫斐艳等（2010）以糖尿病大鼠为试验对象，建立了以大鼠尾静脉注射链脲佐菌素，并结合高热量饮食方法的Ⅱ型糖尿病模型，采用复方苦荞灌胃，观察服药后大鼠的体征变化，并测定其血糖量，研究结果表明复方苦荞能降低血糖。

王斯慧等（2012）通过不同的提取方法，得到的阿卡波糖、苦荞总黄酮、苦荞水溶性黄酮、苦荞醇溶性黄酮对 α-淀粉酶均有抑制作用，可防治糖尿病及其并发症。

周一鸣等（2015）以昆明小鼠为研究对象，并给予不同抗性淀粉含量的饲料喂养，通过观察昆明小鼠血糖、总胆固醇及体质量等变化，发现苦荞抗性淀粉能调节小鼠餐后的血糖，且含有适量抗性淀粉膳食能控制小鼠的血糖值。

（2）降血脂　芦丁是苦荞黄酮富含的特有成分，可增加毛细血管的通透性，使脂肪合成酶活性受到抑制，最终达到降低血脂的目的（陈慧等，2016）。

祁学忠（2003）报道了给小鼠或大鼠灌胃 120mg/kg 或 125mg/kg 的苦荞提取物 1 周或 2 周的时间，能起到降低甘油三酯和肝甘油三酯的效果，表明苦荞提取物在一定程度上能改善脂质的代谢结构。

在苦荞降低血脂的动物试验中，左光明等（2010）人研究表明，苦荞蛋白组分中的清蛋白起到极显著的降血脂作用，能有效降低模型小鼠血清中的甘油三酯（TG）和低密度脂蛋白胆固醇含量（LDL-C），提升高密度脂蛋白胆固醇含量（HDL-C），抑制脂肪的蓄积。

林兵等（2011）指出苦荞麦种子中提取的黄酮类化合物能够抑制灌胃橄榄油 3h 后小

鼠血清中 TG 水平的升高（$P<0.01$），抑制高脂肪高胆固醇饲料喂养小鼠的 TG 水平升高（$P<0.05$），但对 HDL、LDL 胆固醇水平没有明显影响（$P>0.05$）；此外，苦荞麦中的黄酮还能够明显激活过氧化物体增殖剂激活型受体 α 和 γ 的活性，随着其浓度的增加过氧化物体增殖剂激活型受体 α 和 γ 的活性也逐渐增强，呈现明显的剂量—效应关系。

（3）抗氧化　生物类黄酮—芦丁是苦荞富含的一种纯天然抗氧化剂，能有效清除超氧阴离子和羟基等自由基，提升自由基清除酶 SOD，GSH-Px 活力，降低氧化酶活性，从而达到抗氧化的作用（林兵等，2011）。

王敏等（2006）通过大鼠试验，发现类黄酮化合物之一的槲皮素有抗氧化、抗炎、抗衰老、抗突变等作用。

谭萍等（2009）研究认为苦荞种子的黄酮类化合物有抗氧化作用。能显著清除超氧阴离子自由基和羟基自由基。

杨红叶等（2011）研究发现，苦荞籽中的多酚含量明显高于苦荞粉，主要以自由酚的形式存在，具有较强的抗氧化活性。

田汉英等（2014）试验证明不同处理温度对苦荞抗氧化成分含量及其抗氧化活性有影响。处理温度高于 180℃，苦荞粉中的酚类、黄酮类、芦丁因分解而减少，槲皮素含量增加，抗氧化能力大幅度降低。

刘琴等（2014）发现不同产地不同品种苦荞的多酚组成、含量、分布及抗氧化活性显著不同，为产地和品种选择提供依据。

邱硕（2015）通过多次蒸馏方法制备出了以苦荞种子为试验原料的多糖提取液，并用紫外分光光度计测定。结果表明，随着多糖浓度的增大，苦荞多糖抑制超氧阴离子自由基和羟基自由基的能力越强，且当多糖浓度达到一定值后，苦荞多糖的抗氧化作用达到最大值。

国内外大量的动物试验研究表明，苦荞含有黄酮、多酚等抗氧化活性成分，能大大提高抗氧化酶的活性水平，清除机体内的脂质过氧化物。苦荞种子、籽粒、麦壳、叶子、麸皮等各个部分都能起到一定的抗氧化作用（李谣等，2013）。

（4）抗癌抑瘤　大量的研究表明，苦荞具有显著的抗癌抑瘤效果。研究发现，苦荞黄酮能通过提高人食管癌细胞 EC9706 的活性氧水平，改变凋亡蛋白的表达量，使食管癌细胞 EC9706 发生周期阻滞，诱导其发生凋亡，证明了苦荞黄酮能有效抑制食管癌细胞 EC9706 的增殖（陈慧等，2016）。苦荞蛋白中的清理蛋白约占 1/3，具有清理体内毒素和异物的作用，可达到抑制大肠癌的效果（牛保山，2011）。苦荞中的黄酮类物异槲皮苷能抑制人胃癌 SGC-7901 细胞的生长和肿瘤细胞的增殖、迁移，且依赖时间和剂量的有效性（李玉英等，2013）。

周小理等（2011）以萌发期（1~6d）的苦荞芽粉为原料，采用铝盐显色可见分光光度法和 HPLC 法，探明萌发期（1~6d）苦荞芽粉乙醇提取物中总黄酮、芦丁和槲皮素含量的变化趋势。以人乳腺癌细胞 MCF-7 为模型，采用噻唑蓝（MTT）比色法，比较萌发期（1~6d）的苦养芽粉乙醇提取物对人乳腺癌细胞体外的增殖抑制率。结果表明：苦养芽粉乙醇提取物具有抑制 MCF-7 乳腺癌细胞增殖的作用，尤以萌发第 3 天（芦丁与槲皮素含量比为 0.92：1）时抑制效果最好，显示二者具有良好的协同抑制效果。证明了苦养萌发物中的生物活性黄酮对人乳腺细胞的增殖有抑制作用。

李富华等（2014）实验通过细胞模型评价了产自重庆酉阳（T1）和四川西昌（T2）的苦养麸皮黄酮类化合物的抗氧化性及其抑制人肝癌细胞 HepG2 增殖的能力。结果表明 T1 和 T2 苦养麸皮黄酮具有一定的抗氧化性，并且在实验质量浓度范围内，T1 和 T2 苦养麸皮黄酮的细胞抗氧化活性表现出时效关系；在抗增殖实验中，T1 和 T2 苦养麸皮黄酮在无细胞毒性的浓度范围内，能显著抑制人肝癌细胞 HepG2 的增殖，并表现出量效关系。即证明了苦养麸皮黄酮抗氧化，麸皮黄酮对细胞有抗增殖活性，可抑制人体肝癌细胞的增殖。贾乔瑾等（2015）从苦养中提取出的一种苦养凝集素对 3 种结肠癌细胞 DLD-1、HCT116 及 SW480 的增殖有显著的抑制作用。聂薇等（2016）证实苦养蛋白有抗癌作用。

（5）抗疲劳 张超等（2005）在试验中连续给随机分组的小鼠灌胃 4 周，以小鼠的负重游泳时间和爬杆时间为生化指标，结果表明，苦养蛋白质能有效延长小鼠的负重游泳时间和爬杆时间，提升肝糖原的含量，减少血乳酸和血清尿素的含量，以达到抗疲劳的作用。而胡一冰等（2008）研究显示，连续 7d 灌胃试验小鼠苦养籽提取物后，发现苦养籽提取物能明显延长小鼠的转棒耐力时间，证明了苦养籽提取物对缓解小鼠的躯体疲劳有显著的作用。

（6）其他保健功效 苦养除了具有以上保健功效外，很多研究者报道苦养还具有消炎镇痛、防止细胞衰老、软化血管、抗缺血、抗神经炎、降尿糖、抗菌、抗病毒、预防高血压、冠心病、改善微循环等奇效（田秀红等，2009；王炜等，2010；姚佳等，2014；曹婉鑫等，2015；陈慧等，2016）。苦养良好的保健功效，在一定程度上决定了苦养广阔的开发利用前景，促进了苦养制品的发展。

苦养麦味甘、性凉，有清热解毒、益气宽肠之功效，然而养麦性凉，一次不宜多吃，胃寒者不宜，以防止消化不良；养麦不宜久食，对脾胃虚寒者忌食，更不可与白矾同食。

第二节 苦养加工

一、制作苦养茶

（一）苦养茶的制作、饮用历史

苦养茶有悠久的饮用历史，古代著名的医书《本草纲目》中就有关于苦养冲泡疗病的记载，因此苦养茶在古代已经成为一种被人们所接受的饮品。苦养茶中富含芦丁等黄酮类物质，口感独特。传统的苦荞茶制作工艺是将苦荞籽粒去皮后炒制提香，饮用时直接泡制，随着现代食品加工技术的发展，苦荞茶的制作品种越来越多。比如用烘烤工艺取代炒制，更大程度提升荞茶的香气成分，减少营养物质损耗；随着食品挤压技术的发展，将苦荞麦原材料粉碎，通过双螺杆挤压成型而制成的挤压型苦荞茶已经占据了大部分苦荞茶的市场份额。

随着人们对苦荞营养价值的研究越来越深入，如何更大程度的利用苦荞中的有效营养物质越来越引起广大消费者的关注，因此苦荞全株茶、苦荞胚芽茶等一系列制品出现在市场上。

（二）苦荞茶的种类和成分

1. 种类

苦荞茶按其原料特性可分：全麦苦荞茶、造粒成型苦荞茶、苦荞叶芽茶（图5-1和图5-2）。

图5-1　全麦苦荞茶（由贵州威宁东方神谷有限责任公司提供，2018）

图5-2　造粒成型苦荞茶（由贵州威宁东方神谷有限责任公司提供，2018）

全麦苦荞茶由苦荞米经过筛选、烘烤等工序加工而成。其主要工艺流程如下：

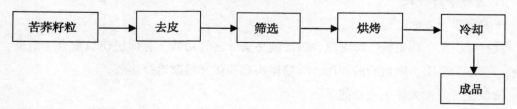

造粒成型苦荞茶主要以苦荞麦麸和（或）苦荞粉为原料，添加其他成分，经挤压成型、干燥、烘炒提香等工序加工而成。其主要工艺流程如下：

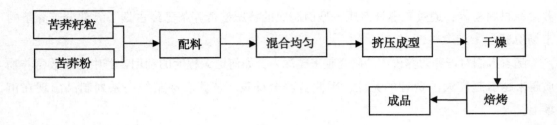

苦荞叶芽茶是以苦荞叶和（或）芽为原料，添加或不添加其他成分，经烘烤、炒制而成。其主要工艺流程如下：

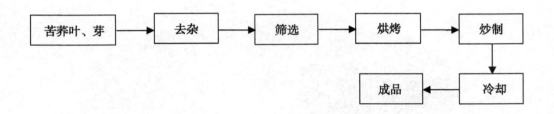

2. 成分

苦荞茶中含有黄酮类物质，其主要成分为芦丁、槲皮素、山奈酚-3-O-芸香糖苷、山奈酚等。芦丁含量占总黄酮的 70%～90%，又名芸香甙、维生素 P，可作为食用抗氧化剂和营养增强剂等，在其他谷物中几乎没有。槲皮素，溶于冰醋酸，碱性水溶液呈黄色，几乎不溶于水，可作为药品，具有较好的祛痰、止咳作用，并有一定的平喘作用。苦荞茶中含有丰富的荞麦蛋白、叶绿素、脂肪、碳水化合物、粗纤维、矿物质，同时还含有 18 种天然氨基酸，总含量达到 11.82%，并含有 9 种人体必需的脂肪酸、亚油酸等生物活性物质，对幼儿有促进生长发育的作用，对成年人可防止冠心病的发生。还含人体所需的多种微量元素，如 Ca、P、Fe、Mg、Se 等。

（三）苦荞茶的功效及副作用

1. 苦荞茶的功效

主要有以下方面。

具有降血脂、降血糖、降血压，激活胰岛素分泌等功效，有促进伤口愈合、消炎、抗过敏、止咳、平喘、降血脂的作用，对糖尿病有预防和辅助治疗功效。

抗氧化，增加人体免疫功能。

改善心脑循环，清除体内垃圾，消除疲劳，恢复能量，具有神奇的养肝、护肝和解酒功能。

增加皮肤抗氧化功能，减肥败毒、清理人体垃圾，具有美容养颜功效。

苦荞中的粗粮膳食纤维可以平衡肠胃营养分布，可健脾开胃、通便润肠，有效治疗便秘。

清热降火、凉血消肿等保健作用。

2. 苦荞茶的副作用

主要有以下方面。

苦荞茶可以辅助调节胃酸过多症状，但苦荞偏寒性，胃寒或有胃病的人群过多食用，会造成反酸腹泻的现象。

少部分人群饮用苦荞茶后会引起皮肤瘙痒、头晕、哮喘等过敏症状，苦荞过敏史者谨慎食用。

苦荞茎、叶、花、果天然原料中自身所含芦丁，可能有降血压、降血糖、降血脂作用，低血压、低血糖及严重体型瘦弱病人请谨慎食用。

（四）特色苦荞茶

1. 茉莉花型苦荞茶

茉莉花（*Jasminum sambac*）木樨科灌木或藤本，原产印度与阿拉伯之间。早在1 600～1 700年前传入中国华南种植，现广泛种植于亚热带地区。茉莉花主要香气成分较为复杂，有乙酸苯甲酯、芳樟醇、乙酸芳樟酯、苯甲醇、茉莉酮、吲哚茉莉油、苯甲酸-顺-3-已烯酯、乙酸-顺-3-已烯酯、邻-氨基苯甲酸甲酯等。已经鉴定出的香气化学成分有50多种，其中酯类化合物约占总量的50%左右。现代医学研究表明，茉莉花中所含的茉莉酮能促使平滑肌收缩，从而有利于消化，并有降低血压的作用。常饮茉莉花茶，有清肝明目、生津止渴、祛痰治痢、通便利水、祛风解表、降血压、强心、抗衰老之功效。

花旭斌等（2006）以苦荞麦麸和茉莉花为原料，经混合、粉碎、烘烤等工序加工生产的茉莉花型苦荞茶，泡制的茶汤清澈明绿，具有明显的茉莉花和苦荞麦的风味，制品较好地利用了苦荞麦麸中所含的芦丁等保健成分。采用模糊数学感观质量评价方法对其配方及生产工艺进行优选，确定产品中茉莉花的添加量为2%，采用苦荞麦麸和茉莉花混合后再进行烤制的工艺所制成的产品感观质量最佳。其主要工艺流程如下：

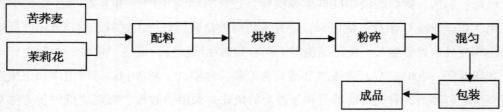

2. 菊花型苦荞茶

菊花别名滁菊、亳菊、白菊、贡菊，为菊科植物。菊花中含有氨基酸、微量元素、菊甙、黄酮类及多种维生素，还含有挥发油（约0.13%），挥发油中主要成分为菊酮、龙脑、龙脑乙酸酯，此外还含腺嘌呤、胆碱、水苏碱、刺槐甙、木犀草甙、大波斯菊甙、香叶木素-7-葡萄糖甙、菊甙、菊花萜二醇等有效成分。《本草纲目》曰："性甘、味寒，具有散风热、平肝明目之功效。"《神农本草经》认为，白菊花茶能"主诸风头眩、肿痛、目欲脱、皮肤死肌、恶风湿痹，久服利气，轻身耐劳延年。"《本经》记载："主旋风头眩，肿痛，目欲脱，泪出。"《药性论》记载："治头目风热，风旋倒地，脑骨疼痛，身上一切游风，令消散，利血脉。"《本草便读》记载："平肝疏肺，清上焦之邪热，治目祛风，益阴滋肾。"

花旭斌等（2006）以苦荞麦麸和菊花为原料，经混合、粉碎、烘烤等工序加工生产的菊花型苦荞茶，泡制的茶汤清澈明黄色，具有很好的菊花和苦荞麦的风味。采用模糊数学感观质量评价方法对其配方及生产工艺进行优选，确定产品中菊花的添加量为2.4%，采用苦荞麦麸和菊花混合后再进行烤制的工艺所制成的产品感观质量最佳。其主要工艺流程如下：

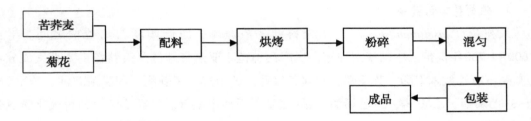

3. 薄荷型清香苦荞茶

薄荷，又叫番薄荷、苏薄荷，为唇形科植物，是世界三大香料之一，号称"亚洲之香"。薄荷干燥茎叶含挥发油1.3%～2.0%，俗称薄荷油，主要成分为L-薄荷脑（L-Menthol）77%～87%，L-薄荷酮（L-Menthone）约10%，以及薄荷酯类3%～6%等。薄荷叶还含苏氨酸、丙氨酸、谷氨酸和天冬酰胺等多种游离氨基酸。《本草纲目》中称"薄荷味辛、性凉、无毒。"现代医学表明，薄荷能用于治疗风热感冒、头痛、咽喉痛、口舌生疮、风疹、麻疹、胸腹胀闷和抗早孕等疾病，还具有消炎止痛作用。从2003年医学界提出采用"饥饿疗法"治疗癌症以来，研究人员对大量药物进行了试验，发现薄荷叶能够阻止癌症病变处的血管生长，使癌细胞得不到有效的血液供应，最终"饥饿"而死。

花旭斌等（2005）以苦荞麦麸和薄荷为原料，经混合、粉碎和烘烤等工序加工生产的薄荷型清香苦荞茶，有明显的薄荷和苦荞麦的风味。采用模糊数学感观质量评价方法对其配方及生产工艺进行优选，确定产品中薄荷的添加量为1.8%，将苦荞麦麸和薄荷混合后再进行烤制，所制成的产品感观质量最佳。其主要工艺流程如下：

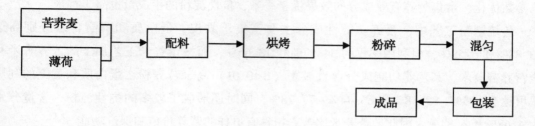

4. 灵芝苦荞茶

灵芝又称林中灵、琼珍，是多孔菌科真菌灵芝的子实体。含有氨基酸、多肽、蛋白质、真菌溶菌酶以及糖类（还原糖和多糖）、麦角甾醇、三萜类、香豆精甙、挥发油、硬脂酸、苯甲酸、生物碱、维生素 B_2 及 C 等；孢子还含甘露醇和海藻糖。灵芝能抑制组织胺，具有抗炎抗过敏的效应，灵芝的高分子多糖体能增加人体抗体，增强人体免疫力，此外，灵芝多糖体对降血压、降血糖、改善血脂都很有效果，灵芝的有机锗可促使人体血液循环，增强人体吸氧能力，促进新陈代谢。灵芝还具有补气安神、止咳平喘、延年益寿的功效，可用于眩晕不眠、心悸气短、神经衰弱、虚劳咳喘等症状的缓解。

朱世宗（2011）以灵芝 3% ~ 10%，苦荞 20% ~ 45%，茶叶 45% ~ 77% 为主要原料配方，开发出了灵芝苦荞茶，该产品香味独特，具有茶叶的茶香和苦荞的清香，口感极佳。其主要工艺流程如下：

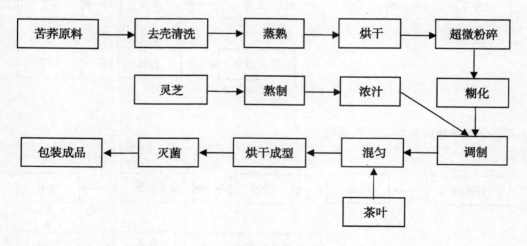

二、制作苦荞米和苦荞粉

传统的苦荞食用方法是将苦荞制粉，然后加工成各种苦荞制品。随着加工技术的进步，市场上出现了按蒸谷米工艺加工的全营养苦荞米和香米，有效达到富集营养及功能成分的目的。全营养苦荞米在香米加工工艺基础上增加了汽蒸工艺，并通过汽蒸、干燥等工艺参数优化，富集苦荞有效成分的效果优于香米，抗性淀粉的生成量也高于香米。

传统制粉工艺中，营养功能性成分主要富集于麸皮，蛋白质和黄酮含量分别高达23.88%和6.58%，但利用率仅为34.57%和13.65%，而按蒸谷米工艺加工的苦荞香米和全营养苦荞米，其营养功能成分含量显著（p<0.01）高于苦荞粉，蛋白质和黄酮的利用率可达78.95%～89.58%和66.44%～77.78%，同时还形成了较多的抗性淀粉，含量分别为4.68%和6.84%。因此，苦荞米比苦荞粉具有更佳的营养价值和保健功能。

以下是苦荞粉和苦荞米的生产工艺流程：

1. 苦荞粉加工工艺流程

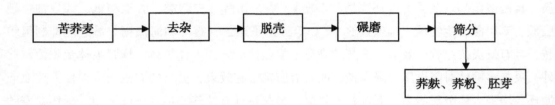

2. 苦荞香米加工工艺流程

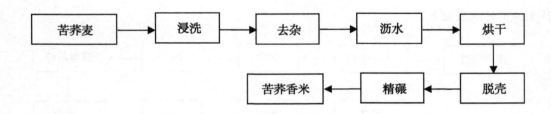

3. 全营养苦荞米加工工艺流程

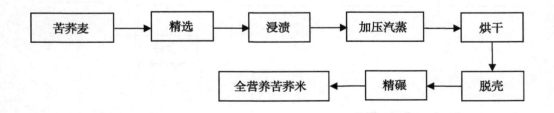

三、提取蛋白质和黄酮

（一）苦荞蛋白质的提取

目前，分离苦荞蛋白的方法主要有碱溶酸沉法、乙醇提取法、膜分离法、酶解酸沉法、离子交换法和 Osborne 法等。其中，碱溶酸沉法是利用弱碱性水溶液浸泡脱脂苦荞粉，将其中的可溶性蛋白质萃取出来，然后用一定量的盐酸水溶液加入已溶解出的蛋白质液中，调节其 pH 值到苦荞蛋白的等电点，使大部分蛋白质沉淀下来得到苦荞分离蛋白产品。该法操作方便、无须加热、节约能源、成本低、沉淀快、可减少生物碱含量，并可破坏多种不利因子，如某些酶类、植物雌激素和皂素等。Osborne 分离法的原理是根据各种蛋白质在不同溶剂中溶解度不同的性质，利用最简单的溶液/沉淀分离手段将可溶性蛋白与不溶性蛋白进行分离，尽管该方法发明已经有 100 多年历史，尚有改进的余地，而且蛋白质的总回收率也不高，但是可以将清蛋白（Albumin）、球蛋白（Globulin）、醇溶蛋白（Prolamin）和谷蛋白（Glutelin）4 种组分逐一分离开来。

1. 碱溶酸沉法提取苦荞粗蛋白

苦荞粉用石油醚浸泡 24h 脱脂后抽干，再用三氯甲烷浸泡 8h 脱去生物碱，抽干后将已脱脂脱生物碱的苦荞粉按 1∶10 的比例加入 ddH$_2$O，用 1mol/L 的 NaOH 调节 pH 值至 8.0，然后置于磁力搅拌器内搅拌 2h，4℃ 4 000r/min 离心 10min，离心后取上清液用 1mol/L 的 HCl 调节 pH 值至 4.5，接近苦荞粗蛋白的等电点，以利于苦荞蛋白沉淀，蛋白沉淀用 ddH$_2$O 冲洗 2 次后用 0.1mol/L 的 NaOH 调至中性，置于 -20℃ 冰箱冻存 24h，再将冻结的蛋白置于冷冻抽干机抽去水分，由此制得苦荞粗蛋白粉末。该粉末置于 -20℃ 冰箱保存。

2. Osborne 法分级提取苦荞清蛋白、球蛋白、醇溶蛋白、谷蛋白

具体工艺流程图如下：

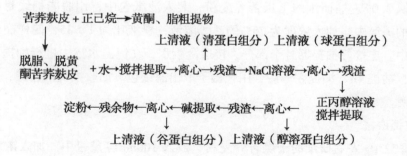

（1）清蛋白的提取　取 100g 脱脂苦荞麸皮，加入到蒸馏水中（料水比为 1∶12），35℃下搅拌提 60min，于 4 000r/min 离心 20min，收集上清液，沉淀重复提取一次，离心，上清液合并后浓缩，冷冻干燥所得产品即为清蛋白。

（2）球蛋白的提取　清蛋白提取后的沉淀加入到1mol/LNaCl中（料液比为1∶10），35℃恒温下搅拌提取60min，4 000r/min离心20min，收集上清液，沉淀重复提取一次，离心，上清液合并后于4℃对蒸馏水透析48h，离心收集沉淀，沉淀冷冻干燥后即为球蛋白。

（3）醇溶蛋白的提取　球蛋白提取后的沉淀加入到55%正丙醇中（料液比为1∶12），35℃下搅拌提取60min，于4 000r/min离心20min，收集上清液，沉淀重复提取1次，剩下的溶液离心，上清液合并后旋转蒸发浓缩，然后冷冻干燥，所得产品即为醇溶蛋白。

（4）谷蛋白的提取　醇溶蛋白提取后的沉淀加入到pH值为10.0的NaOH溶液中（料液比为1∶12），45℃下搅拌提取60min，4 000r/min离心20min，收集上清液，沉淀重复提取一次，上清液合并后加入0.05mol/L HCl调节pH值为4.5，离心，沉淀于4℃对蒸馏水透析48h，沉淀冷冻干燥。

3. 碱性蛋白酶法提取苦荞蛋白

取一定量的苦荞粉，按照料水比1∶12加入提取液，调节体系pH值为8，加入60U/g碱性蛋白酶，在40℃提取40min，然后4000r/min离心5min，上清液等电点沉淀，沉淀分散、中和、透析24h，然后冷冻干燥，即得苦荞麦粗蛋白固体粉末。

（二）苦荞黄酮的提取

目前，苦荞黄酮的提取方法根据提取溶剂不同可分为：热水提取、有机溶剂提取、碱水提取及酶法提取。根据提取所用设备的不同可分为：索氏提取法、微波提取、超声波提取、酶解法、超临界流体萃取法等。各种提取方法均有不同的优缺点，比如：索式提取法耗费时间长且提取率不高；碱水提取法提取物成分复杂，含有蛋白质、果胶、淀粉等，给过滤带来困难；而热水提取仅限于提取甙类，因提取杂质多，提取物易霉变，故不常用；恒温水浴振荡提取利用机械振动加速被提取成分的萃取，而超声提取法则利用超声波在液体中的空化作用加速植物有效成分的浸出提取。

1. 索氏抽提法

准确称取3.0g左右研细的干燥苦荞麦粉，装入滤纸包中，用脱脂棉线封好包口，用长镊子放入抽提筒中，加入浓度为75%的乙醇溶液，料液比为1∶35，使样品包完全浸没在乙醇溶液中。连接好抽提器各个部分，接通冷凝水，在恒温水浴中进行抽提，调节水温在70~80℃，抽提4h。抽提完毕后，用长镊子取出滤纸包。回收抽提的乙醇，定容后作为样品溶液待测。

2. 微波提取法

准确称取2.0g左右研细的干燥苦荞麦粉，放入100ml容量瓶中，加入浓度为75%的乙醇溶液，料液比为1∶40，在微波功率360W条件下浸提5min。浸提完毕后，将浸提液过滤，再用乙醇溶液（75%）定容至100ml，混匀，样品待测定。

3. 超声波提取法

准确称取2.0g左右研细的干燥苦荞麦粉，放入100ml容量瓶中，加入80ml浓度为

75%的乙醇，混合均匀，在超声波功率为100W条件下超声处理30min，然后进行布氏抽滤，定容至100ml容量瓶中，混匀，测定溶液中总黄酮含量即可。

4. 酶法提取

准确称取1.0g苦荞粉置于50ml圆底烧瓶中，加入体积分数为40%的乙醇溶液，纤维素酶10mg/g，再加缓冲溶液调节pH值为6.0，50℃恒温水浴酶解1h，酶解完全后2 000r/min离心5min，取上清液定容至100ml容量瓶中，混匀，测定溶液中总黄酮含量。

5. 乙醇浸提法

准确称取2.0g左右研细的干燥苦荞麦粉，放入100ml容量瓶中，用75%的乙醇，按料液比1∶30，在50℃恒温水浴锅中提取4h。冷却后用真空泵抽滤，用75%乙醇定容至100ml，储存备用，测定样液中总黄酮含量即可。

6. 热水浸提法

准确称取2.0g左右研细的干燥苦荞麦粉，放入100ml容量瓶中，加入30%乙醇溶液，料液比为1∶30，在80℃热水浴中浸提5h。浸提完毕后，将浸提液过滤处理，再用乙醇溶液（30%）定容至100ml，混匀，样品待测定。

7. 超临界CO_2萃取法

准确称取2.0g左右研细的干燥苦荞麦粉，装入超临界萃取装置的萃取釜中，选用无水乙醇作为夹带剂。设定萃取温度为40℃、萃取压强为25MPa、萃取时间为3h和夹带剂无水乙醇流速为2.5ml/min，根据实验设定的条件完成相关萃取，获得总黄酮提取液，并且计算得到总黄酮提取率。

四、酿酒

（一）酿制苦荞酒

苦荞酒是以苦荞为主要原料，配合使用糜黍等优质杂粮发酵而成，使其富含葡萄糖、多种氨基酸、有机酸、多糖等成分的同时，更增加了芦丁、槲皮素、D-手性肌醇等生理功能因子，具有抗氧化、调节血糖、防治心血管疾病等多种生物活性物质。其主要工艺流程如下：

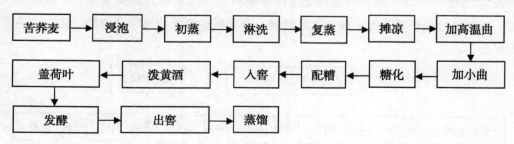

操作要点

（1）浸泡 将750kg苦荞麦籽粒倒入泡粮箱，加入纯净水，水温为15℃，淹没苦荞麦籽粒约 20cm，浸泡 12h，根据水温高低适当减增泡粮时间。

（2）初蒸　将浸泡好的苦荞麦籽粒倒入蒸锅，打开蒸汽，一边蒸一边翻拌，蒸至苦荞壳开小口。

（3）淋洗　关闭蒸汽阀门，用纯净水淋洗苦荞麦籽粒，一边洗一边翻拌，除去苦荞麦籽粒表面的灰尘等杂质。

（4）复蒸　重新打开蒸汽阀门，蒸至苦荞壳有一半开口。

（5）加高温曲　将苦荞麦运至摊凉床，摊开降温，至 50℃ 左右时加入高温曲，搅拌均匀。

（6）加小曲　待原料温度降至 45℃ 左右时加一半小曲，搅拌均匀，降至 40℃ 左右时加入剩余的一半小曲，搅拌均匀，摊凉和上箱在 2h 内完成，防止杂菌污染，以免影响菌种培养。

（7）糖化　上箱温度为 30℃ 左右，经 20~26h 后，温度达到 45℃ 左右即可出箱。

（8）配糟　750kg 苦荞麦籽粒配 900kg 酒糟。

（9）泼黄酒　入窖完毕后，在酒醅表面均匀泼洒黄酒。

（10）盖荷叶　在酒醅表面盖上一层荷叶。

（11）发酵　入窖温度控制在 22℃ 左右，前 3d 酒醅上层温度升至 27℃，然后逐渐下降，最后出窖温度为 23℃ 左右。

（12）蒸馏　每个窖池分两甑进行蒸馏，每甑蒸馏时间为 1h 左右，接酒至 50°，剩下的做尾酒。

（二）酿制苦荞啤酒

啤酒是以大麦芽为主要原料，大米为淀粉类辅料，并加啤酒花，经过液态糊化和糖化，再经过液态发酵而酿制成的。其酒精含量较低，含有 CO_2，富有营养。它含有多种氨基酸、维生素、低分子糖、无机盐和各种酶，这些营养成分人体容易吸收利用。啤酒中的低分子糖和氨基酸很易被消化吸收，在体内产生大量热能，因此往往啤酒被人们称为"液体面包"。苦荞啤酒是采用苦荞麦作为淀粉类辅料，其主要成分为大麦芽、小麦芽、玉米淀粉、苦荞麦、颗粒酒花等，通过发酵酿制，有效增加啤酒的风味和营养价值。其主要工艺流程如下：

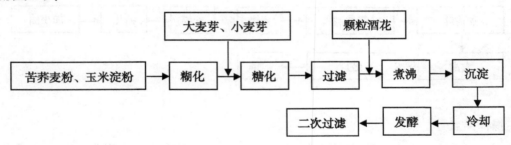

操作要点

（1）糊化 按料水比 1:5 的比例添加纯净水至糊化锅，升高温度到 50℃，加入氯化钙、乳酸、玉米淀粉、苦荞麦粉，每吨原料加入 300ml 耐高温淀粉酶，以每分钟 1℃ 的速度升温到 70℃，保温 20min，然后以同样的速度升温到 90℃，保温 20min，再升温到 100℃，煮沸 10min，保持 100℃ 温度 10min，备用。

（2）糖化 按料水比 1:3.3 的比例加纯净水至糖化锅，升高温度至 38℃，加入石膏、乳酸、大麦芽粉、小麦芽粉，每吨原料加入 300g 小麦水解酶，保温 20min，以每分钟 1℃ 的速度升温到 44℃，保温 60min，过程中每隔 15min 搅动均匀即停，将糊化锅醪液转移到糖化锅，温度控制在 65℃，保温 40min，再以每分钟 1℃ 的速度升温到 70℃，保温 30min，并且碘反应检测合格，升温到 78℃，将醪液转移到过滤槽。

（3）过滤 醪液静置 10min，回流至麦芽汁清亮时开始过滤，控制洗糟水温度 76~78℃，用乳酸调 pH 值为 5.6~5.8，分三次洗糟，控制残糖 1.0~1.5°Bx，即得混合麦汁。

（4）煮沸 过滤好的混合麦汁煮沸，在初沸时加入适量乳酸，调混合麦汁 pH 值在 5.6~5.8，煮沸 20min 时加入一半颗粒酒花，60min 时加入另一半颗粒酒花，65min 时加入糖化单宁 20ppm，75min 时加入经过水泡的卡拉胶 20ppm，煮沸总时间 90min。

（5）沉淀 煮沸后的热麦汁打到沉淀槽，沉淀 30min。

（6）冷却 将热麦汁冷却至 7.8~8.2℃，通入无菌空气充氧到麦汁含氧量 8ppm，送入发酵罐。

（7）发酵 向冷却好的麦汁中加入酵母，控制酵母数在 (12~18)×10^6 个/ml，满罐后自然升温到 9.5~9.8℃，并保温进行主发酵，满罐 24h、48h 排冷凝物，当糖度降到 3.5°Be 时封罐，自然升温到 10.8~11.2℃，进行双乙酰还原，保持压力 0.1~0.12MPa，当双乙酰降到 0.05mg/L 时开始降温，降温到 0℃ 并保温 6~8d 即完成发酵。

（8）过滤 把发酵液经硅藻土粗滤、捕集袋精滤成清亮透明的清酒，浊度小于 0.5EBC，清酒罐保压 0.1MPa，稳定 4h 后即得。

（三）酿制苦荞黄酒

黄酒源于中国，且唯中国有之，与啤酒、葡萄酒并称世界三大古酒。在 3 000 多年前，商周时代，中国人独创酒曲复式发酵法，开始大量酿制黄酒。黄酒产地较广，品种很多，著名的有山东即墨老酒、绍兴女儿红、绍兴状元红、广东客家娘酒、张家口北宗黄酒和绍兴花雕酒等。黄酒用大米、黍米、粟做为原料，一般酒精含量低于 20%，属于低度酿造酒。黄酒含有丰富的营养，含有 21 种氨基酸，其中包括有数种未知氨基酸，而人体自身不能合成必须依靠食物摄取的 8 种必需氨基酸黄酒都具备，故被誉为"液体蛋糕"。苦荞黄酒是用苦荞米和大米混合发酵酿制而成，口感纯正，营养丰富。现阶段苦荞黄酒可分为两种：苦荞干型黄酒和苦荞甜型黄酒。

1. 苦荞干型黄酒

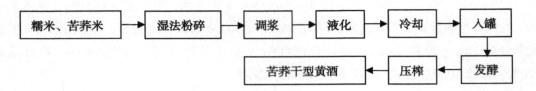

操作要点

（1）湿法粉碎　将糯米和苦荞米按比例混合均匀，然后用湿式粉碎机粉碎，颗粒控制在 0.2~0.5μm。

（2）调浆　加入纯净水调浆，用乳酸调节 pH 值至 5.8~6.0，加入 35 000 U 的 α-淀粉酶。

（3）液化　采用喷射液化，喷射液化温度控制在 90~95℃，保持温度液化 30~60min。

（4）冷却　将液化液冷却至 26~29℃，用乳酸调节 pH 值至 4.5~5.0。

（5）入罐　将冷却后的液化液、酒母、生麦曲、苦荞麸曲、100 000U 的糖化酶、50 000U 的酸性蛋白酶混合均匀，打入发酵罐，控制入罐后温度为 25~28℃。

（6）发酵　使酒精度达到 16.0%vol 以上，还原糖低于 15g/L 即可开始压榨。

（7）压榨　得到苦荞干型黄酒。

2. 苦荞甜型黄酒

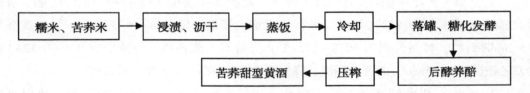

操作要点

（1）浸米　将糯米和苦荞米按比例混合均匀，入罐后加纯净水浸渍，然后沥干。

（2）蒸饭、冷却　蒸过的米饭，迅速冷却至所需温度，使得落罐后品温为 30~33℃。

（3）落罐　将米饭、酒精度为 38.0%vol 的食用酒精、生麦曲、苦荞麸曲、35 000U 的 α-淀粉酶、100 000U 的糖化酶、50 000U 的酸性蛋白酶、酒母混合均匀，使落罐后品温在 30~33℃。

（4）糖化发酵　糖化发酵 24~28h 后开耙一次。

（5）后酵养醅　在前酵罐中糖化发酵 5~7d 后，加入酒精度为 95.0%vol 的食用酒精，搅拌均匀，然后转入后酵罐中静止培养；

（6）压榨　经 4~5 个月静止养醅后，进行压榨，得到苦荞甜型黄酒，苦荞甜型黄酒的酒精度为 18%~19%vol。

五、酿制苦荞醋

醋是一种发酵的酸味液态调味品，多由糯米、高粱、大米、玉米、小麦以及糖类和酒类发酵制成，具有悠久的食用历史，东方国家以谷物酿造醋，西方国家以水果和葡萄酒酿醋。在中国，通常认为醋在西周时开始被酿造，但也有人认为醋起源于商朝或更早。在西方，古埃及时期就已出现了醋。由于都是通过发酵酿造获得，在一定程度上，可以认为酒醋同源，凡是能够酿酒的古文明，一般都具有酿醋的能力。中国著名的醋有镇江香醋、山西老陈醋、保宁醋、天津独流老醋、福建永春老醋等。经常喝醋能够起到消除疲劳等作用，醋还有治感冒的作用。苦荞醋是以苦荞麦为原料，辅以小麦、高粱、大麦、豌豆等酿造而成，既保留了老陈醋的原有特点，又融合了苦荞麦的营养功能，富含人体必需的八种氨基酸及 P、Ca、Zn、Fe、Cu 等多种微量元素，对软化血管、降低血糖和血脂、抑制细胞衰老、调节代谢平衡、润肤减肥等均有明显作用。其生产工艺流程如下：

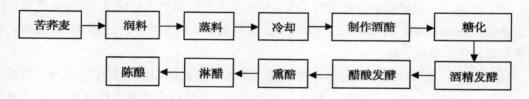

操作要点

（1）润料　将苦荞麦粉碎成粗糁状，与新醋糟（醋酸含量不大于0.02%）按比例配制。若新醋糟含水量高于60%，就不需再加纯净水。将原料搅拌均匀后，堆积成丘形堆进行润料。冬季润料时间为10~12h，夏季为6~8h。

（2）蒸料　按比例将麸皮、谷糠撒在已润好的料上，混合均匀。先在蒸锅内撒上一层辅料，上气后，再轻轻地将原料分层撒入蒸锅内，圆汽后用旺火蒸30min，淋入矿泉水15~30kg，再继续蒸1h，停火，焖6~7h，至苦荞糁熟而不黏、无生心、表里如一即可。

（3）冷却　熟料出锅后，按比例加水，用木锨搅拌，使其迅速降温，夏天要用鼓风机降温，防止料黏结成块，导致杂菌污染。料温降至20℃左右即可，用以制作酒醅。

（4）制作酒醅　熟料冷却后，按比例加入麸曲、酵母和大曲，搅拌均匀后，用扬料机扬透，迅速入缸。由于酒精发酵为厌氧发酵，因此醅入缸后要压实、排气并加盖。操作时应采取低温加曲、低温入缸。

（5）糖化与酒精发酵　采用固态法发酵，糖化与发酵同时进行。前发酵阶段的品温控制在25~28℃；进入主发酵阶段，品温上升到30℃，发酵醅中氧气已耗尽，微生物基本停止繁殖，还原糖含量急剧下降，酒精大量生成，此阶段要及时封缸，在缺氧的条件下进行发酵,将品温控制在30℃左右;约第6天进入后发酵阶段,此时糖化作用微弱,霉菌减少,酵母死亡,酒精发酵渐慢,7~8d时,品温降至20℃左右,酒精发酵基本完成。成熟酒醅中含酒精的体积分数为6%左右,酸度为1%。

(6)醋酸发酵 酒醅成熟后出缸,按比例加入麸皮和谷糠,搅拌均匀后入缸。在入缸醋醅的中间部位加入5%前一批发酵3~4d的旺盛醋醅作菌种引火,进入醋酸发酵。醋酸发酵阶段为需氧发酵,每天要翻醅或倒缸1~2次,以便均匀发酵,散热控温。前发酵阶段,醋酸菌处于繁殖时期,不宜大翻醅,应在醋酸菌的接种部位逐步扩大翻醅的范围与深度,以利于醋酸菌的繁殖和发育。醋酸菌繁殖的最适温度为36℃,这个阶段的品温应控制在36℃左右。约2d后醋酸菌基本扩散至整个料醅,发酵速度快,温度上升到40℃。转入主发酵阶段后,要彻底大翻醅,使得醋醅发酵均匀,将品温控制在38~40℃。7~8d后品温开始下降,转入后期发酵,品温降至36℃左右。通过分析检验,若测不出酒精含量,则表示醋醅已成熟。这时,加入食盐8~10kg拌匀,放置1~2天。醋酸发酵阶段需要10d左右完成,成熟醋醅的总酸含量为5.5%~6.0%。

(7)熏醅 一般熏醅量为熟醅的40%~50%。入熏缸前加入醋醅量0.2%的香料,用地火熏制,品温控制在80~90℃,小火加温,逐日翻醅,防止焦煳,一般4~5d完成,以醅色呈褐红色、熏鼻为好。

(8)淋醋 采用传统的三套循环法淋醋。将50%熟化的白醋醅置于白淋池,将熏好的黑醅置于黑淋池,堵住淋池嘴。用前1天生产的二淋醋浸泡熟化白醋醅8~10h后淋白醋,将淋出的白醋接入锅内,加香料煮沸后倒入黑淋池内浸泡3~4h,开始淋醋,淋出的醋在工艺上称为一淋醋,即原醋,醋酸的体积分数在5%以上。然后用清水浇淋醋醅,以淋尽醋醅中的醋酸为止。回收的醋液分等级存放,二淋醋的醋色淡、酸度低,用于次日浸泡白醅;三淋醋可供下次淋二醋用。

(9)陈酿 将淋出的新醋储于缸内,密封陈酿3个月。陈酿的时间越长,陈醋的得率越低,而醋的品质越好,久存不变质。由于苦养的淀粉粒小,在淋醋过程中,细小淀粉随着液体流入醋中,因此陈酿的过程也是沉淀和沉降的过程。陈酿的醋液出品时,只提取上层60%的清澈液体。通常情况下,100kg苦养可以产600kg酸度适中(体积分数4.3%~5.5%)的食醋。

六、制作苦养豆腐和豆酱

(一)苦养豆腐

豆腐是最常见的豆制品,主要原料是黄豆、绿豆、白豆、豌豆等豆类。豆腐富含蛋白质、多种氨基酸、维生素 B、B_1、B_2、E 和 Ca、P、Fe 等矿物质,是有益健康、物美价廉的食品,有植物肉的美称,常吃豆腐可以保护干脏,促进机体代谢,提高免疫力,还有解毒、养颜的功效。豆腐因凝固剂的不同主要分为三类:一是以盐卤为凝固剂制得的,多见于北方地区，称为北豆腐，含水量少，含水量在85%～88%，较硬；二是以石膏粉为凝固剂，多见于南方，称为南豆腐，含水量较北豆腐多，可达90%左右，松软；三是以葡萄糖酸-δ-内酯为凝固剂，称为内酯豆腐。这是一种新型的凝固剂，较传统制备方法提高了出品率和产品质量，减少了环境污染。苦荞豆腐以豆腐为载体，将苦荞麦中功能性成分富集融合，制成一种口感独特、无异味、营养丰富的保健功能性食品。其制作工艺流程如下：

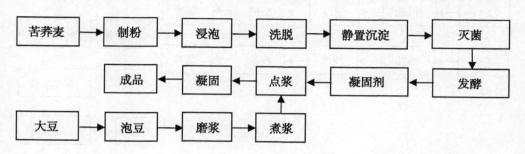

原料：苦荞麦、乳酸菌、醋酸菌、大豆、纯净水。

操作要点

（1）凝固剂的制备　现将苦荞粉制浆后充分浸泡，反复洗脱，高温瞬时杀菌后接种酵母菌，32℃发酵4～6h，最后，再接种乳酸菌和醋酸菌，36℃发酵6～8h，当发酵液pH值达到4时，成为生产用酸性凝固剂。

（2）泡豆　在泡豆环节中最为关键的三个条件是水量、水温和时间，这三个因素彼此相互影响。适量的用水会提高泡豆的效率，豆腐加工生产中大豆吸水率以5:6的比例为主，工业化生产一般以50kg大豆添加100kg水为宜。水温直接决定着黄豆种子内水解酶的活性和数量，温度过低水解酶的活性不足，延长泡豆的时间，生产加工的豆腐会出现数量和质量的下降。此外，时间也是泡豆过程中不可忽视的重要一环，要根据季节的变化和温度的波动选择适宜的泡豆时间，在冬季，要确保（11±1）h；在春秋两季要确保（8±1）h；在夏季要确保（7±1）h。

（3）煮浆　无论采用何种手段和设备，煮浆温度必须稳定而均匀地保持在95℃左右，避免温度过高影响乳化的蛋白质出现变性，影响豆腐加工生产的后续工序；也要避免温度过低，这会直接降低豆腐的品质和风味，直接影响豆腐的出品率。

（4）点浆　生产苦荞豆腐对点浆要求较高，点浆不好，造成苦荞营养成分在豆腐中分布不均匀，也降低了利用率。采用沥浆法，将豆浆加入到苦荞凝固剂中，并充分搅拌。

（二）苦荞豆酱

豆酱主要以大豆和面粉为主要原料，经过制曲、发酵等一系列工序制成的食品，也称黄豆酱、黄酱或大豆酱。豆酱含有蛋白质、脂肪、维生素、Ca、P、Fe等营养成分，烹饪时不仅能增加菜品的营养价值，还能使菜品呈现更加鲜美的滋味，有开胃助食的功效。豆酱中还富含亚油酸和亚麻酸，对人体补充必须脂肪酸和降低胆固醇均有益处，其含有的不饱和脂肪酸和大豆磷脂，有保持血管弹性、健脑和防止脂肪肝形成的作用。将大豆和苦荞按一定比例混合发酵制取苦荞豆酱，风味独特，具有丰富的营养和较高的食用价值。其主要工艺流程如下：

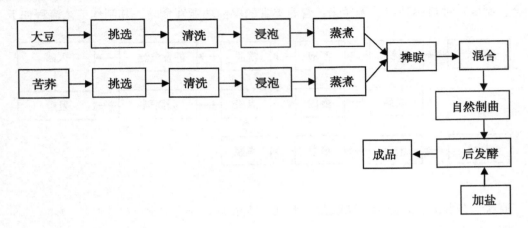

原料：苦荞麦、大豆、食盐、纯净水。

操作要点

（1）大豆的预处理　挑选颗粒饱满、无虫害的大豆原料，加 3 倍体积的纯净水，放置在室温条件下浸泡，浸泡时间约 16h，在蒸煮时，考虑到大豆的特性，采取分段蒸煮，蒸煮温度为 180℃，每 30min 加水一次，蒸煮 2h，蒸煮后的大豆以手轻轻挤压可压扁为宜，然后在室温条件下摊晾、备用。

（2）苦荞的预处理　苦荞麦经脱壳筛选后，去除杂质，加 3 倍体积的纯净水，放置在室温条件下浸泡，然后在常压条件下 180℃蒸煮 30min。

（3）自然制曲　将摊晾后的大豆和苦荞麦按比例混合，用无菌纱布包裹，放入清洗灭菌过的容器中自然发酵，发酵时容器上覆盖保温棉絮，同时酱醅不能压实，保持装入时的状态，制曲时间 3~5d。

（4）加盐　食盐添加量过大时，会对酶产生抑制作用，延长发酵周期，食盐添加量过低，又会降低食盐对杂菌的抑制作用，致使杂菌繁殖造成产品变质，食盐添加量为 9%左右为宜。

（5）后发酵　从自然制曲结束后加盐的第 1 天开始算起，后期发酵时间 11d 左右，即可食用。

七、制作冷饮

（一）苦荞冰淇淋

冰淇淋是以饮用水、牛乳、奶粉、奶油（或植物油脂）、食糖等为主要原料，加入适量食品添加剂，经混合、灭菌、均质、老化、凝冻、硬化等工艺制成的体积膨胀的冷冻饮品。根据冰淇淋的软硬可以分为：硬冰淇淋\Gelato（意式冰激凌）和软冰淇淋\icecream（美式冰激凌），硬冰淇淋的膨胀率在80%~100%，硬化成型是为了便于包装和运输，软冰淇淋在生产过程中没有硬化过程，膨胀率在30%~60%，一般可以用冰淇淋机现制现售。苦荞冰淇淋是创新的将苦荞粉加入传统的冰淇淋制作过程中，制得的苦荞冰淇淋含有特殊的苦荞香味，口感细腻，营养成分较普通冰淇淋更加丰富。其主要生产工艺如下：

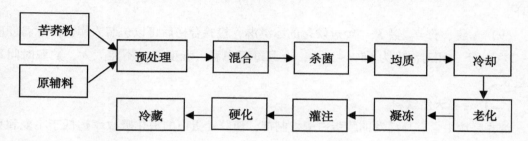

原料：苦荞麦、脱脂奶粉、全脂奶粉、食盐、鸡蛋、奶油、蔗糖、香精、甲基纤维素钠（CMC）、海藻酸丙二醇酯（PGA）、纯净水。

操作要点

（1）苦荞粉要求　苦荞粉应该颗粒均匀细致，颜色呈淡黄色，无异味，无杂质。

（2）苦荞粉预处理　将苦荞粉置于烤箱中适当焙烤，温度不能太高，当产生苦荞麦香味即停止。将焙烤后的苦荞粉取出，用沸水调至糊状，然后进行灭菌、糊化处理。在荞麦糊的制备过程中，可根据不同口味，选择不同浓度的荞麦糊。苦荞麦糊的颜色为淡黄绿色，细腻，软硬适度，无明显杂质。

（3）原材料的混合、过滤　将奶粉、稳定剂、盐、鸡蛋、奶油等原材料按照传统冰淇淋生产工艺处理，然后与苦荞麦糊按配比依次投入配料缸，在缸内将各种原材料混匀。配料缸中的料液用120目的筛网过滤，然后泵入杀菌缸。

（4）杀菌　采用高温短时杀菌，启动蒸汽阀门，当混合料温度达到95℃时，保温10~15min，杀菌结束。杀菌过程中需持续搅拌，应保证各原辅料的质量符合要求，并防止加工中出现二次污染。杀菌结束后，开启进水阀门，使冷却水进入夹层内，待混合料液冷却至65℃时停止冷却。

（5）均质　在65℃条件下，用柱塞式高压均质机进行均质处理，第一级均质压力为16~18MPa，第二级均质压力为6~10MPa。均质结束后用板式热交换器或冷热缸将料液冷却至15℃左右，然后注入老化罐。

（6）老化　均质后料液的温度仍较高，若不及时冷却会出现脂肪上浮、分层、酸度增高等现象。老化就是物理上的成熟，将混合料温度降至2~4℃。

（7）凝冻　在-6~-2℃的低温下进行，通过高速搅拌，水分形成4~10μm的小结晶且大小均匀，在凝冻的同时，使混合料中逐渐均匀地混入空气，并以极微细的气泡存在，使混合料的体积逐渐膨胀，逐步凝冻成半固体状，使用间歇式凝冻机进行凝冻，当膨胀率达到50%以上时，可进行灌注。

（8）灌注、硬化　凝冻后的冰淇淋是软质冰淇淋，组织比较松散，呈半流体状，为便于贮藏、销售，需要根据要求进行分装成形并及时硬化。硬化可以使冻制品中的游离水迅速冻结，并且形成细微冰晶，使产品细腻柔滑，在-26℃以下进行，用鼓风机强制冷空气循环。

（9）包装、检验、冷藏　经过硬化的冰淇淋，检验合格后可以包装入库，冷库温度应在-20℃以下，相对湿度为85%~90%，冷藏过程中温、湿度波动不能太大，贮藏时间不宜过长。

（二）苦荞天然饮料

苦荞籽粒中含有高活性的胰蛋白酶抑制剂，使荞麦蛋白的消化吸收率远低于小麦和豆类，过量食用还会引起腹胀等不适症状。已有研究表明，苦荞麦经过萌发后理化性质发生较大变化，营养价值大幅提高。而且萌发还对苦荞的营养品质有改良作用，如苦荞籽粒萌发后，其胰蛋白酶抑制剂的活性降低，芦丁降解酶活性降低，氨基酸更为均衡，特别是黄酮类物质的含量有明显的提高，芦丁含量较籽粒增加4~6倍。因此，将苦荞芽苗经过磨浆、均质、杀菌等工艺制成天然饮料，能够有效保留苦荞芽苗原有的营养成分，丰富苦荞制品品类。其主要工艺流程如下：

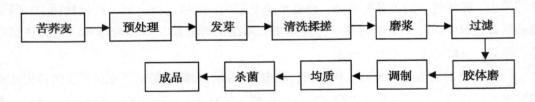

（1）苦荞芽苗的制取　苦荞麦种子先浸泡，除去不饱满，不能发芽的种粒，后用体积分数0.8%次氯酸钠浸泡20min消毒，再在蒸馏水中浸泡5h，充分吸胀，最后在22℃的恒温培养箱中培养。

（2）苦荞芽苗取材天数的确定　每天选取一部分发芽的苦荞麦，分别测定水分、蛋白质、淀粉、脂肪、还原糖、黄酮等物质，综合判断，确定最佳取材天数。

（3）清洗　由于种皮中含有单宁、色素等物质对饮料的风味有很大的影响，所以在纯净水中轻轻揉搓，脱去芽苗上附带的部分种皮。

（4）磨浆　料液比的范围为（1:4）~（1:6），最适温度的范围为40~60℃，最适pH值范围为6~7，磨浆时间为2~4min。

（5）过滤　通过20目筛网和纱布过滤以除去附带的种皮。

（6）调制　添加 0.15% 的稳定剂（卡拉胶和黄原胶复配），V_c 的添加范围为 0.015% ~ 0.025%，蔗糖的添加范围 2.25% ~ 2.75%，煮制时间范围为 0.5 ~ 1h。

（7）均质　调制好后的苦荞麦芽汁进行两次均质，第一次均质压力为 30MPa，第二次均质压力为 15MPa。

（8）灌装杀菌　采用高压蒸汽灭菌，温度 121℃，灭菌时间 20min。

（三）苦荞酸奶

酸奶是以生牛乳或复原乳为主要原料，经乳酸菌发酵制成的奶制品，酸奶作为食品至少有 4500 多年的历史了，最早期的酸奶可能是游牧民族装在羊皮袋里的奶受到依附在袋的细菌自然发酵，而成为奶酪。酸奶的发酵过程使奶中糖类、蛋白质有 20% 左右分别被水解成为小的分子（如半乳糖和乳酸、小的肽链和氨基酸等），脂肪酸可比原料奶增加 2 倍，这些变化使酸奶更易消化和吸收，各种营养素的利用率得以提高。酸奶除保留了鲜牛奶的全部营养成分外，在发酵过程中乳酸菌还可以产生人体营养所必须的多种维生素，如 VB_1、VB_2、VB_6、VB_{12} 等。酸奶具有促进人体对矿物质的吸收、促进胃液分泌、提高食欲、加强消化的功效，具有防癌、提高人体免疫力的作用，改善肠道微生态，还可以降低胆固醇、预防心血管及肝脏疾病，特别适宜高血脂的人饮用。苦荞酸奶是采用苦荞麦与鲜牛奶混合发酵，改善和协调了苦荞麦特殊的香味，制品不仅具有良好的风味和外观，而且富含多种营养成分，提高了酸奶的保健功能。其主要工艺流程如下：

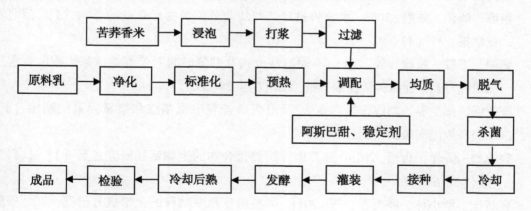

（1）苦荞浆的制备　选择色泽、颗粒、等级均匀一致的苦荞香米浸泡 8 ~ 12h，料液比为苦荞香米：水 = 1 : 8，然后打浆、过滤，制得苦荞浆，4℃ 条件下冷藏备用。

（2）生产发酵剂的制备　取适量脱脂乳粉，以 1 : 10 的比例加入蒸馏水，用玻璃棒搅拌均匀，完全溶解后分装到试管中，然后置于高压灭菌锅中，在 105℃ 条件下灭菌 10min，灭菌后制得脱菌乳培养基。在无菌操作台上接入 2% 的菌种（保加利亚乳杆菌：嗜热链球菌 = 1 : 1），再将试管放入 37℃ 恒温培养箱中发酵，经三级扩大培养使菌种活力充分恢复。然后接种进行扩大培养，制成生产用发酵剂，冷藏备用。

（3）预热、均质 将制得的苦荞浆与无抗菌鲜牛乳按所需的不同比例混合均匀，然后加热到50℃左右，放入均质机中在16MPa压力下进行均质。

（4）调配 将稳定剂和阿斯巴甜稀释成10%的溶液，加入到上述乳液中调配、混和均匀。

（5）巴氏杀菌 将均质、调配后的乳液加热到85℃，保温5min杀菌。

（6）灌装、发酵 将灭菌后的乳液经热交换器冷却到40~45℃。在无菌条件下将生产用的发酵剂按不同比例接种于乳液中，经充分搅拌，罐装入杀菌的玻璃瓶中并封口，然后将其送入设定温度为37℃的恒温培养箱中发酵。发酵结束后迅速移至0.5℃的冰箱中经后熟后即为成品。

本章参考文献

包塔娜，彭树林，周正质，等.2003. 苦荞籽中的化学成分［J］. 天然产物研究与开发，15（1）：24-26.

鲍涛，王冶，孙崇德，等.2016. 黑苦荞米黄酮提取工艺优化及其降血糖活性研究［J］. 农业工程学报，32（S2）：383-389.

边俊生.2006. 几种苦荞产品的加工与利用［J］. 农产品加工（1）：28-29.

蔡娜，淡荣，陈鹏.2008. 水分胁迫对苦荞幼苗黄酮类物质含量的影响［J］. 西北农业学报，17（4）：91-93.

曹静，王敏，张珍，等.2014. 不同炮制方式及贮藏时间对苦荞茶滋味影响的智舌辨识研究［J］. 食品科学技术学报，32（6）：29-35.

曹树明，张兰春，刘婷，等.2009. 云南昭通苦荞中氨基酸和微量元素的测定［J］. 中国民族民间医药（5）：18-19.

曹婉鑫，陈洋，唐瑶.2015. 苦荞中黄酮类化合物的生物活性研究进展［J］. 饮料工业（3）：64-67.

曹新佳，罗小林，潘美亮，等.2011. 饲料用苦荞麦秸秆的化学成分研究［J］. 安徽农业科学，39（23）：14 144-14 145.

陈慧，李建婷，秦丹.2016. 苦荞的保健功效及开发利用研究进展［J］. 农产品加工月刊（8）：62-66.

陈佳昕，赵晓娟，吴均，等.2014. 苦荞酒液态发酵工艺条件的优化［J］. 食品科学，35（11）：129-134.

陈思，彭德川，颜卫，等.2009. 苦荞麦不同器官的膳食纤维含量和种类分析［J］. 食品研究与开发，30（11）：26-29.

陈燕芹.2011. 微波消解火焰原子吸收法测定苦荞中的微量元素［J］. 安徽农业科学，

39（28）：17 248, 17 280.

段浩平, 张冬英, 龚舒静, 等 . 2014. 苦荞茶黄酮类成份及茶渣营养成分研究 ［J］. 西南农业学报, 27（3）：1 260-1 263.

高国强, 杜喜梅 . 2008. 苦荞芽菜挂面的研制 ［J］. 食品研究与开发, 29（7）：73, 192.

巩发永, 肖诗明, 张忠 . 2011. 苦荞麦挂面研制 ［J］. 西昌学院学报, 25（3）：31-33.

巩发永, 肖诗明, 张忠 . 2012. 苦荞奶茶的配方优化 ［J］. 中国酿造, 31（8）：166-167.

巩发永 . 2011. 凉山州苦荞茶总黄酮含量对比及分析 ［J］. 湖北农业科学, 50（18）：3 811-3 814.

巩发永 . 2013. 膨化方式对苦荞粉品质的影响 ［J］. 食品科技（4）：168-171.

郭刚军, 何美莹, 邹建云, 等 . 2008. 苦荞黄酮的提取分离及抗氧化活性研究 ［J］. 食品科学, 29（12）：373-376.

郭晓娜, 姚惠源, 陈正行 . 2006. 苦荞蛋白质的低消化性研究 I ——热处理、还原二硫键及添加芦丁对其体外消化率的影响 ［J］. 食品科学, 27（8）：136-140.

郭晓娜, 姚惠源, 陈正行 . 2006. 苦荞粉蛋白质的分级制备及理化性质 ［J］. 食品与生物技术学报, 25（3）：88-92.

郭晓娜, 姚惠源, 陈正行 . 2007. 苦荞蛋白质的低消化性研究 II ——酶解产物的超微结构分析和分子量分布 ［J］. 食品科学, 28（1）：183-186.

郭元新, 石必文 . 2007. 苦荞挂面配方的优化设计 ［J］. 安徽科技学院学报, 21（1）：33-36.

郭元新, 张成孜, 程兵, 等 . 2013. 苦荞浸泡过程中 GABA、黄酮的富集及其他生理指标的变化 ［J］. 安徽科技学院学报, 27（2）：29-33.

郭元新, 周军 . 2005. 苦荞饼干的加工技术研究 ［J］. 食品工业科技（11）：100-102.

国旭丹, 陕方, 高锦明, 等 . 2011. 苦荞麸乙醇粗提物各极性成分的抗氧化活性研究 ［J］. 中国食品学报, 11（6）：20-26.

韩丹, 王晓丹, 陈霞, 等 . 2010. 苦荞麦制麦芽及其啤酒发酵工艺研究 ［J］. 食品与机械, 26（1）：125-128.

何天明, 刘章武 . 2013. 苦荞麦豆酱自然发酵工艺研究 ［J］. 中国酿造, 32（10）：57-60.

何晓兰, 雷霆雯, 许庆忠, 等 . 2017. 不同方法提取苦荞蛋白的体外抗氧化活性研究 ［J］. 安徽农业科学, 45（25）：134-135, 163.

胡长玲, 郑承剑, 程瑞斌, 等 . 2012. 苦荞麦根的化学成分研究 ［J］. 中草药, 43（5）：866-868.

胡海洋, 陈红艳 . 2015. 电化学法对苦荞茶中芦丁含量的测定 ［J］. 食品科学, 36

（8）：115-119.

胡俊君，李云龙，李红梅，等.2017. 高含量γ-氨基丁酸和D-手性肌醇苦荞醋的研制
[J]. 粮油食品科技，25（6）：10-12.

胡珊兰，朱若华.2009. 不同种类燕麦和苦荞中的膳食纤维测定 [J]. 食品科学，30
（23）：157-160.

胡欣洁，刘云，王安虎.2013. 苦荞米酒发酵剂配比的优选 [J]. 江苏农业科学，41
（7）：254-256.

胡欣洁，刘云.2013. 苦荞米酒发酵工艺条件的优化 [J]. 食品研究与开发，34（3）：
43-47.

胡亚军，姜莹，冯丽君，等.2007. 苦荞芽菜综合利用工艺探讨 [J]. 陕西农业科学
（6）：136-139.

胡亚军，姜莹，冯丽君，等.2008. 苦荞芽菜活性成分变化规律及营养成分分析评价
[J]. 干旱地区农业研究，26（2）：111-115.

胡一冰，赵钢，邹亮，等.2008. 苦荞籽提取物抗小鼠躯体疲劳作用初探 [J]. 成都
大学学报（自然科学版），27（3）：181-182.

花旭斌，刘平，肖诗明.2005. 薄荷型清香苦荞茶的研制 [J]. 农产品加工·学刊
（11）：18-20.

花旭斌，刘平，肖诗明.2006. 菊花型清香苦荞茶的研制 [J]. 西昌学院学报（自然
科学版），20（3）：19-22.

花旭斌，张忠，李正涛，等.2006. 茉莉花型清心苦荞茶的研制 [J]. 西昌学院学报
（自然科学版），20（1）：24-27.

黄凯丰，彭慧蓉，郭肖，等.2013. 2个苦荞品种成熟期内源激素的含量差异及其与产
量和品质的关系 [J]. 江苏农业学报，29（1）：28-32.

黄凯丰，时政，韩承华，等.2011. 苦荞种子中蛋白质含量变异 [J]. 安徽农业科学，
39（14）：99-101.

黄凯丰，时政，饶庆琳，等.2011. 苦荞对油脂和胆固醇的吸收作用 [J]. 江苏农业
科学，39（4）：379-380.

黄小燕，陈庆富，田娟，等.2010. 苦荞种子中硒元素含量变异 [J]. 安徽农业科学，
38（10）：5 021-5 024.

黄元射，何绍红，张启堂，等.2012. 高黄酮苦荞品系的筛选 [J]. 广东农业科学，
39（18）：20-22.

黄元射，李明，孙富年，等.2008. 苦荞品种在重庆低海拔地区的主要经济性状表现
[J]. 种子，27（4）：66-68.

贾冬英，姚开，张海均.2012. 苦荞麦的营养与功能成分研究进展 [J]. 粮食与饲料

工业，12（5）：25-27.

贾洪锋，唐宇，孙俊秀，等.2013. 苦荞茶和荞麦面条中芦丁及槲皮素含量分析［J］. 食品与机械，29（1）：57-60.

贾乔瑾，崔晓东，王转花.2015. 苦荞凝集素对结肠癌细胞增殖的抑制作用［J］. 中国生物化学与分子生物学报，31（4）：383-390.

蒋中国.2016. 苦荞麦麸的化学成分研究［J］. 当代华工，45（10）：2 337-2 338.

金肇熙，陕方，边俊生，等.2004. 苦荞加工利用新技术研究［J］. 食品科学，25（11）：348-350.

李春和.2010. 苦荞牛乳混合发酵酸奶工艺研究［J］. 现代农业科技（24）：335-341.

李春和.2012. 黑苦荞无糖面包工艺研究［J］. 农技服务，29（3）：349-351.

李飞，任清，季超，等.2015. 苦荞籽粒黄酮的提取纯化及抗氧化活性研究［J］. 食品科学技术学报，33（6）：57-64.

李富华，刘冬，明建.2014. 苦荞麸皮黄酮抗氧化及抗肿瘤活性［J］. 食品科学，35（7）：58-63.

李红梅，胡俊君，李云龙，等.2011. 苦荞米及萌动苦荞米加工工艺研究［J］. 食品工业科技（12）：362-364.

李敏，刘志雄，方正武.2016. 不同海拔高度对苦荞子粒营养成分的影响［J］. 湖北农业科学，55（23）：6 076-6 078.

李朋，刘军，郝瑞英，等.2016. 索氏提取法提取苦荞麦粒黄酮的工艺优化［J］. 现代农业科技（12）：283-286.

李晓丹，王莉，王韧，等.2012. 金属盐离子对苦荞萌发及其总黄酮含量的影响［J］. 中国粮油学报，27（10）：26-31.

李晓雁，甄润英，张瑞清，等.2009. 真菌诱导子对苦荞萌发过程中黄酮合成的影响［J］. 天津农学院学报，16（4）：34-37.

李谣，周海媚，黄丹丹，等.2013. 苦荞抗氧化活性研究［J］. 中国酿造，32（6）：24-27.

李雨露，刘丽萍.2016. 菊粉苦荞粉无糖饼干品质影响因素及配方研究［J］. 食品工业，37（1）：186-189.

李玉英，赵淑娟，白崇智，等.2013. 苦荞麦槲皮素对人胃癌细胞 SGC-7901 增殖及细胞周期的影响［J］. 中国细胞生物学学报，35（5）：615-621.

李月，胡文强，贺小平，等.2013. 不同苦荞品种膳食纤维含量与环境的相关性［J］. 湖北农业科学，52（22）：5 427-5 433.

李云龙，胡俊君，李红梅，等.2011. 苦荞醋生料发酵过程中主要功能成分的变化规律［J］. 食品工业科技（12）：218-220.

李云龙，李红梅，胡俊君，等．2013．响应面法优化苦荞酒糟黄酮提取工艺的研究 ［J］．中国酿造，32（7）：38-42．

李云龙，李红梅，胡俊君，等．2014．抗氧化苦荞酒加工工艺的研究 ［J］．酿酒科技 （12）：5-7．

李云龙，陕方，胡俊君，等．2013．苦荞营养保健酒发酵基质的比较研究 ［J］．粮油 食品科技，21（4）：92-94．

李云龙，陕方．2007．教你制作苦荞营养保健酒 ［J］．农产品加工（1）：20．

李正涛，吴兵，肖诗明，等．2005．苦荞冰淇淋的研制 ［J］．冷饮与速冻食品工业， 31（4）：86-88．

廉立坤，陈庆富．2013．二倍体和四倍体苦荞种子蛋白质含量和黄酮含量比较研究 ［J］．种子，32（2）：1-5．

廖彪．2016．氢化物发生原子荧光法测定苦荞硒含量 ［J］．吉林农业（24）：78．

林兵，胡长玲，黄芳，等．2011．苦荞麦的化学成分和药理活性研究进展 ［J］．现代 药物与临床，26（1）：29-32．

林巧．2013．苦荞糯米甜酒酿造工艺的研究 ［J］．中国酿造，32（5）：41-47．

凌孟硕，唐年初，赵晨伟，等．2013．苦荞麦萌发过程中营养物质的变化分布及磨浆 提取工艺 ［J］．食品科学，34（22）：92-96．

刘本国，陈永生，高海燕，等．2010．苦荞麦萌发过程中活性成分的变化 ［J］．粮油 加工（3）：48-50．

刘航，徐元元，马雨洁，等．2012．不同品种苦荞麦淀粉的主要理化性质 ［J］．食品 与发酵工业，38（5）：47-51．

刘红，陈燕芹．2011．微波消解样品——氢化物发生—原子吸收光谱法 ［J］．理化检 验（化学分册），47（1）：16-77，80．

刘金福，李晓雁，孟蕊．2006．苦荞发芽过程中促进黄酮合成的因素初探 ［J］．食品 工业科技（10）：106-108．

刘琴，张薇娜，朱媛媛，等．2014．不同产地苦荞籽粒中多酚的组成、分布及抗氧化 性比较 ［J］．中国农业科学，47（14）：2 840-2 852．

刘瑞，冯佰利，晁桂梅，等，2014．苦荞淀粉颗粒及淀粉糊性质研究 ［J］．中国粮油 学报，29（12）：31-36．

刘三才，李为喜，刘方，等．2007．苦荞种质资源总黄酮和蛋白质含量的测定与评价 ［J］．植物遗传资源学报，8（3）：317-320．

刘森，陈树俊，衡玉玮，等．2015．苦荞天然饮料研制及功能性研究 ［J］．山西农业 科学（2）：196-200．

刘森．2014．苦荞麦方便面中功能成分及加工品质研究 ［J］．山西农业科学，42（10）：

1 129-1 131.

刘晓娇 . 2013. 红枣苦荞茶复合饮料的工艺优化 [J]. 商洛学院学报，27（4）：
　　51-54.

卢建雄，臧荣鑫，杨具田，等 . 2002. 苦荞豆腐加工工艺及其凝固剂的研究 [J]. 食
　　品科技（7）：14-15.

罗茜 . 2014. 微波消解石墨炉原子吸收光谱法测定苦荞麦制品中痕量硒 [J]. 食品研
　　究与开发，35（11）：97-99.

马挺军，陕方，贾昌喜 . 2011. 苦荞颗粒冲剂对糖尿病小鼠降血糖作用研究 [J]. 中
　　国食品学报，11（6）：15-18.

马挺军，陕方，贾昌喜 . 2011. 苦荞颗粒冲剂抗氧化活性研究 [J]. 中国粮油学报，
　　26（7）：99-102.

马越，李双石，范函，等 . 2008. 苦荞麦中芦丁稳定性的研究 [J]. 食品科学，29
　　（11）：94-97.

母养秀，杜燕萍，陈彩锦，等 . 2016. 不同苦荞品种营养品质与农艺性状及产量的相
　　关性 [J]. 江苏农业科学，44（6）：139-142.

聂薇，李再贵 . 2016. 苦荞麦营养成分和保健功能 [J]. 粮油食品科技（1）：40-45.

牛保山 . 2011. 浅谈苦荞麦的栽培技术及其开发利用 [J]. 科技情报开发与经济，21
　　（12）：145-147.

庞海霞 . 2014. 火焰原子吸收法测定苦荞中微量元素 [J]. 食品研究与开发，35
　　（12）：60-62.

彭镰心，赵钢，王姝，等 . 2010. 不同品种苦荞中黄酮含量的测定 [J]. 成都大学学
　　报，29（1）：20-21.

濮生财，鲁璐，焦威，等 . 2015. 不同品种苦荞中的4种活性黄酮含量 [J]. 应用与环
　　境生物学报，21（3）：470-476.

祁学忠 . 2003. 苦荞黄酮及其降血脂作用的研究 [J]. 山西科技（6）：70-71.

邱硕 . 2015. 苦荞多糖的提取及抗氧化性探析 [J]. 微量元素与健康研究，32（6）：
　　39-40.

饶庆琳，陈其皎，陈庆富，等 . 2016. 薄壳苦荞品系籽粒总黄酮含量变异及与主要产
　　量构成要素间的相关性 [J]. 江苏农业科学，44（10）：333-336.

邵荣，余晓红，许琦，等 . 2007. 苦荞麦啤酒的研制 [J]. 食品科学，28（10）：
　　652-656.

申剑，崔晓东，李玉英，等 . 2015. 苦荞凝集素的纯化及性质鉴定 [J]. 食品科学，
　　36（3）：1-5.

申瑞玲，张文丽，林娟，等 . 2014. 苦荞醋发酵工艺条件的优化 [J]. 郑州轻工业学

院学报（自然科学版），29（1）：29-33.

石磊，周柏玲，孟婷婷，等．增筋剂对苦荞面条品质的影响［J］．粮油食品科技，22（2）：19-21.

时政，高丙德，郭晓恒，等．2017．不同栽培方法对苦荞内源激素及产量和品质的影响［J］．安徽农业大学学报，44（4）：732-737.

时政，韩承华，黄凯丰．2011．不同原产地苦荞种子中可溶性糖含量的比较［J］．安徽农业科学，39（14）：8 302-8 303.

时政，韩承华，黄凯丰．2011．苦荞种子中淀粉含量的基因型差异研究［J］．新疆农业大学学报，34（2）：107-110.

时政，宋毓雪，韩承华，等．2011．苦荞的膳食纤维含量研究［J］．中国农学通报，27（15）：62-66.

时政，宋毓雪，韩承华，等．2011．苦荞种子中葡萄糖含量变异研究［J］．安徽农业科学，39（17）：10 254-10 255，10 274.

史兴海，李秀莲，高伟，等．2013．高黄酮苦荞资源筛选试验［J］．现代农业科技（9）：51.

随秀秀，李祥，秦礼康，等．2012．蒸煮和焙炒整米苦荞茶香气成分分析及生产过程中主要化学成分的去向［J］．食品科学，33（22）：269-273.

谭萍，方玉梅，王毅红，等．2009．苦荞种子黄酮类化合物的抗氧化作用［J］．贵州农业科学，37（3）：30-32.

唐丽华，王登良．2011．苦荞茶的功能研究进展［J］．广东茶业（6）：15-17.

田汉英，国旭丹，李五霞，等．2014．不同处理温度对苦荞抗氧化成分的含量及其抗氧化活性影响的研究［J］．中国粮油学报，29（11）：19-23.

田秀红，刘鑫峰，闫峰，等．2008．苦荞麦的药理作用与食疗［J］．农产品加工学刊（8）：31-33.

田秀红．2009．苦荞麦抗营养因子的保健功能［J］．食品研究与开发，30（11）：139-141.

万萍，刘红，唐玲，等．2015．苦荞摊饭法甜型黄酒发酵工艺研究［J］．食品与机械（1）：181-185.

汪嘉庆，王喆星，黄健，等．2009．苦荞麦种子的化学成分［J］．沈阳药科大学学报（4）：270-273.

汪建国，汪琦．2008．应用粳米淋饭酒母、苦荞麦粉喂浆开发清爽营养荞麦黄酒工艺［J］．中国酿造（1）：78-79.

王安虎，蔡光泽，赵钢，等．2010．制米苦荞品种米荞一号及其栽培技术［J］．种子，29（2）：104-106.

王家东，王荣荣．2014. 苦荞茶酸奶的研制［J］. 食品研究与开发（11）：50-52.

王军，王敏，于智峰，等．2007. 基于响应面法的苦荞麸皮总黄酮提取工艺优化［J］. 农业机械学报，38（7）：205-208.

王敏，高锦明，王军，等．2006. 苦荞茎叶粉中总黄酮酶法提取工艺研究［J］. 中草药，37（11）：1 645-1 648.

王敏，魏益民，高锦明，等．2006. 苦荞黄酮的抗脂质过氧化和红细胞保护作用研究［J］. 中国食品学报，6（1）：278-283.

王若兰，贾素贤，丁美豪，等．2012. 无水苦荞蛋糕生产工艺的研究［J］. 农业机械（6）：102-105.

王斯慧，白银花，黄琬凌，等．2012. 苦荞黄酮对 α-淀粉酶的抑制作用研究［J］. 食品工业（3）：109-111.

王斯慧，黄琬凌，曾里，等．2012.3 种苦荞黄酮提取物主要成分定性分析［J］. 粮食科技与经济，37（2）：54-56.

王炜，欧巧明，杨随庄．2010. 苦荞麦化学成分及生物活性研究进展［J］. 园艺与种苗，30（6）：419-423.

王向东．2004. 双苦营养面条的研制［J］. 食品科学，25（10）：151-154.

王欣欣，卜一，李炳海，等．2017. 苦荞麦产量相关因素分析［J］. 北方农业学报，45（1）：10-13.

王雪梅，郑倩云，卢芸，等．2016. 苦荞可可蛋糕的研制［J］. 食品研究与开发，37（8）：89-92.

王燕，陈庆富．2010. 甜荞、苦荞和大野荞的高分子量种子蛋白亚基研究［J］. 安徽农业科学，38（33）：18 678-18 680.

王玉珠，张萍，李红宁，等．2007. 十种栽培苦荞麦生物类黄酮含量的比较研究［J］. 食品研究与开发，28（9）：121-123.

王灼琛，余丽，程江华，等．2014. 苦荞粉、苦荞壳及苦荞麸皮挥发性成分分析［J］. 食品科技，39（11）：172-177.

卫星星，李银涛，靳月琴，等．2013. 苦荞籽壳化学成分的研究［J］. 天然产物研究与开发，25（1）：44-46.

吴金松，张鑫承，赵钢，等．2007. 新型苦荞茶的加工技术研究［J］. 食品与发酵科技，43（3）：55-57.

吴页宝，樊秀兰，胡水秀．2002. 苦荞营养与健康［J］. 中国食物与营养（4）：46-47.

肖诗明，张忠，吴兵．2004. 苦荞麦蛋糕生产工艺条件的研究［J］. 食品科学，25（1）：204-206.

谢玉龙，石仝雨，缪伟伟，等．2017. 正交实验法优化超临界二氧化碳萃取桑叶总黄

酮 [J]. 生物技术进展, 7 (4): 345-349.

辛力, 肖华志, 胡小松. 2003. 苦荞麦棕色素的提取及其理化性质的研究 [J]. 中国粮油学报, 18 (4): 55-58.

徐宝才, 肖刚, 丁霄霖. 2002. 苦荞中酚酸和原花色素的分析测定 [J]. 食品与发酵工业, 28 (12): 32-37.

徐春明, 李婷, 王英英, 等. 2014. 微波辅助双水相提取苦荞麦粉中黄酮类化合物 [J]. 食品科学技术学报, 32 (6): 36-41.

徐国俊, 张玉, 蔡雄, 等. 2015. 大小曲混合发酵苦荞酒工艺研究及风味成分分析 [J]. 生物工程, 36 (6): 225-229.

徐笑宇, 方正武, 杨璞, 等. 2015. 高黄酮荞麦资源的遗传多样性评价 [J]. 西北农业学报, 24 (3): 88-95.

许效群, 刘志芳, 田夏, 等. 2014. 超声波辅助提取苦荞米糠总黄酮 [J]. 中国食品学报, 14 (6): 104-109.

闫斐艳, 崔晓东, 李玉英, 等. 2010. 苦荞麦黄酮对人食管癌细胞 EC9706 增殖的影响 [J]. 中草药, 41 (7): 1 142-1 145.

杨春, 陕方, 丁卫英, 等. 2007. 黑苦荞醋软胶囊的生产工艺研究 [J]. 食品科学, 28 (10): 255-258.

杨海涛, 曹小燕. 2016. 酶-超声辅助提取苦荞秆中总黄酮及抗氧化活性研究 [J]. 中国酿造, 35 (9): 72-76.

杨红燕, 严楠楠, 姜艳红, 等. 2014. 苦荞茶多糖的体外抗氧化活性及其分离纯化 [J]. 食品与发酵工业, 40 (11): 94-99.

杨红叶, 杨联芝, 柴岩, 等. 2011. 甜荞和苦荞籽中多酚存在形式与抗氧化活性的研究 [J]. 食品工业科技 (5): 90-94.

杨玉霞, 吴卫, 郑有良, 等. 2008. 苦荞品种 (系) 主要农艺性状与蛋白质含量的聚类分析 [J]. 种子, 27 (10): 30-34.

姚佳, 靳杭, 贾健斌. 2014. 苦荞黄酮及其生理功能的研究进展 [J]. 食品科技 (10): 194-197.

余丽, 王灼琛, 程江华, 等. 2014. 苦荞糊和苦荞茶挥发性香气成分分析 [J]. 中国酿造, 33 (10): 67-71.

张超, 郭贯新, 张晖. 2004. 苦荞麦蛋白质的提取工艺研究 [J]. 粮食加工, 29 (1): 55-59.

张超, 卢艳, 郭贯新, 等. 2005. 苦荞麦蛋白质抗疲劳功能机理的研究 [J]. 食品与生物技术学报, 24 (6): 76-82.

张怀珠, 郭玉蓉, 牛黎莉, 等. 2006. 荞麦不同生长期黄酮含量的动态研究 [J]. 食品工业科技, 27 (8): 71-73.

张怀珠, 王立军, 彭涛. 2010. 无糖苦荞苏打饼干的工艺研究 [J]. 食品工业 (1): 77-78.

张玲, 高飞虎, 高伦江, 等. 2011. 荞麦营养功能及其利用研究进展 [J]. 南方农业 (11): 74-77.

张清明, 赵卫敏, 桂梅, 等. 2008. 贵州地方苦荞生物类黄酮含量的研究 [J]. 种子, 27 (7): 65-66.

张瑞, 杨楠, 王英平, 等. 2008. 苦荞核心种质芦丁含量测定及成因分析 [J]. 中国农学通报, 24 (4): 157-161.

张以忠, 邓琳琼. 2017. EMS 诱变苦荞突变体与其亲本的比较分析 [J]. 热带作物学报, 38 (9): 1 601-1 606.

张英强, 李多伟, 智旭亮, 2016. 苦荞麦黄酮和蛋白质提取工艺的优化 [J]. 天然产物研究与开发 (6): 293-299.

赵树新, 李颖宪. 2004. 荞麦红曲酒的酿造 [J]. 中国酿造 (9): 31-32.

赵晓娟, 吴均, 陈佳昕, 等. 2013. 苦荞纳豆酱的抗氧化活性 [J]. 食品科学, 35 (13): 122-126.

赵晓娟, 吴钧, 杜木英, 等. 2013. 苦荞纳豆酱原料预处理工艺条件的优化 [J]. 食品工业科技, 34 (23): 242-250.

郑飞, 林巧, 巩发永, 等. 2015. 苦荞中黄曲霉毒素的控制及去除方法 [J]. 南方农业, 9 (30): 171-172.

郑峰, 孙文文, 张琦, 等. 2011. 苦荞籽粒的化学成分研究 [J]. 西北农林科技大学学报: 自然科学版 (10): 199-203.

郑文霞. 2003. 苦荞茶降糖、降脂作用的临床观察 [J]. 山西中医学院学报, 4 (4): 30-31.

种志惠, 熊红, 孙俊秀, 等. 2009. 苦荞微波蛋糕生产工艺研究 [J]. 食品与发酵科技, 45 (6): 48-50.

周海媚, 李谣, 黄丹丹. 2013. 苦荞加工利用新技术研究 [J]. 安徽农业科学, 41 (14): 6 483-6 484, 6 494.

周火玲, 赖登燡, 蔡雄, 等. 2015. 苦荞酒生产工艺关键技术的研究 [J]. 酿酒科技, 255 (9): 65-68.

周小理, 王青, 杨延利, 等. 2011. 苦荞萌发物中生物活性黄酮对人乳腺癌细胞增殖的抑制作用 [J]. 食品科学, 32 (1): 225-228.

周一鸣, 李保国, 崔琳琳, 等. 2015. 苦荞抗性淀粉对糖尿病小鼠生理功能影响的研究 [J]. 中国粮油学报, 30 (5): 24-27.

朱慧，涂世，刘蓉蓉，等 . 2010. 酶法提取苦荞麦蛋白的理化性质和加工性质 ［J］. 食品科学，31（19）：197-203.

朱瑞，卞庆亚，林宏英，等 . 2003. 苦荞麦种子化学成分研究 ［J］. 中医药信息，20 （3）：17-18.

朱瑞，高南南，陈建民 . 2003. 苦荞麦的化学成分和药理作用 ［J］. 中国野生植物资 源，22（2）：7-9.

朱友春，田世龙，王东晖，等 . 2010. 不同生育期苦荞黄酮含量与营养成分变化研究 ［J］. 甘肃农业科技（6）：24-27.

邹亮，王战国，湖慧玲，等 . 2010. 苦荞提取物中芦丁和槲皮素的含量测定 ［J］. 中 国实验方剂学杂志，16（17）：60-62.

左光明，谭斌，秦礼康 . 2008. 苦荞麸皮蛋白的提取分离及清除自由基作用研究 ［J］. 食品科学，29（11）：269-273.

左光明，谭斌，王金华，等 . 2010. 苦荞蛋白对高血脂症小鼠降血脂及抗氧化功能研 究 ［J］. 食品科学，31（7）：247-250.